机器视觉技术与应用实战

主　编　王颖娴　王　康　童逸杰
副主编　刘富海　付　帅　崔富义
主　审　呼志刚

北京理工大学出版社
BEIJING INSTITUTE OF TECHNOLOGY PRESS

内 容 简 介

机器视觉技术与应用实战是智能科学与技术专业的学生学习和掌握图像检测、图像处理等机器视觉相关理论和方法的专业课程，是理解机器视觉现有方法和技术需要学习的课程，能够为从事检测、自动化等相关从业人员打下扎实的基础。

本教材以 VisionMaster 算法平台为基础，重点介绍机器视觉系统涉及的新技术、新方法、新器件及机器视觉的典型应用案例。理论联系实际，在每个任务中都安排有典型机器视觉系统案例和实训专题，主要内容都具有工程应用研究的实际背景。配套的典型案例均选自工业实际对象，很多来自科研项目研究的实际内容。本教材提供了 50 余种实验案例和 200 多种机器视觉算法库函数供学生做实验选学，并为乐于动手的学生提供了自学习实验环节。

本教材既可作为高等院校、高职院校自动化、计算机、电气工程、机电一体化等专业的教材，也适用于从事测量、检测、控制及机器视觉等系统研究、设计和开发的科研与工程技术人员参考。

图书在版编目（CIP）数据

机器视觉技术与应用实战 / 王颖娴，王康，童逸杰主编. -- 北京：北京理工大学出版社，2023.5

ISBN 978-7-5763-2311-5

Ⅰ. ①机… Ⅱ. ①王… ②王… ③童… Ⅲ. ①计算机视觉 Ⅳ. ①TP302.7

中国国家版本馆 CIP 数据核字（2023）第 071322 号

出版发行 / 北京理工大学出版社有限责任公司
社　　址 / 北京市海淀区中关村南大街 5 号
邮　　编 / 100081
电　　话 / (010) 68914775（总编室）
　　　　　(010) 82562903（教材售后服务热线）
　　　　　(010) 68944723（其他图书服务热线）
网　　址 / http://www.bitpress.com.cn
经　　销 / 全国各地新华书店
印　　刷 / 唐山富达印务有限公司
开　　本 / 787 毫米×1092 毫米　1/16
印　　张 / 13.25
彩　　插 / 5
字　　数 / 317 千字
版　　次 / 2023 年 5 月第 1 版　2023 年 5 月第 1 次印刷
定　　价 / 69.00 元

责任编辑 / 钟　博
文案编辑 / 钟　博
责任校对 / 周瑞红
责任印制 / 李志强

图书出现印装质量问题，请拨打售后服务热线，本社负责调换

前　言

工业是兴国之器、强国之基。“中国制造”已逐步向“中国智造”转变。伴随着“机器换人”“工业互联网”等概念的提出，机器视觉在智能制造领域的地位正从“可选”逐步向“必选”迈进。

“机器视觉技术与应用实战”是智能科学与技术专业的学生学习和掌握图像检测、图像处理等机器视觉相关理论和方法的专业课程，是理解机器视觉现有方法和技术需要学习的课程，它能够为从事检测、自动化等相关从业打下扎实的基础。

本书基于机器视觉产品销量居全国首位的杭州海康机器人股份有限公司的算法平台VisionMaster介绍了机器视觉系统的基本组成原理和图像处理基础，重点介绍机器视觉系统涉及的新技术、新方法、新器件及机器视觉的典型应用案例。本书重在理论联系实际，在每个任务中都安排有涉及编者教学科研的典型机器视觉系统案例或机器视觉实训专题。本书具有工程应用项目研究的工业实际背景，配套的典型案例均选自工业实际对象，很多来自科研项目研究的实际内容。本书配套的教学实验提供了50余种实验案例和200多种机器视觉算法库函数供学生做实验选学，并为乐于动手的学生提供了自学实验环节。本书既可作为大专院校自动化、计算机、电气工程、机电一体化等专业的教材，也适合供从事测量、检测、控制及机器视觉等系统研究、设计和开发的科研与工程技术人员参考。

本书实验综合运用机器视觉基本理论、机器视觉实验装置和计算机图像处理软件，帮助学生加深理解机器视觉的基本概念，掌握机器视觉图像的基本处理方法，培养学生的动手能力和分析问题、解决问题的能力。本书的具体内容如下。

(1) 模块一为基础篇。主要讲述机器视觉的基本理论及进行各单元硬件/软件介绍，包括工业相机、工业镜头、工业光源、视觉控制器等各组件的选型、连接、使用，为后续的编程奠定基础。本模块内容将理论与实践结合。

(2) 模块二为应用篇。对各个常用算法工具的图像处理、几何矫正、形态学计算、测量、形状匹配、外部通信等功能逐一进行原理讲解和实践练习，从实践中找问题以加深印象。本模块内容将理论与实践相结合。

(3) 模块三为综合篇。结合以上所学内容，针对实际项目进行实操学习，主要锻炼学生的综合能力以及对之前所学的知识进行巩固，深入了解机器视觉的算法应用，扩展学生的思路与视野。本模块内容以实践为主。

本书具有以下特点。

(1) 携手企业专家联合开发。本书基于杭州海康机器人股份有限公司的Vision Master

平台，介绍了机器视觉系统的基本组成原理和图像处理基础，重点介绍机器视觉系统涉及的新技术、新方法、新器件及机器视觉的典型应用案例，与企业实际需求紧密结合。

（2）紧扣专业的新标准、新技术、新规范设置内容。编者运用适合学生的教学方法，按照“项目导向，任务驱动”的理念开发本书，以项目的方式组织教学内容，以任务实施为核心。

（3）项目编排遵循学生的认知规律。编者对学习任务进行了精心设计：“任务描述”和“任务分析”引导工作任务的重、难点和学习思路；“相关知识”提供专业知识和信息咨询；“任务实施”描述生产情景、任务内容、实施思路与步骤；“任务考核”和“同步测试”紧扣知识、技能出题，帮助学生自我评估学习效果，形成学习闭环，引导和培养学生的创新能力。

（4）以立德树人为根本任务，融入课程思政，注重学生的能力培养和素质养成。

（5）配套有丰富的立体化教学资源。以二维码的形式植入微课视频，对教学中的重点、难点进行剖视和展现。

本书由杭州职业技术学院王颖娴、童逸杰，浙江法马自动化科技有限公司王康担任主编；杭州职业技术学院刘富海、崔富义，浙江法马自动化科技有限公司付帅担任副主编。本书由杭州海康机器人股份有限公司呼志刚担任主审。同时，编者在编写过程中参阅了大量的著作、文献和网络资料，在此对相关作者表示衷心的感谢。

机器视觉技术应用型教材建设目前还处于探索阶段，由于编者水平有限，且技术不断发展，书中难免存在疏漏和不足之处，敬请广大读者和专家批评指正。

编　者

2023 年 1 月

目 录

模块一 基础篇

模块二 应用篇

模块一

基础篇

项目1 机器视觉概论

项目介绍

机器视觉是人工智能领域最重要的前沿分支之一，也是智能制造装备的关键零部件。当前，我国机器视觉行业正处于快速发展期，存在很大的发展空间，行业市场规模正在不断扩大。机器视觉技术已经在消费电子、汽车制造、光伏半导体等多个行业应用。本项目的主要任务是认知机器视觉，了解机器视觉的发展状况及面临的问题，了解市场需求，激发学习动力。

知识目标

（1）了解机器视觉技术的发展和行业应用。
（2）熟悉机器视觉系统的基本概念和特点。
（3）掌握机器视觉系统的组成及各部分功能。

技能目标

（1）能够理解和掌握机器视觉技术的相关概念。
（2）能够理解和认知机器视觉相关工业应用。

素质目标

（1）客观认识专业领域内我国与国际领先水平的差距，培养学生的科学态度、科学精神、创新意识，为学生种下从事科学研究的思想种子。
（2）激发学生投身机器视觉行业的自豪感、责任感和使命感。

案例引入 <<<

我国的机器视觉技术开发始于20世纪80年代。随着1998年半导体工厂的整线引入，机器视觉系统也被引入。国外的机器视觉技术在2000年就已经逐渐后成熟，发展到“成年人”；当时国内行业的发展仍处于“婴儿”成长期，了解机器视觉的人少之又少，更不用说开发对应的软件。在2006年之前，国内机器视觉产品主要集中在外资制造企业，应用范围比较小。

从2006年开始，智能视觉检测机制造商和工业机器视觉应用程序开始扩展到印刷、食品和其他检测领域。当时国外机器视觉技术已经应用于各个领域，而且软件相对成熟，如2009年美国康耐视公司推出的Vision Pro、2000年英特尔（Intel）公司推出的OpenCV1.0。国外研发机器视觉产品的大公司比较多。国内机器视觉领域的研发水平与国际先进水平存在很大差距。

受到国外机器视觉行业的影响，我国的机器视觉市场在2011年开始迅速增长。随着人工成本的增加和制造业的升级需求，再加上计算机视觉技术的飞速发展，越来越多的机器视觉解决方案已渗透到各个领域。市场和技术的不断发展，使机器视觉应用如雨后春笋一样不断出现，其因在效率、精度，成本、质量等方面所具有的独特价值而在一个又一个行业领域得到广泛的应用。

随着“中国制造2025”的提出，近几年成为国内机器视觉行业的爆发年，机器视觉技术融入新能源、电子、物流、医药、印刷包装、纺织、半导体、汽车及机器人等行业。相关企业逐渐成长壮大，如海康、大华、奥比中光、商谈等。我国机器视觉技术从最初的“跟跑”“并跑”发展到现在的“领跑”。这些“阳光”行业的集群发展，需要一批批科研人员的深耕与传承，缩小与国际先进水平的差距，就是我们努力的方向。

任务1 认知机器视觉

【任务描述】

在我国，机器视觉技术的应用始于20世纪90年代，在这之前机器视觉技术在各行业的应用几乎是一片空白。进入21世纪，机器视觉技术在自动化行业的应用日渐成熟，如华中科技大学在印刷在线检测设备与浮法玻璃缺陷在线检测设备上研发视觉技术的成功，打破了欧美在该行业的垄断地位。国内机器视觉技术已经日益成熟，真正高端的应用也正在逐步发展。现代工业自动化技术日趋成熟，越来越多的制造企业考虑如何采用机器视觉技术来帮助生产线实现检查、测量和自动识别等功能，以提高效率并降低成本，从而实现生产效益最大化。机器视觉作为新兴技术被寄予厚望，被认为是自动化行业的一个具备光明前景的细分市场。机器视觉技术由于其本身的优越性而在许多领域有很好的发展前景。

了解机器视觉技术的发展和行业应用、了解机器视觉技术的概念，对应用好机器视觉技术有着非常积极的意义。

【任务分析】

（1）机器视觉的相关概念。

（2）机器视觉的相关工业应用。

【相关知识】

知识点1：机器视觉的概念

说到视觉，人们自然而言会联想到眼睛。眼睛是人获知外界事物多元信息的一个重要渠道，其将获得的信息传入大脑，由大脑结合人类的知识经验处理分析信息，完成信息的识别。通俗地说，机器视觉是机器的“眼睛”，但其功能又不仅局限于模拟视觉对图像信息的接收，还包括模拟大脑对图像信息的处理与判断。

由于机器视觉涉及的领域非常广泛且非常复杂，因此目前机器视觉还没有明确的定义。美国制造工程师协会（Society of Manufacturing Engineers，SME）机器视觉分会和美国机器人工业协会（Robotic Industries Association，RIA）的自动化视觉分会对机器视觉下的定义为：“机器视觉是研究如何通过光学装置和非接触式传感器自动地接收、处理真实场景的图像，以获得所需信息或用于控制机器人运动的学科。”机器视觉系统通常通过各种软/硬件技术和方法，对反映现实场景的二维图像信息进行分析、处理后，自动得出各种指令数据，以控制机器的动作。例如通过检测产品表面的划痕、裂纹、磨损、粗糙度、纹理等，划分产品质量，从而达到质量控制的目的。

机器视觉是一项综合性的技术，它综合了光学、机械、电子、计算机软/硬件等方面的技术。一个典型的机器视觉系统包括相机、光源、图像采集卡/视觉处理器板、独立于硬件产品的视觉软件、接口和线缆以及其他视觉配件。机器视觉系统的组成如图 1-1 所示。

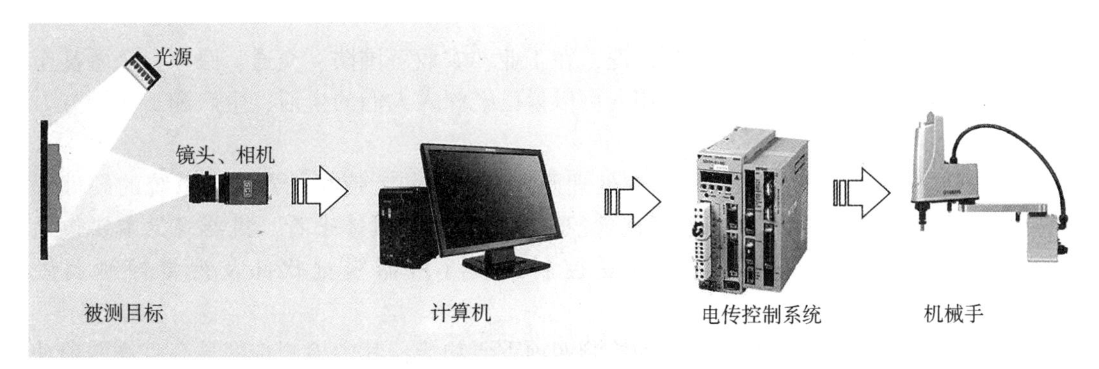

图 1-1　机器视觉系统的组成（1）

和人类视觉检测相比，机器视觉检测具备很多优势（如图 1-2 所示）。

机器视觉检测	人类视觉检测
效率高、速度快	效率低、速度慢
精度高、μ级检测	精度差、小尺寸无法检测
检测效果稳定	主观影响，可靠性差
平均成本低	人工成本高
可7×24小时工作	易疲劳，工作时间有限
适应恶劣环境	无法适应恶劣环境
较宽的光谱响应范围	只能在可见光范围内检测
系统联通实现信息集成	

图 1-2　机器视觉检测与人类视觉检测的对比

（1）安全可靠。观测者与被观测者之间无接触，不会产生任何损伤，因此机器视觉可以广泛应用于不适合人工操作的危险环境或者长时间的恶劣工作环境中，十分安全可靠。

（2）生产效率高，成本低。机器视觉能够更快地检测产品，并且适用于高速检测场合，大大提高了生产效率和生产的自动化程度，加上机器不需要停顿，能够连续工作，这也极大地提高了生产效率。机器视觉早期投入高，但后期只需要支付机器保护、维修费用即可。随着计算机处理器价格的下降，机器视觉的性价比也越来越高，而人工和管理成本则逐年上升。从长远来看，机器视觉的成本会更低。

（3）精度高。机器视觉的精度能够达到千分之一英寸①，且随着硬件的更新，精度会越来越高。

（4）准确性高。机器检测不受主观控制，具有相同配置的多台机器只要保证参数设置一致，即可保证相同的精度。

（5）重复性好。人工重复检测产品时，即使是同一种产品的同一特征，检测工作也可能得到不同的结果，而机器由于检测方式的固定性，可以逐次完成检测工作并且得到相同的结果，重复性好。

（6）检测范围广。除肉眼可见的物质外，机器视觉还可以检测红外线、超声波等，扩展了视觉检测范围。

机器视觉系统的应用领域越来越广泛，在工业、农业、国防、交通、医疗、金融甚至体育、娱乐等行业都获得了广泛的应用，可以说已经深入人们的生活、生产和工作的方方面面。

机器视觉系统主要包括成像和图像处理两大部分。前者依靠机器视觉系统的硬件部分完成，后者在前者的基础上，通过视觉控制系统完成。具体来看，机器视觉主要包括光源及光源控制器、镜头、相机、视觉控制系统（机器视觉软件及视觉控制器硬件）等。

机器视觉具有识别、测量、定位和检测四项重要功能，其中检测难度最高。这四项功能在速度、精度和适应性等方面优于人类视觉，是推进工业企业智能化的重要工具。机器视觉四大功能难度对比如图 1-3 所示。

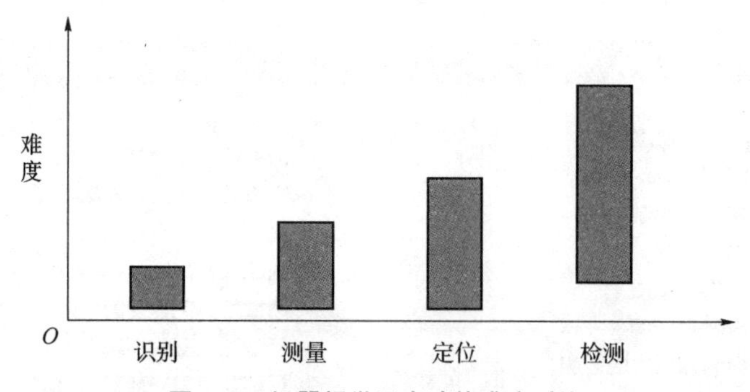

图 1-3　机器视觉四大功能难度对比

在工业领域，机器视觉相对人眼视觉存在显著优势。相比人眼视觉，机器视觉具有

① 1 英寸 = 0.025 4 米。

图像采集和分析速度快、观测精度高、环境适应性强、客观性高、持续工作稳定性高等优势，因此可帮助终端使用者进行产品增质、成本降低以及生产数字化。

知识点 2：机器视觉系统的组成

机器视觉系统由多个部件组成，每个部件的原材料都不同，因此产业链上游涉及的行业范围较为宽广，主要有 LED、CCD、CMOS、光学材料、电子元器件等原材料。

在一个典型的机器视觉系统中，光源及光源控制器、工业镜头、工业相机等硬件部分负责成像，视觉控制系统负责对成像结果进行处理分析、输出分析结果至智能设备的其他执行机构，如图 1-4 所示。

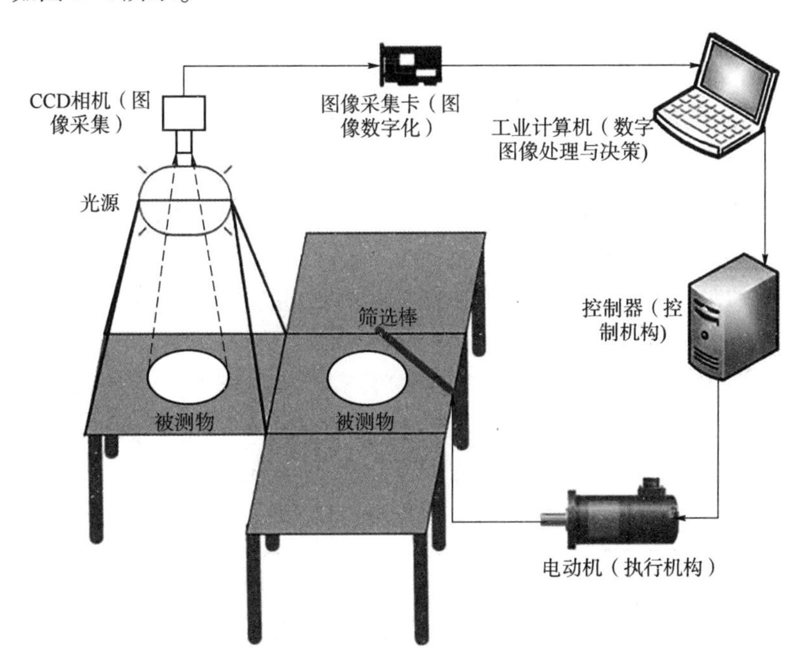

图 1-4　机器视觉系统的组成（2）

1. 机器视觉光源

光源作为机器视觉系统输入的重要部件，它的好坏直接影响输入数据的质量和应用效果。由于没有通用的机器视觉光源设备，所以针对每个特定的应用实例，要选择相应的机器视觉光源，以达到最佳效果。常见的机器视觉光源有：LED 环形光源、低角度光源、背光源、条形光源、同轴光源、冷光源、点光源、线型光源、平行光源等，如图 1-5 所示。

2. 工业相机

工业相机在机器视觉系统中最本质的功能就是将光信号转变为电信号，与普通相机相比，它具有更高的传输能力、抗干扰能力以及稳定的成像能力，如图 1-6 所示。

工业相机按照不同标准可有多种分类。按输出信号方式的不同，可分为模拟工业相机和数字工业相机；按芯片类型的不同，可分 CCD 工业相机和 CMOS 工业相机，这种分类方式最为常见。

图 1-5　机器视觉光源

图 1-6　工业相机

3. 工业镜头

在机器视觉系统中，工业镜头的作用是将目标成像在图像传感器上，对产品检测成像质量有很大影响，是机器视觉系统不可缺少的重要组成部分。工业镜头在机器视觉系统中扮演着“眼睛”的角色，并将产品检测的情况反馈给工业相机。工业镜头是一种高分辨率的镜头，采用超低失真设计技术，降低了畸变率，可以更加真实地反映图像效果。失真技术可以有效地减少镜头的反射损失，减少眩光，提高对比度，提高颜色还原度，提高图像的清晰度。

工业镜头的质量直接影响到机器视觉系统的整体性能，如图 1-7 所示。

工业镜头的类型包括标准、远心、广角、近摄和远摄等，选择依据一般是相机接口、拍摄物距、拍摄范围、CCD 尺寸、畸变允许范围、放大率、焦距和光圈等。根据被测目标的状态应优先选用定焦镜头。选择工业镜头时应注意焦距、目标高度、影像高度、放大倍数、影像至目标的距离、中心点等。当然，工业镜头与工业相机的安装接口也是应考虑的一个重要因素。

4. 图像采集卡

图像采集卡虽然只是机器视觉系统的一个部件，但它同样非常重要，直接决定了工业镜头的接口：黑白、彩色、模拟、数字等。

图像采集卡也称为视频抓取卡，这个部件通常是一张插在 PC 上的卡。图像采集卡的作用是将工业镜头与 PC 连接起来。它从工业镜头中获得数据（模拟信号或数字信号），然后转换成 PC 能处理的信息，如图 1-8 所示。

图 1-7　工业镜头

图 1-8　图像采集卡

它同时可以提供控制工业镜头参数（例如触发、曝光时间、快门速度等）的信号。图像采集卡的形式很多，支持不同类型的工业镜头、不同的计算机总线。比较典型的有 PCI 采集卡、1394 采集卡、VGA 采集卡和 GigE 千兆网采集卡。这些图像采集卡中有的内置多路开关，可以连接多个工业相机，同时抓拍多路信息。

5. 机器视觉软件

机器视觉软件是机器视觉系统中自动化处理的关键部件，它根据具体应用需求，对软件包进行二次开发，可自动完成图像的采集、显示、存储和处理。在选购机器视觉软件时，一定要注意开发硬件环境、开发操作系统、开发语言等，确保软件运行稳定，以方便二次开发。

机器视觉软件用来完成输入图像数据的处理，通过一定的运算得出结果，这个输出的结果可能是 PASS/FAIL 信号、坐标位置、字符串等。

常见的机器视觉软件以 C/C++图像库、ActiveX 控件、图形式编程环境等形式出现，可以是专用功能的（比如仅用于 LCD 检测、BGA 检测、模版对准等），也可以是通用目的的（包括定位、测量、条码/字符识别、斑点检测等）。

主流的机器视觉软件有：侧重图像处理的图像软件包 OpenCV，HALCON、国康耐视公司的 VisionPro；侧重算法的 MATLAB、LabVIEW；侧重相机 SDK 开发的 eVision 等，如图 1-9 所示。

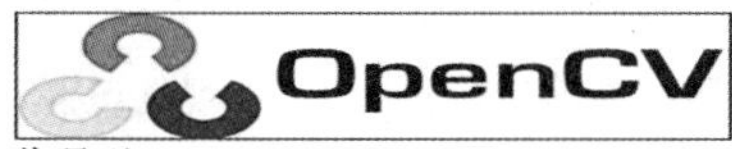

代码型：
特点：开源，开发灵活，复杂编程，应用门槛较高，且性能一般

算子型：
特点：基础的封装，开发灵活，性能优秀、开发便捷度一般

VISIONPRO
Vision Software

平台型：
特点：开发便捷，周期短，性能优秀，灵活性一般

平台型：
特点：开发灵活，低应用门槛，工具丰富，性能优秀、相对年轻

图 1-9　主流机器视觉软件

知识点 3：机器视觉的起源

机器视觉的历史是从 20 世纪 50 年代初开始的。该技术是计算机学科的一个重要分支，自起步发展至今，其功能和应用范畴随着工业自动化的发展逐渐完善和推广。

20 世纪 50 年代，人们开始研究二维图像的统计模式识别。

20 世纪 60 年代，Roberts 开始进行三维机器视觉的研究。

20 世纪 70 年代中期，MIT 人工智能实验室正式开设“机器视觉”课程。

从 20 世纪 80 年代开始，出现了全球性的机器视觉研究热潮，机器视觉获得了蓬勃发展，新概念、新理论不断涌现。

现在，机器视觉仍然是一个非常活跃的研究领域，与之相关的学科涉及图像处理、计算机图形学、模式识别、人工智能、人工神经网络等，如图 1-10 所示。

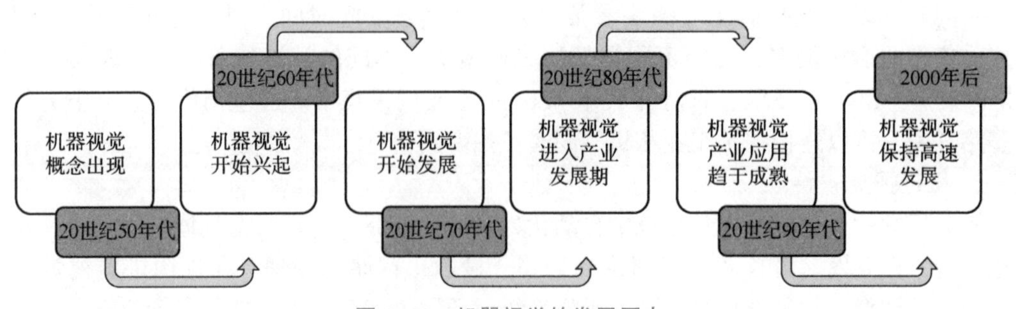

图 1-10　机器视觉的发展历史

知识点 4：机器视觉技术的应用场景

机器视觉系统不会像人眼一样疲劳，有着比人眼更高的精度和速度，借助红外线、紫外线、X 射线、超声波等高新探测技术，机器视觉系统在探测不可视物体和高危险场景时更具有其突出的优点。机器视觉技术现已得到广泛的应用，见表 1-1。

表 1-1　机器视觉技术在各行各业中的应用

行业	主要应用场景	次要应用场景	辅助应用场景
3C 电子	视觉检测（在线质检）	视觉引导（自动生成轨迹）	视觉识别
锂电池	视觉引导（3D 缺陷检测）	视觉检测（在线质检）	视觉识别
纺织等轻工业	视觉检测（质检）	视觉引导（规划轨迹）	视觉测量
仓储物流	视觉引导（搬运、货品拣选、快递供包与播种）	视觉识别	视觉测量
金属加工	视觉引导（工件上料）	视觉检测	视觉测量
汽车	3D 视觉检测（在线质检）	视觉引导（工件上料）	视觉识别
半导体	视觉检测（尺寸测量）	视觉检测（视觉自检）	视觉识别
医疗	视觉引导（货品拣选）	视觉测量	视觉识别
重工	视觉引导（工件上料、钢板切割下料）	视觉识别	视觉测量

1. 机器视觉技术在工业检测中的应用

目前，机器视觉技术已成功应用于工业检测领域，大幅地提高了产品的质量和可靠性，保证了生产的速度（如图 1-11 所示）。

（1）引导和定位：上、下料使用机器视觉技术定位，引导机械手臂准确地抓取。

（2）外观检测：检测生产线上的产品有无质量问题，该环节也是取代人工最多的环节。

（3）高精度检测：有些产品的精密度较高，达到 0.01~0.02 m，甚至 μ 级，是人眼无法检测出来的，必须使用机器视觉技术完成。

（4）识别：数据的追溯和采集，在汽车零部件、食品、药品等领域应用较多，例如产品包装印刷质量的检测、饮料行业的容器质量检测、饮料填充检测、饮料封口检测、木材厂木料检测、半导体集成块封装质量检测、卷钢质量检测和水果分级检测等。可利用机器视觉技术对印刷品表面字符的漏印、对错、缺陷、有无、偏移度等进行识别检测，判定被检产品是否合格，并输出检测结果和相应信号。

图 1-11　机器视觉技术在工业检测中的应用

2. 机器视觉技术在医学中的应用

在医学领域，机器视觉技术用于辅助医生进行医学影像的分析，主要利用数字图像处理技术、信息融合技术对 X 射线透视图、核磁共振图像、CT 图像进行分析或对其他医学影像数据进行统计和分析。不同医学影像设备得到的是不同特性的生物组织的图像。例如，X 射线反映的是骨骼组织，核磁共振图像反映的是有机组织，而医生往往需要考虑骨骼与有机组织的关系，因此需要利用数字图像处理技术将两种图像适当地叠加起来，以便于医学分析。

3. 机器视觉技术在图像自动解释中的应用

机器视觉技术应用于放射图像、显微图像、医学图像、遥感多波段图像、合成孔径雷达图像、航天航测图像等的自动判读和理解。由于近年来相关技术的发展，图像的种类和数量飞速增长，图像的自动理解已成为解决信息膨胀问题的重要手段。

4. 机器视觉技术在军事方面的应用

军事领域是对新技术最渴望、最敏感的领域，对于机器视觉技术也不例外。最早的视觉和图像分析系统就是用于侦察图像的处理分析和武器制导。机器视觉技术广泛应用于航空着陆姿势、起飞状态的分析，火箭喷射、子弹出膛、火炮发射的分析，爆破分析、炮弹爆炸分析、破片分析、爆炸防御分析，撞击、分离以及各种武器性能测试，点火装置工作过程分析等。

知识点 5：机器视觉行业发展现状

从 2002 年至今，为机器视觉发展期，中国机器视觉行业呈快速增长趋势。

1. 机器视觉发展阶段

中国机器视觉的发展分为四个阶段，当前处于第四阶段，科技自主化成为国家发展战略，机器视觉应用的发展广度与深度不断拓展，广度体现在 2D 向 3D 推进，深度体现在算法层的深度应用，如深度学习。AI 认知逐步建立，应用渗透率提高，应用需求逐渐增加，自主研发比例不断提升。

2. 机器视觉市场规模

从全球范围看，由于下游消费电子、汽车、半导体、医药等行业规模持续扩大，全球机器视觉市场规模呈快速增长趋势，在 2017 年已突破 80 亿美元，并预计到 2025 年将超过 192 亿美元（如图 1-12 所示）。

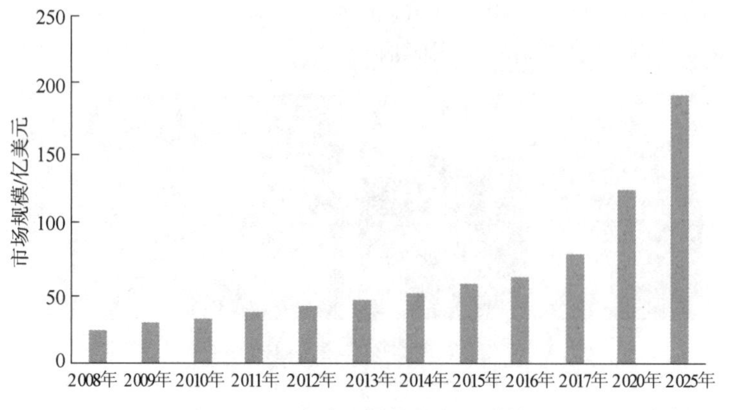

图 1-12　全球机器视觉市场规模

从长远的潜在市场规模来看，当前只有 5%的用户使用了机器视觉技术，也就是还有 95%的潜在用户需要，但还没有使用机器视觉技术，其全部潜力发挥出来后，全球的市场规模可达到 1 200 亿美元。在国内方面，受益于配套基础设施不断完善、制造业总体规模持续扩大、智能化水平不断提高、政策利好等因素，中国机器视觉市场需求不断增长。2018 年中国机器视觉市场规模首次超过 100 亿元。随着行业技术的提升、产品应用领域的拓展，未来中国机器视觉市场规模将进一步扩大。2019 年市场规模将近 125 亿元，2023 年将达到 197 亿元，2019—2023 年复合增长率超过 12%。中国机器视觉市场规模预测如图 1-13 所示。

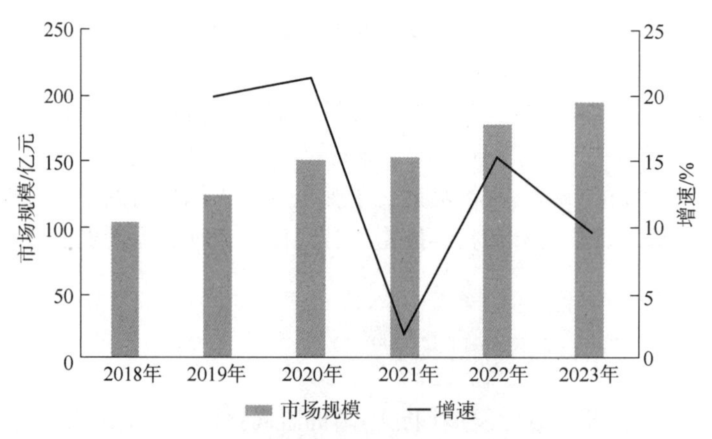

图 1-13　中国机器视觉市场规模预测

目前，全球机器视觉行业呈现两强对峙状态，日本基恩士、美国康耐视两大巨头几乎垄断了全球 50%以上的市场。总体来说，大型跨国公司在本行业占据了行业价值链的高端，拥有较为稳定的市场份额和利润水平；国内企业主要在中低端市场进行竞争，相对来说利润水平偏低，但是部分深耕细分领域的企业，依靠对客户需求的深刻理解和丰富的经验也拥有良好的生存发展空间。

3. 机器视觉发展驱动力：政策驱动

“黄金”政策作为机器视觉“加速器”，全面推动中国机器视觉产业快速发展，实现智能制造。

2016—2021 年，国家政策和地方政策均支持机器视觉的下游应用与上游发展，例如税收优惠和最高上千万元的资金支持，见表 1-2。

表 1-2　国家和地方政策对机器视觉产业发展的支持

2016 年	2019 年	2021 年
早期政策 《中国制造 2025》 《“十三五”规划》 《智能制造发展规划（2016—2020）》 《智能硬件产业创新发展专项行动》	★支持创业人员、团队、中小微企业加快 3D 视觉技术研发与应用 ★使新技术驱动实体经济建设 ★加大推进关键技术如 5G、人工智能在制造业中的应用、优化生产，培育数字化、智能化制造 ● 鼓励机器视觉在仓储物流、医疗等领域的应用	当前政策 《“十四五”机器人产业发展规划》 《“十四五”智能制造发展规划（征求意见稿）》 从国家到地方政策利好频现、主要为上海、浙江、山东、北京、江苏与广州所出台
★首次提出支持机器视觉等新一代感知技术发展 ★“十三五”期间的汽车、半导体、纺织、电子等领域规划中指出加大智能化、自动化示范车间建设，达到平台化、模块化、标准化制造水平 ★规划突破检测水平，智能检测达到国际水平	近期政策 《国家智能制造标准体系建设》 《制造业设计能力提升专项行动计划》 《关于科技创新支撑复工复产和经济平稳运行若干措施》	★重点支持企业应用新一代信息技术改造的智能化工厂、数字化车间 ★加快高清成像、机器视觉技术的研发与应用 ★重点培育一批智能传感与控制等跨行业跨领域的集成服务商，鼓励工业软件企业打造更多产品 ★改造升级传统企业、培育先进制造业集群

4. 机器视觉产业链

机器视觉产业链主要由上游原材料零部件、中游装备制造以及下游终端应用构成。

从深度来看，机器视觉的应用覆盖产业链的多个环节。以手机制造为例，机器视觉可应用在结构件生产、模组生产、成品组装、锡膏和胶体的全制造环节，iPhone 生产全过程需要 70 套以上的机器视觉系统。

当前苹果公司为机器视觉产业的主要用户，其创新程度对机器视觉行业有明显的周期性影响。从单一头部客户向多客户渗透是长期趋势，随着国内智能化需求的增长，单一客户带来的周期波动有望趋缓。

从广度上看，机器视觉的下游行业众多，包括汽车、3C 电子、半导体、食品饮料、光伏、物流、医药、印刷、玻璃、金属、木材等。

国际知名企业康耐视、基恩士、海克斯康的产业链布局更具深度，产品范围包括传感器、软件等零部件，涵盖上游领域。

5. 机器视觉产业链全景图

机器视觉产业链全景图如图 1-14、图 1-15 所示。

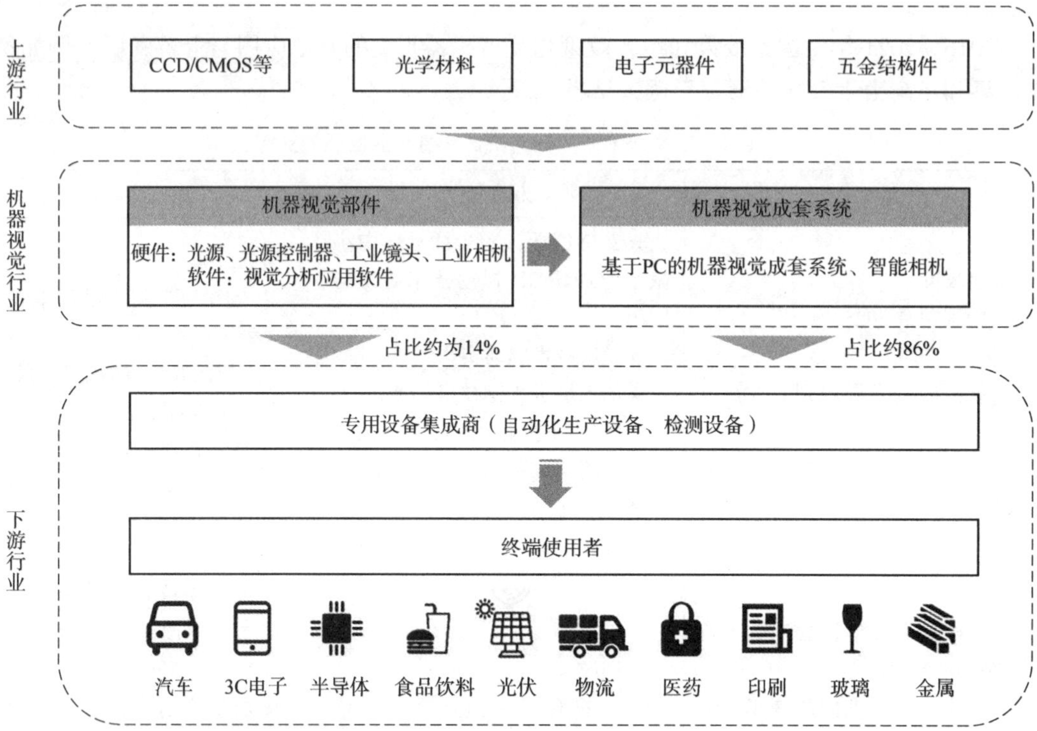

上游行业
CCD/CMOS等
光学材料
电子元器件
五金结构件
机器视觉行业
机器视觉部件
硬件：光源、光源控制器、工业镜头、工业相机
软件：视觉分析应用软件
机器视觉成套系统
基于PC的机器视觉成套系统、智能相机
占比约为14%
占比约86%
下游行业
专用设备集成商（自动化生产设备、检测设备）
终端使用者
汽车
3C电子
半导体
食品饮料
光伏
物流
医药
印刷
玻璃
金属

图 1-14　机器视觉产业链全景图（1）

上游
中游
下游
关键环节
核心元器件生产
光学模组生产
计算机平台搭建
工业相机生产
视觉软件算法研发
视觉引导设备
专家分销
机器人组装
系统集成
应用
核心职责
硬件感知器件研发，整机生产计算软件开发
工程构建、算子、功能块连接 自研+协作
多站应用与融合；形成大系统 自研+集成商+协作
核心角色
零部件厂家、工业相机与光源厂商，底层技术厂商，软件厂商，平台厂商
工业视觉设备厂商、系统厂商、综合工业厂商；技术合作伙伴、定制化研发小团队等
分销商、集成商、渠道商、机器设备厂商、综合业务厂商

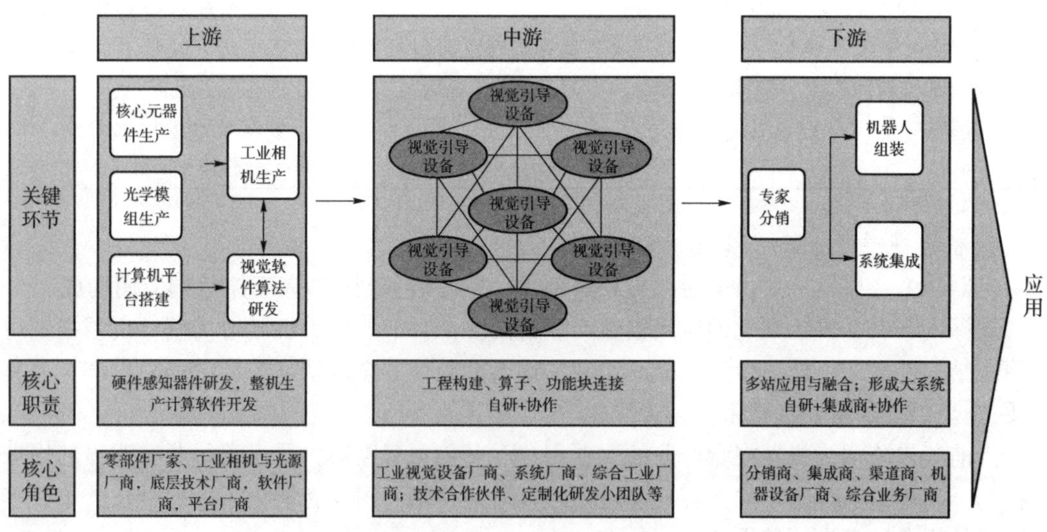

图 1-15　机器视觉产业链全景图（2）

知识点 6：机器视觉产业发展面临的问题

近年来，我国机器视觉产业得到了一定程度的发展，且未来发展潜力巨大，但是目前

国产机器视觉系统在发展过程中仍面临一定的问题。

有行业人士分析，机器视觉部件的门槛主要体现在软件算法上，而目前国内企业在处理速度和能力等方面均存在较大差距，同时由于行业起步晚，出货量少，硬件价格也没有优势。

据悉，目前国内机器视觉产品与国外机器视觉产品相比，最大的差距并不仅体现在技术上，还体现在品牌和知识产权上。国内的机器视觉产品主要以代理国外品牌为主，以此逐渐朝着自主研发产品的路线靠近，起步较晚。

未来，机器视觉产品的好坏不能够通过单一因素来衡量，应该逐渐按照国际化的统一标准判定，随着中国自动化的逐渐开放，其相关的产品技术也逐渐开放。因此，依靠封闭的技术难以促进整个行业的发展，只有形成统一而开放的标准才能让更多的厂商在相同的平台上开发产品，这也是促进中国机器视觉产业朝国际化水平发展的原动力。

【任务实施】

随着各行业自动化、智能化程度的加深，中国高精度制造及其相应的自动化生产线应用逐年增长，机器视觉正快速地取代常规的人工视觉，伴随而来的是更大的人才缺口。但视觉行业的多组态、软件编程和非标的特性，导致机器视觉行业的门槛较其他自动化分支高，这对从事机器视觉工作的人才提出了更高的要求。因此，我们应树立信心，学好这门课程。

【任务考核】

（1）简述机器视觉系统的组成及各部分的功能。

（2）机器视觉系统有哪些典型应用场景？请举例说明。

（3）相对于人类视觉，机器视觉有哪些优势？

【同步测试】

1. 机器视觉是一项综合技术，包括__________、机械工程技术、__________、电光源照明技术、光学成像技术、传感器技术、__________、__________等。

2. 相对于人类视觉，机器视觉在________、________、________、________等方面都存在显著优势，特别在__________或________下。

3. 机器视觉是机器人______________的前提，它能够实现计算机系统对外界环境的________、________以及________等功能，对于__________的发展具有极其重要的作用。

4. 从原理上机器视觉系统主要由三部分组成：______________、______________、______________。

5. 一个典型的机器视觉系统应该包括________、图像处理模块、__________、信息综合分析处理模块。

项目 2 机器视觉系统硬件——工业相机

项目介绍

机器视觉系统由图像采集、图像处理以及信息综合分析处理三个模块构成。工业相机是机器视觉系统中图像采集模块的核心部件，对于机器视觉系统选型来说是至关重要的。工业相机选型会涉及工作相机的类型、定位、参数、传输接口、光学接口等多方面的信息和内容。

本项目对工业相机的参数、选型、分类、连接等进行介绍。

知识目标

(1) 了解工业相机的参数及选型方法。

(2) 掌握工业相机的驱动与连接。

(3) 掌握工业相机 I/O 设置。

(4) 掌握线扫相机的选型及触发。

技能目标

(1) 能够完成工业相机与计算机的连接。

(2) 能够完成工业相机的 I/O 设置。

素质目标

(1) 培养学生认真严谨的工作态度和团队协作的职业精神。

(2) 提高学生认识问题、分析问题和解决问题的能力。

案例引入 <<<

机器视觉系统是一种较复杂的光机电一体化系统。完整的机器视觉系统一般由包含工业相机、工业镜头、光源的光学成像单元，图像处理单元，图像分析软件，监视器，控制接口电路，通信 I/O 单元等主要部分组成。

工业相机是机器视觉系统的“眼睛”，为机器视觉系统源源不断地提供关于应用场景的图像信息。工业相机不同于普通相机的是，它是工业级的产品，每周 7 天、每天 24 小时工作，稳定性和可靠性高。如图 2-1 所示，工业相机是机器视觉系统中的关键组件，其本质功能就是将光信号转换为有序的电信号，形成图像后输出，以便软件处理。一般来说，工业相机主要由图像传感器、内部处理电路、数据接口、I/O 接口、光学接口等几个基本模块组成。当工业相机在进行拍摄时，光信号首先通过工业镜头到达图像传感器，然后被转化为电信号，再由内部处理电路对图像信号进行算法处理，最终按照相关标准协议通过数据接口向上位机传输数据。I/O 接口则提供相机与上、下游设备的信号交互，如可以使用输入信号触发工业相机拍照、工业相机输出频闪信号控制光源亮起等。工业相机的选择不仅直接决定采集到的图像分辨率、图像质量，同时也与整个机器视觉系统的运行模式相关。

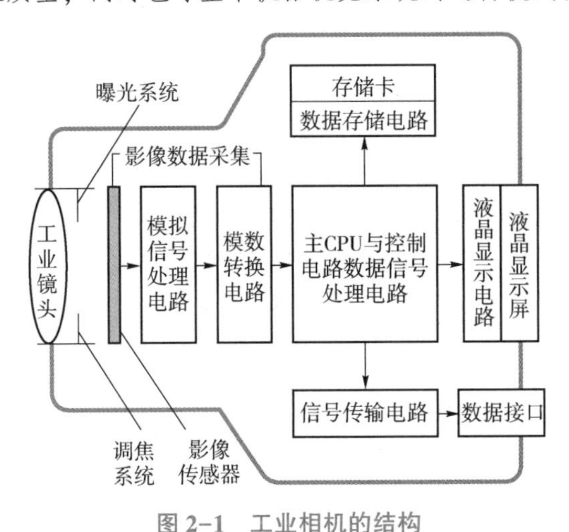

图 2-1　工业相机的结构

任务 2.1　工业相机及其选型

【任务描述】

不同的工业相机有不同的参数，其中包括帧率、快门方式、分辨率、靶面尺寸等。工业相机的选型往往取决于检测需求，如在动态检测时，选择全局相机，在静态检测时，选择卷帘相机；检测有颜色要求时，使用彩色相机，检测无颜色要求时，使用黑白相机。不合适的工业相机会对后续检测产生很大的影响。

现有视野大小为 12 mm×9 mm，单像素精度为 0.01 mm；靶面尺寸需要大于等于 1/2″①；被测物为中速流水线传送状态；客户要求检测区域内方块面上有无脏污，无色彩要求；需要在 1 s 内最多拍摄 35 张图像；无其他特殊需求。

【任务分析】

任务内容：根据检测需求，选择合适的工业相机。

任务初步分析：通过工业相机参数，完成工业相机选型。

① 1″=16 mm。

【相关知识】

知识点 1：什么是工业相机

工业相机是机器视觉系统中的一个关键组件，其最本质的功能就是将光信号转变成有序的电信号。选择合适的工业相机是机器视觉系统设计中的重要环节。工业相机的选择不仅直接决定所采集到图像的分辨率、质量等，同时也与整个机器视觉系统的运行模式直接相关（如图 2-2 所示）。

图 2-2　工业相机实物

知识点 2：工业相机的分类

1. 按照图像传感器分类

图像传感器是一种将光学图像转换成电子信号的设备，是工业相机的重要组成部分，可分为 CCD（电荷耦合元件）和 CMOS（互补金属氧化物半导体元件）两大类。图像传感器是一个由 *N* 行及 *M* 列感光单元组成的矩阵，其基本工作原理为：当光子撞击到硅原子上时，会产生自由电子，将这些自由电子收集在一起形成信号。

（1）CCD 相机：使用 CCD 感光芯片为图像传感器的工业相机，集光电转换及电荷存储、电荷转移、信号读取于一体，是典型的固体成像器件，如图 2-3 所示。

（2）CMOS 相机：使用 CMOS 感光芯片为图像传感器的工业相机，将光敏元阵列、图像信号放大器、信号读取电路、模数转换电路、图像信号处理器及控制器集成在一块芯片上，还具有局部像素的编程随机访问的优点，如图 2-4 所示。

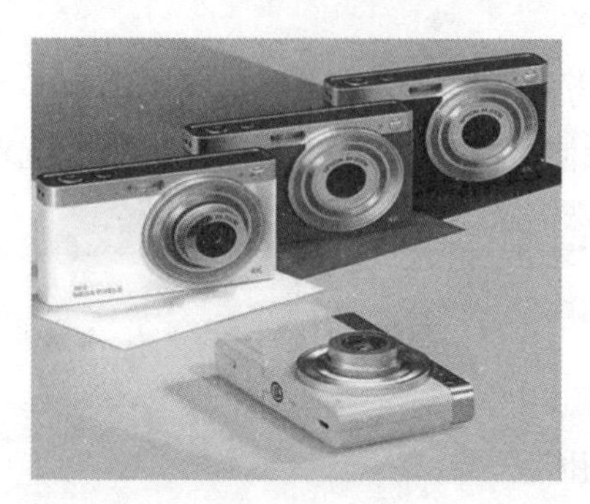

图 2-3　CCD 相机

图 2-4　CMOS 相机

CCD 相机与 CMOS 相机特性对比如图 2-5 所示。

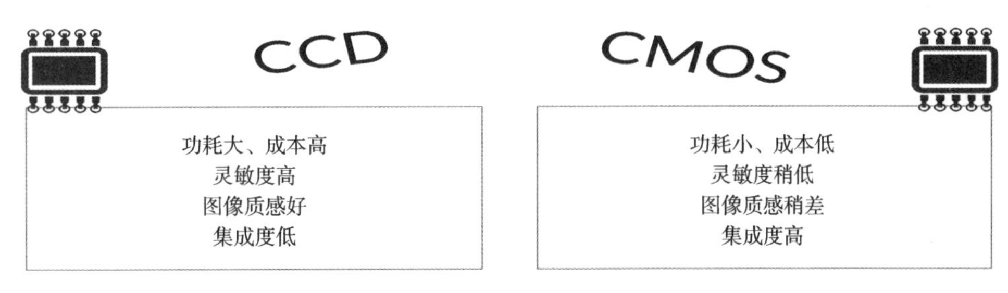

图 2-5　CCD 相机与 CMOS 相机特性对比

2. 按照图像颜色分类

单色相机：输出图像为单色图像的工业相机。

彩色相机：输出图像为彩色图像的工业相机。

3. 按照输出信号分类

模拟信号相机：从传感器中传出的信号，被转换成模拟电压信号，即普通视频信号后再传到图像采集卡中。

数字信号相机：信号自传感器输出后，在工业相机内部直接数字化并输出。数字信号相机又包含 1394 相机、USB 相机、Gige 相机、CameraLink 相机等。

4. 按照传感器类型分类

面扫描相机：传感器上像素呈面状分布的工业相机，其所成图像为二维“面”图像。

线扫描相机：传感器上呈线状（1 行或 3 行）分布的工业相机，其所成图像为一维“线”图像。

知识点 3：工业相机的主要参数

工业相机的参数主要有图像传感器类型、快门方式、像元尺寸、靶面尺寸、分辨率、最大帧率、接口类型等如图 2-6 所示。

MV-CS020-10GM

200万像素网口面阵相机，IMX430，二代，黑白

型号	MV-CS020-10GM
名称	200万像素网口面阵相机，IMX430，二代，黑白
图像传感器类型	CMOS，全局快门
传感器型号	IMX430
像元尺寸/μm	4.5×4.5
靶面尺寸	1/1.7″
分辨率/像素	1 624×1 240
最大帧率	60 fps @1 624×1 240 Bayer RG 8

图 2-6　工业相机的主要参数示例

工业相机型号示例如图 2-7 所示。

1. 图像传感器

图像传感器是一种将光学图像转换成电子信号的设备，是工业相机的重要组成部分，如图 2-8 所示。

MV-	CS	020-	10	G	M
海康工业相机固定开头	**各系列** CE CA CS CU CL CH等	**像素值** 020为200万 013为130万 050为500万 200为2 000万	**芯片厂家**	**接口名称** G 千兆网口GIGE U USB3.0口 C Camera Link口 T 万兆网口 X CoaXPress	**色彩** M 黑白 C 彩色

图 2-7　工业相机型号示例

感光单元
（Pixel）

图 2-8　图像传感器

2. 快门方式

工业相机的快门方式有全局快门和卷帘式快门两种，如图 2-9 所示。

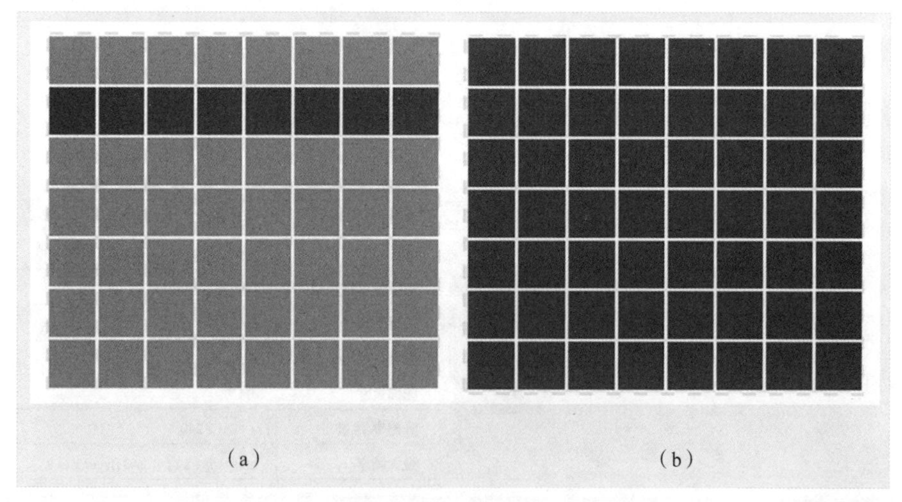

图 2-9　快门方式

（a）卷帘式快门（卷帘式曝光）；（b）全局快门（全局曝光）

卷帘和全局相机

全局快门是让整幅图像在同一时间曝光，所有像素点同时收集光线，同时曝光，最终将曝光图像转成电子图像。所有像素在同一时刻曝光，类似将运动物体冻结，适合拍摄快速运动的物体。CCD 和 CMOS 都支持全局快门。

卷帘式快门是通过逐行曝光的方式实现图像采集，在曝光开始的时候，图像传感器逐行扫描，逐行曝光，直至所有像素点都被曝光，不适合运动物体的拍摄。CMOS 支持卷帘式快门，CCD 不支持卷帘式快门。卷帘式快门的工业相机在拍摄运动中的物体时，图像会由于不同行曝光时间不一样而产生图像失真、拖影。

3. 像元尺寸

像元尺寸即一个像元的大小。像元尺寸和像元数（分辨率）共同决定了工业相机的靶面尺寸。

像元是反映影像特征的重要标志，是同时具有空间特征和波谱特征的数据元。其几何意义是其数据值所代表的地面面积。其物理意义是其波谱变量所代表的其在某一特定波段中波谱响应的强度，即同一像元内的地物只有一个共同灰度值。像元尺寸决定了数字影像的分辨率和信息量。像元小，数字影像分辨率高，信息量大；反之，数字影像分辨率低，信息量小。

4. 靶面尺寸

靶面尺寸就是 CCD 尺寸，一般用“″”表示，它是对角线尺寸，如图 2-10 所示。

1″是16 mm。举例：像元尺寸为 3.75 μm×3.75 μm，影像分辨率为 1 280 像素×960 像素，由此可以计算靶面尺寸如下。

3.75 μm×1 280=4.8 mm，

3.75 μm×960=3.2 mm，

靶面尺寸为 1/3″。

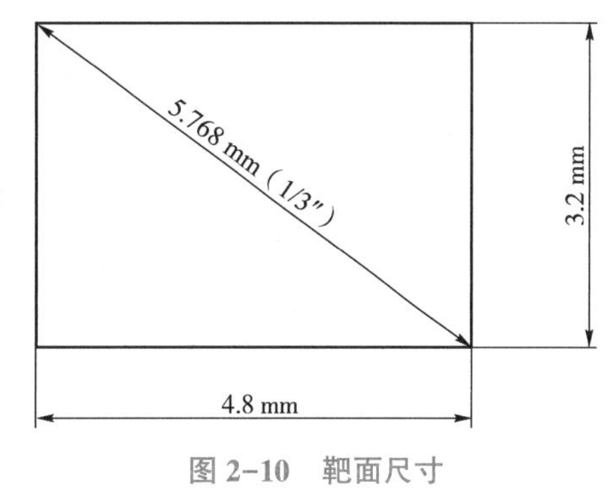

图 2-10　靶面尺寸

5. 分辨率

分辨率为工业相机每次采集图像的像素点数。

例如：MV-CA013-20GM 的分辨率为 1 280 像素×1 024 像素，该工业相机为 130 万像素的黑白相机，即 1 280×1 024=1 310 720=131.072 0（万），见表 2-1。

表 2-1　工业相机参数示例

型号	MV-CA013-20GM
名称	130 万像素网口面阵相机，PYTHON1300，黑白
传感器类型	CMOS，全局快门
传感器型号	PYTHON1300
像元尺寸/ μm	4.8×4.8
靶面尺寸	1/2″
分辨率/像素	1 280×1 024

6. 最大帧率/行频

最大帧率是工业相机采集传输图像的速率，对于面扫描相机一般为每秒采集的帧数

(帧/s)，即每秒采集多少张图像；对于线扫描相机为每秒采集的行数(行/s)。它往往和图像传感器芯片和数据输出接口带宽有关。根据项目需求，在拍摄运动物体时，建议选取高帧率工业相机，具体帧率根据拍摄精度确定。

帧率

7. 工业相机接口

工业相机接口资料见表2-2。

表2-2　工业相机接口资料

接口名称	千兆网口 GigE	USB3.0	CameraLink	CoaXPress	万兆网口 10GigE
传输速度	1 000 MB/s	3 000 MB/s	6.8 Gb/s	72 Gb/s	10 Gb/s
传输距离/m	100	5	30	100	100
采集卡价格/元	几十	几十	上万	上万	上千
工业相机接口形态					
线缆接口形态	RJ45	Type-A Micro-B	RJ45	HDR SDR MDR	BNC DIN1.0/2.3
接口名称	千兆网口	USB3.0	万兆网口	CameraLink	CoaXPress
线缆名称	CATSE/CAT6	USB3.0线缆	CAT6A/CAT7	Cameralink线	CoaXPress线
连接件	RJ45	Micro-B	RJ45	SDR/MDR	DIN/BNC
最大带宽	920 Mb/s	3.2 Gb/s	10 Gb/s	6.8 Gb/s	72 Gb/s
采集卡	千兆网卡	USB3.0采集卡	万兆网卡	CameraLink采集卡	CoaXPress采集卡

知识点4：工业相机选型

(1) 确定图像传感器类型。

①确定黑白/彩色。

②确定卷帘式/全局曝光。

③确定是否有超短曝光需求。

(2) 确定分辨率。

①确定靶面尺寸。

②确定光学接口。

(3) 确定最大帧率/行频，从而确定数据接口。

（4）确定工业相机产品系列。

（5）确定特殊需求。

①近红外、偏振、TEC。

②其他需求。

【任务实施】

工业相机选型流程如图 2-11 所示。

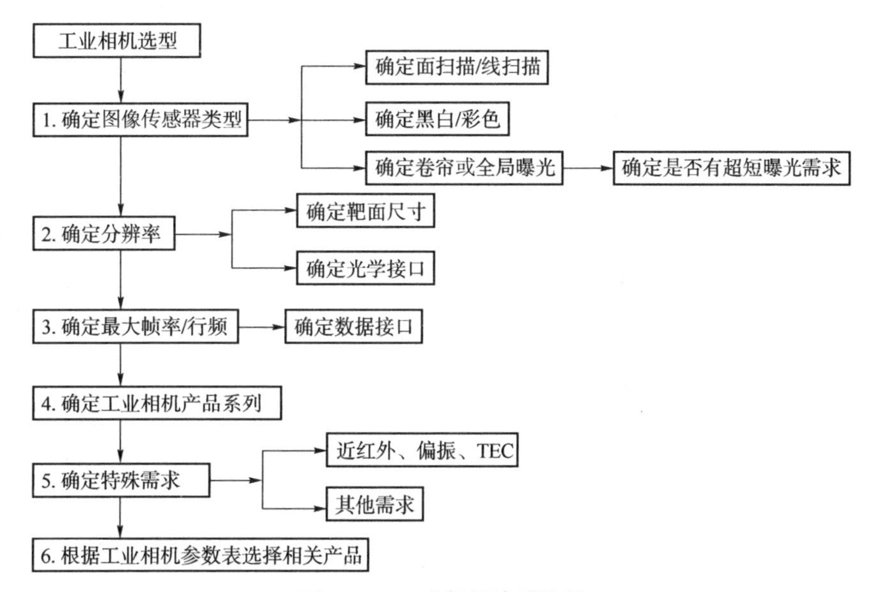

图 2-11　工业相机选型流程

选型方案如下。

（1）确定图像传感器类型。按照图 2-11 所示的流程，可先确定图像传感器类型。需要测试固定视野大小的产品，因此选用面扫描相机，排除 CL 系列。因为目的是检测有无脏污，所以无色彩要求。

选择黑白相机。被测物为中速流水线传送状态，需要选择全局曝光相机，无须具备超短曝光功能。

（2）确定分辨率。在确定好图像传感器类型以后，确认所需分辨率。实际视野范围为 12 mm×9 mm，单像素精度为 0.01 mm，则此时所需工业相机最低分辨率为 1 200 像素×900 像素，锁定 160 万像素、200 万像素、230 万像素以及 320 万像素 4 种工业相机。

靶面尺寸要求大于等于 1/2″，排除 CE、CH 系列。小面扫描相机均匹配标准 C 镜头接口。

（3）确定最大帧率/行频。要求 1 s 内最多拍摄 35 张图像，即在满分辨率下，帧率需≥35 帧/s。在 100 万~300 万像素分辨率，保证帧率的前提下，为了节省成本和降低方案复杂度，选用千兆网以太网接口。

（4）确定工业相机产品系列。因用户无嵌入式相机需求，排除 CB 系列，所以可以锁定 CA 系列。

因为无其他特殊需求，所以可锁定 CA 系列 160 万像素、200 万像素、230 万像素以及 320 万像素的全局曝光黑白工业面扫描相机，即 MV-CA020-10GM、MV-CA020-20GM、MV-CA023-10GM 以及 MV-CA032-10GM 四款工业相机。

由于目的是检测有无脏污，所以可以选取 MV-CA023-10GM 工业相机，其采用了 Sony IMX249 全局曝光图像传感器，分辨率为 1 920 像素×1 200 像素，像元尺寸为 5.86 μm，靶面尺寸为 1/1.2″。另外，需要搭配 6pin 电源线、12V/1A 的电源适配器以及千兆网线 1 根（若采用 PoE 供电则不需要电源线）。

注意：在实际应用中，分辨率的选择还会根据应用的不同而发生变化，如尺寸测量与脏污检测相同，都需要双倍分辨率，而面板检测则需要三倍分辨率才能更加精准地测量等。

【任务考核】

相机选型

请进行相机选型：视野大小为 16 mm×12 mm，单像素精度为 0.005 mm；被测物为中速流水线传送状态；客户要求检测区域内方块面上有无脏污；无色彩要求；需要在 1 s 内最多拍摄 10 张图像。

答：

（1）需要测试固定视野大小的产品，因此选用面扫描相机，排除 CL 系列。

（2）目的是检测有无脏污，故无色彩要求，选择黑白相机。

（3）被测物为中速流水线传送状态，故需要选择全局曝光相机，无须具备超短曝光功能。

（4）实际视野大小为 16 mm×12 mm，单像素精度为 0.005 mm，故所需相机最低分辨率为（16/0.005）像素×(12/0.005）像素=3 200 像素×2 400 像素。

（5）确定最大帧率/行频。用户要求需要 1 s 内最多拍摄 10 张图像，即在满分辨率下，帧率需≥10 帧/s；在 600 万像素分辨率以上，在保证帧率的前提下，为了节省成本和降低方案复杂度，选用千兆网以太网接口。

（6）确定工业相机产品系列。用户无嵌入式相机需求，故排除 CB 系列；无其他特殊需求，故可锁定 CA 系列。

【同步测试】

（1）检测一个 25 mm×15 mm 的零件，需要达到 0.08 mm 的精度，进行动态检测，选用哪个型号的工业相机比较合适？

（2）检测一个 300 mm×200 mm 的零件，需要达到 0.25 mm 的精度，进行静态检测，选用哪个型号的工业相机比较合适？

（3）检测一个 100 mm×80 mm 的零件，需要达到 0.14 mm 的精度，进行动态检测，选用哪个型号的工业相机比较合适？

任务 2.2　工业相机的驱动与连接

【任务描述】

工业相机的电源接口有多个管脚，每个管脚有各自的定义。通过连接电源线给工业相机供电。将工业相机网口和计算机网口连接，可以用计算机控制工业相机并实现图像传输。同时，可以通过软件对工业相机可变参数进行修改，如修改曝光、增益、像素格式等，这些参数对成像调试至关重要。

【任务分析】

任务内容：使用 12 V 电源线给工业相机供电，并通过网线完成工业相机与计算机的连接。

任务初步分析：通过本项目对工业相机管脚及接线的介绍，完成工业相机的供电，再通过 IP 地址等的设置完成工业相机和 MVS（Machine Vision Studio）的连接。

【相关知识】

知识点 1：工业相机硬件状态介绍

工业相机电源接口及网口如图 2-12 所示。

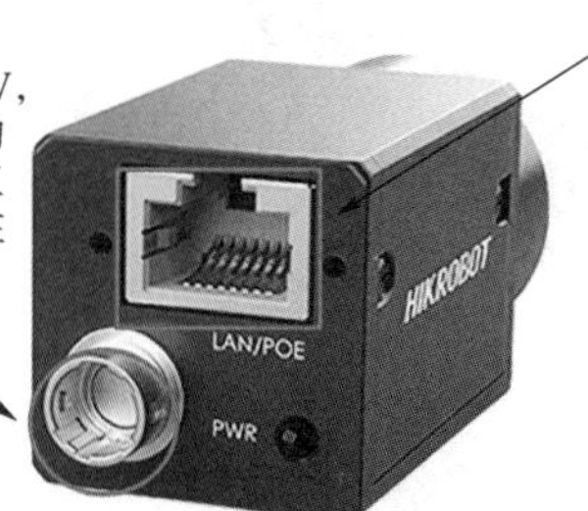

图 2-12　工业相机电源接口及网口

指示灯的状态和说明见表 2-3、表 2-4。

表 2-3　指示灯的状态

指示灯状态	描述
点亮	单次点亮，时长 5 s
常亮	一直点亮
常灭	一直熄灭
快闪	亮灭间隔为 200 ms
慢闪	亮灭间隔为 1 000 ms
超慢闪	亮灭间隔为 2 000 ms

表 2-4 指示灯的说明

指示灯状态	说明
红灯超慢闪	线缆连接异常
红灯常亮	重大错误
蓝灯慢闪	触发出图
蓝灯快闪	正常出图
蓝灯常亮	空闲状态
红、蓝灯交替慢闪	• 固件升级进行中 • 当前工业相机指示。展开客户端“Device Control”属性，单击“FindMe”→“Execute”按钮，红、蓝灯交替闪

知识点 2：CA/CE/CS 常规机型电源线介绍

CA/CE/CS 常规机型电源线如图 2-13 所示。

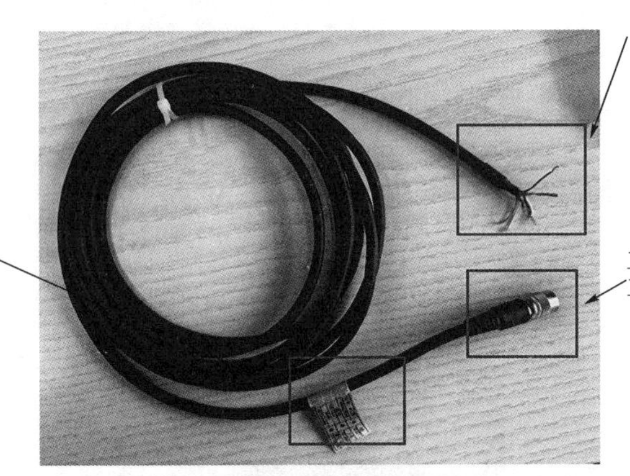

图 2-13 CA/CE/CS 常规机型电源线

知识点 3：功能线介绍

功能线说明见表 2-5。功能线标签如图 2-14 所示。

表 2-5 功能线说明

管脚	信号	I/O 信号源	说明
1	DC_PWR	—	工业相机电源
2	OPTO_IN	Line 0+	光耦隔离输入
3	GPIO	Line 2+	可配置输入或输出
4	OPTO_OUT	Line 1+	光耦隔离输出
5	OPTO_GND	Line 0-/1-	光耦隔离信号地
6	GND	Line 2-	工业相机电源地

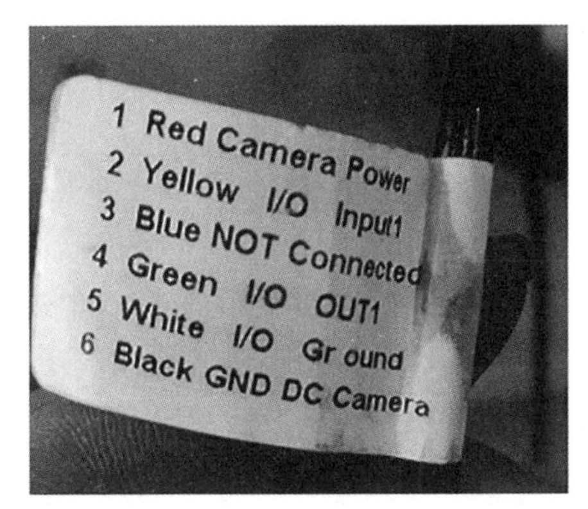

图 2-14　功能线标签

知识点 4：连线实施

连线所需实物如图 2-15 所示。

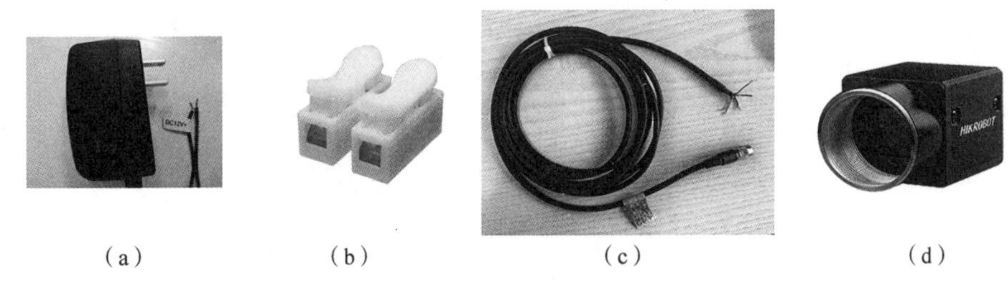

（a）　（b）　（c）　（d）

图 2-15　连线所需实物

（a）12 V 电源适配器；（b）接线端子；（c）工业相机电源线；（d）工业相机

注意：正、负极性切勿接反，不然会烧毁工业相机。

知识点 5：工业相机软件 MVS 的安装与连接

1. 下载安装

MVS 客户端支持安装在 Windows XP/7/10（32/64 bit）、Linux（32/64 bit）以及 MacOS（64 bit）操作系统上。下面以 Windows 操作系统为例进行介绍。

具体操作步骤如下。

（1）从海康机器人官网（www. hikrobotics. com）“服务支持”→“下载中心”→“机器视觉”下载 MVS 客户端安装包及 SDK 开发包。

（2）双击安装包进入安装界面，单击“开始安装”按钮。

（3）选择安装路径、需要安装的驱动（默认已选择 GIGE 和 USB3. 0）和其他功能。

（4）单击“下一步”按钮开始安装。

（5）安装结束后，单击“完成”按钮即可。

2. PC 环境设置

为了保证客户端的正常运行以及数据传输的稳定性，在使用 MVS 客户端前，需要对

PC 环境进行设置。

关闭防火墙的操作步骤如下。

(1) 打开系统防火墙。

①Windows XP：选择“开始”→“控制面板”→“安全中心”→“Windows 防火墙”选项。

Windows 7：选择“开始”→“控制面板”→“系统和安全”→“Windows 防火墙”选项。

Windows 10：选择“此电脑”→“属性”→“控制面板”→“Windows Defender 防火墙”选项。

(2) 单击左侧“打开和关闭 Windows 防火墙”链接。

(3) 在自定义界面，选择“关闭 Windows 防火墙（不推荐）”选项，并单击“确定”按钮即可。

3. IP 设置

完成工业相机和 MVS 客户端的安装后，在设备列表中，若工业相机为不可达状态，则需要手动设置工业相机 IP。具体操作步骤如下。

(1) 双击状态为不可达的工业相机名称，将弹出“修改 IP 地址”对话框。

(2) 在“修改 IP 地址”对话框中，单击“静态 IP”单选按钮，参照工业相机可达的网段(图中方框所示)，设置“IP 地址”“子网掩码”以及“默认网关”，单击“确定”按钮，如图 2-16 所示。

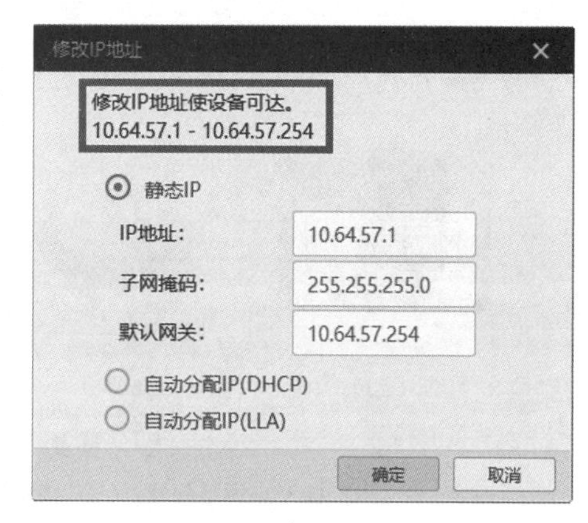

图 2-16　IP 设置

4. MVS 客户端界面介绍

MVS 客户端界面如图 2-17 所示。MVS 客户端界面各部分功能见表 2-6。

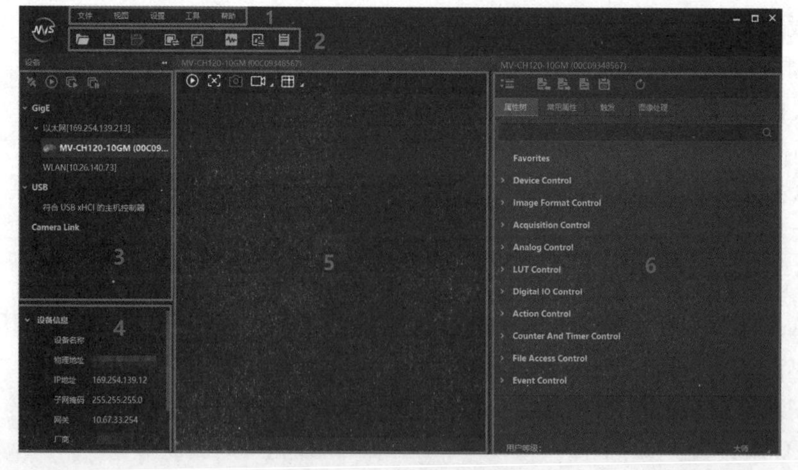

图 2-17　MVS 客户端界面

表 2-6　MVS 客户端界面各部分功能

区域	区域名称	功能描述
1	菜单栏	提供文件、视图、设置、工具和帮助的功能
2	控制工具条	对工业相机图像提供快速、方便的操作
3	设备列表	显示当前设备列表
4	接口和设备信息获取	显示设备详细信息
5	图像预览窗口	显示工业相机实时图像数据，并对工业相机实时信息进行统计和显示
6	连接设备后可以设置的属性	显示设备属性区域

【任务实施】

1. 电源连接

使用 12 V 电源给工业相机供电，12 V 电源正极接工业相机 1 号线，12 V 电源负极接工业相机 6 号线。

2. 观察指示灯

观察工业相机顶部指示灯，观察是否供电成功，如果指示灯没亮，说明供电不成功，应检查接线有无问题。

3. 连接网线

通过网线连接工业相机和计算机。网线一端连接工业相机，另一端连接计算机，需要千兆网口。

4. 驱动连接

打开 MVS，在工业相机列表中选择需要连接的工业相机，修改 IP 地址，然后打开工业相机。

总结：工业相机驱动连接实操内容包含接线和 MVS 连接，需要对工业相机硬件进行了解，也需要对 MVS 有所了解，知道 IP 地址如何设置以及 MVS 客户端界面各个部分有什么功能。

【任务考核】

（1）简述工业相机指示灯状态的几种情况。

（2）MVS 客户端界面是由哪几个部分组成的？它们分别有什么功能？

相机连接

【同步测试】

工业相机的 6 根功能线分别代表什么？

答案：

1 号线：工业相机电源；

2 号线：光耦隔离输入；

3 号线：可配置为输入或者输出（低电平）；

4 号线：光耦隔离输出；
5 号线：光耦隔离输出地；
6 号线：工业相机电源地。

任务 2.3 工业相机 I/O 设置

【任务描述】

工业相机的触发模式分为软触发和硬触发。在工业检测中，为了更好地实现自动化，工业相机都会采用硬触发，如编码器触发拍照、光电传感器触发拍照、按钮触发。同时触发极性也分为上升沿、下降沿、高电平、低电平 4 种，不同的触发极性应用于不同的场合，通过硬件接线和软件设置可以完成工业相机硬触发。

【任务分析】

任务内容：完成硬触发接线，通过软件设置分别测试上升沿、下降沿、高电平、低电平 4 种极性触发拍照。

任务初步分析：根据工业相机触发接线以及软件设置的介绍，完成 4 种极性的触发。整体实施可分为两部分，第一部分为硬件接线，第二部分为软件设置。

【相关知识】

知识点 1：触发模式

工业相机的触发模式分为内触发模式以及外触发 2 种。具体工作原理以及对应参数见表 2-7，参数设置如图 2-18 所示。

表 2-7　触发模式

触发模式	对应参数	参数选项	工作原理
软触发	Acquisition Control>Trigger Source	Software	触发信号由软件发出，通过千兆网传输给工业相机进行采图
硬触发		Line 0 Line 2	外部设备通过工业相机的 I/O 接口与工业相机进行连接，触发信号由外部设备给到工业相机进行采图

内触发就是软件触发，通过软件可以直接触发拍照。

外触发就是外部接线控制触发拍照，例如按钮控制拍照、PLC 控制拍照、光学感应器控制拍照，等，也称为硬触发。

如果是软触发，则 I/O 输入中触发模式选择“关闭”，触发源选择“软触发”。

如果是硬触发，则 I/O 输入中触发模式选择“打开”，触发源选择“线路 0”。

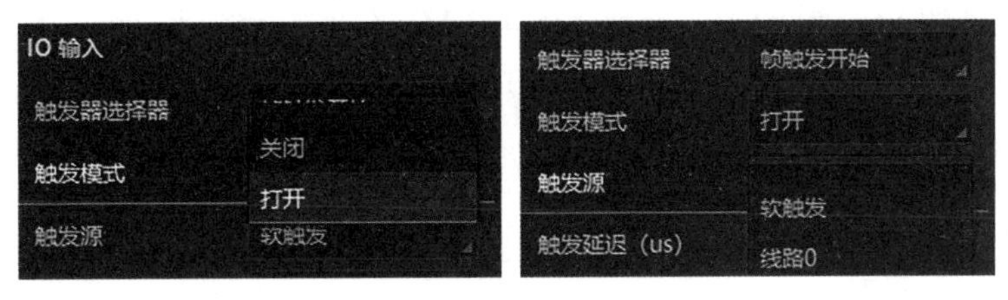

图 2-18　触发模式设置

知识点 2：NPN 与 PNP

P 表示正，N 表示负。

NPN 表示平时为低电位，信号到来时信号为高电位输出；PNP 表示平时为高电位，信号到来时信号为负，如图 2-19 所示。

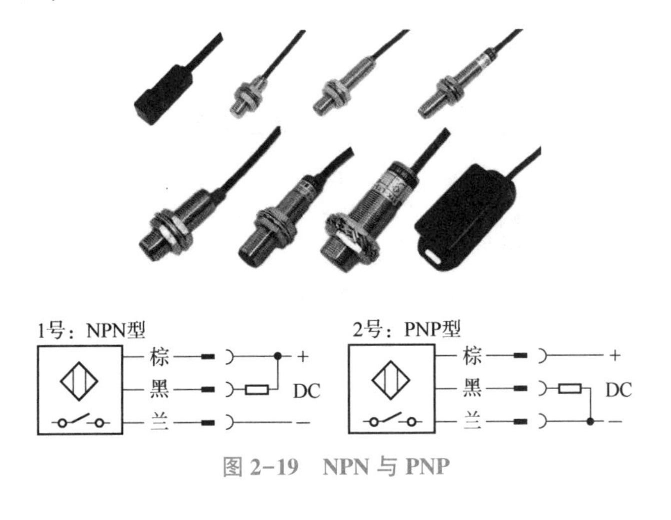

图 2-19　NPN 与 PNP

知识点 3：PNP 硬触发硬件连接

输入信号的外部设备不同，接线有所不同。

除了 CU 系列外的其他系列工业相机，Line 0 输入接线具体如图 2-20、图 2-21 所示。

（1）输入信号为 PNP 设备，如图 2-20 所示。

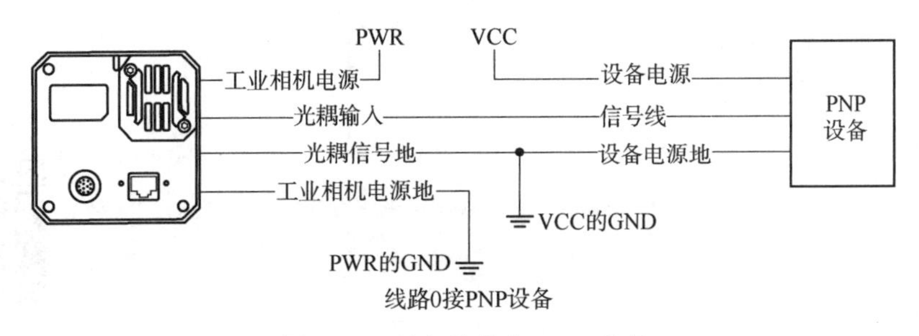

图 2-20　输入信号为 PNP 设备

（2）输入信号为 NPN 设备，如图 2-21 所示。

若 NPN 设备的 VCC 为 24 V，推荐使用 4.7 kΩ 的上拉电阻。

若 NPN 设备的 VCC 为 12 V，推荐使用 1 kΩ 的上拉电阻。

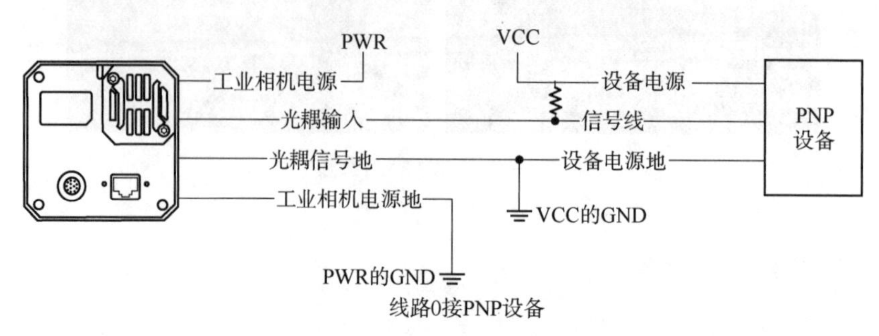

图 2-21　输入信号为 NPN 设备

知识点 4：开关硬触发硬件连接

输入信号为开关，如图 2-22 所示。

若开关的 VCC 为 24 V，建议串联一个 4.7 kΩ 的电阻，用于保护电路。

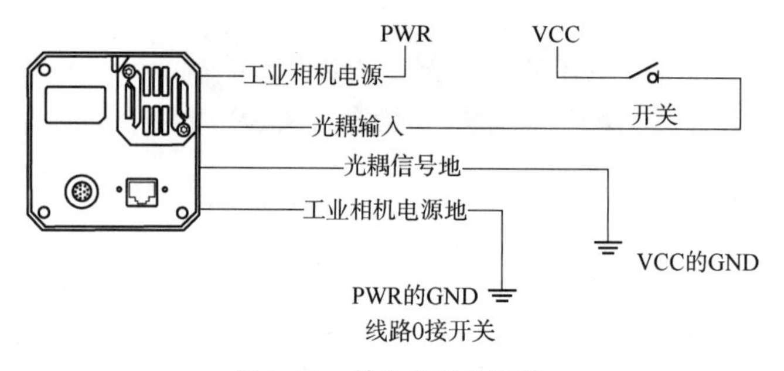

图 2-22　输入信号为开关

VCC 也可以直接用工业相机电源的+12V 代替，开关触发接线就如图 2-23 所示，当触点 5 和触点 7 的开关闭合时就会触发拍照。如图 2-24 所示。

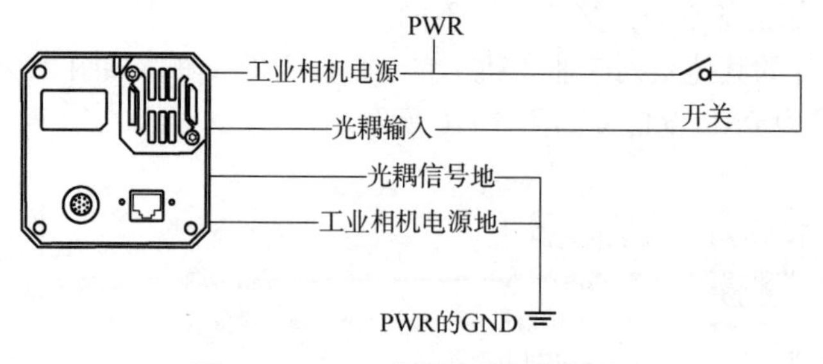

图 2-23　12 V 电源开关触发接线

开关触发拍照

知识点 5：硬触发软件设置

用硬触发控制拍照时，触发模式选择“打开”，触发源选择“线路 0”。

触发极性分为上升沿、下降沿、高电平、低电平 4 种，如图 2-24 所示。

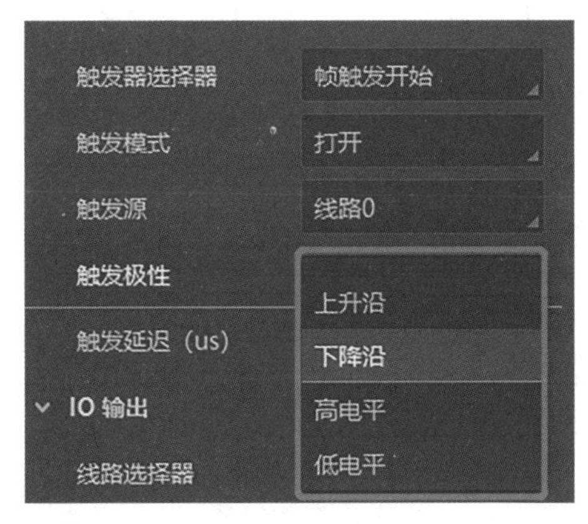

图 2-24　触发极性

可以通过观察 MVS 客户端界面左下角的图像数来判断是否拍照，如图 2-25 所示。

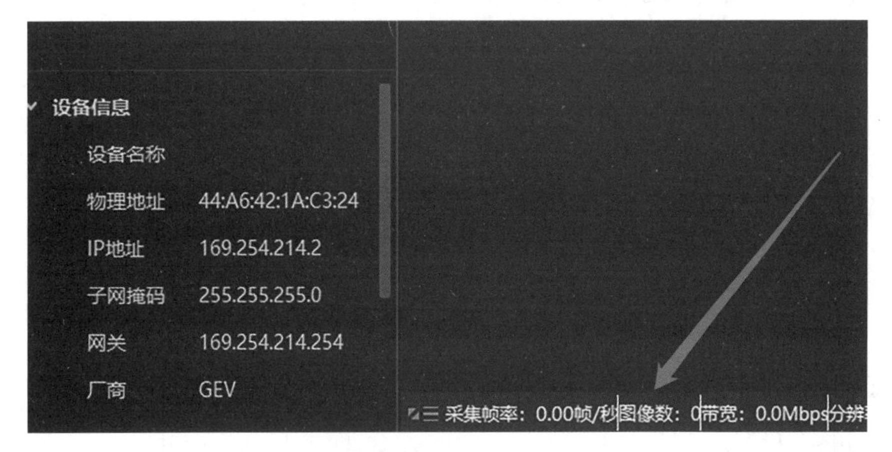

图 2-25　判断是否拍照

硬触发四个极性的效果

知识点 6：触发抖动过滤

外触发信号给到工业相机时可能存在毛刺，如果直接进入工业相机内部可能造成误触发，此时可以对触发信号进行触发抖动过滤。该功能通过“Digital IO Control”属性下的“Line Debouncer Time”参数设置，单位为 μs，范围为 0～1 000 000，即 0～1 s。触发抖动过滤设置如图 2-26 所示。当设置的“Debouncer Time”大于触发信号的时间时，则该触发信号被忽略，时序如图 2-27 所示。

Digital IO Control
Line Selector　Line 0
Line Mode　Input
Line Status
Line Status All　0x0
Line Debouncer Time(us)　50

图 2-26　触发抖动过滤设置

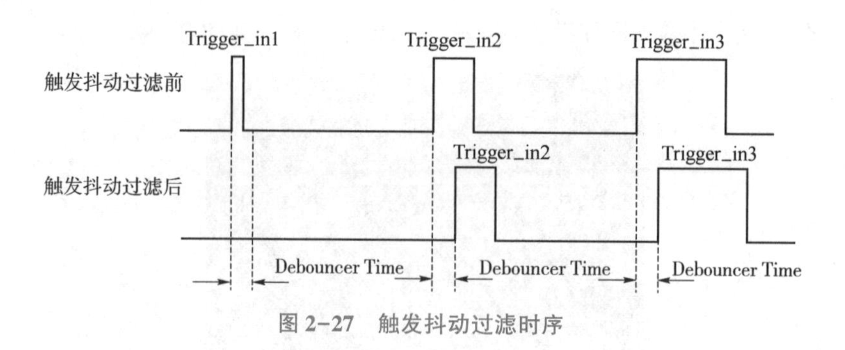

图 2-27　触发抖动过滤时序

知识点 7：输出连接

触发抖动设置

工业相机触发输出信号为开关信号，可用于控制报警灯、光源、PLC 等外部设备。触发输出信号可通过电平反转和频闪输出信号两种方式实现。通过属性树中的“数字 IO 控制”属性设置相关参数。

触发输出信号的电平反转通过 Line Inverter 参数进行设置，默认为不启用，如图 2-28 所示。

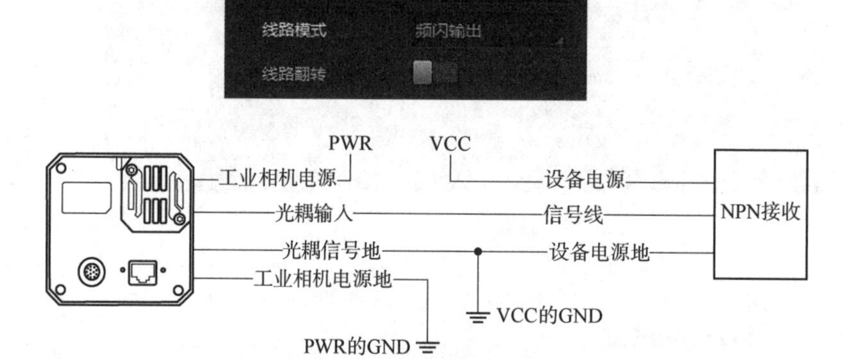

图 2-28　电平反转参数设置

线路 1 的最大输出电流为 25 mA。

知识点 8：Strobe（频闪输出）信号

Strobe 信号可使工业相机在事件源发生时，直接输出信号到外部设备。

Strobe 信号的事件源通过 Line Source 参数进行设置。当事件源发生时，会生成 1 个事件信息，此时工业相机会同步输出 1 个 Strobe 信号。Strobe 信号是否启用通过 Strobe Enable 参数进行设置，如图 2-29 所示。各事件源

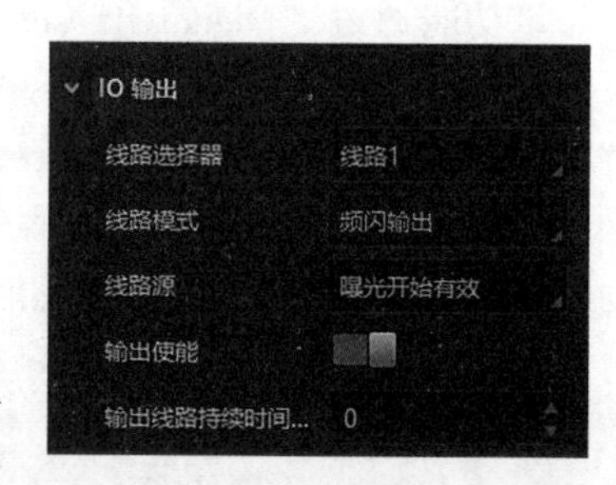

图 2-29　Strobe 使能

的具体说明见表 2-8 所示。

表 2-8　各事件源的具体说明

线路源名称	功能说明
曝光开始有效	工业相机开始曝光时，输出信号到外部设备
采集开始有效	工业相机开始采集图像时，输出信号到外部设备
采集停止有效	工业相机停止采集图像时，输出信号到外部设备
帧突发开始有效	工业相机开始出图时，输出信号到外部设备
帧突法结束有效	工业相机停止出图时，输出信号到外部设备
软触发有效	软触发时，输出信号到外部设备
硬触发有效	硬触发时，输出信号到外部设备
计数器有效	计数器触发时，输出信号到外部设备
计时器有效	计时器触发时，输出信号到外部设备
曝光停止有效	工业相机停止曝光时，输出信号到外部设备

同时 Strobe 信号还可以设置持续时间、输出延迟。

Strobe 信号为高电平有效，信号输出的持续时间可通过输出线路持续时间参数进行设置，单位为 μs。

以 Strobe 信号的线路源选择工业相机曝光开始有效为例，当工业相机开始曝光时，Strobe 信号立即输出。

当输出线路持续时间参数值为 0 时，频闪高电平延续时间等于曝光时间。如图 2-30 所示。

当输出线路持续时间参数值为非 0 时，频闪高电平延续时间等于输出线路持续时间，如图 2-31 所示。

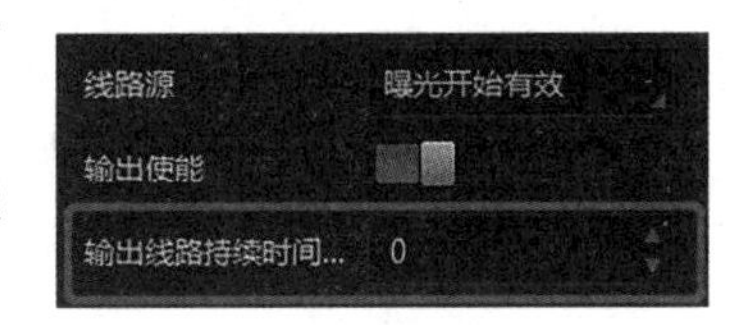

图 2-30　频闪高电平延续时间等于曝光时间

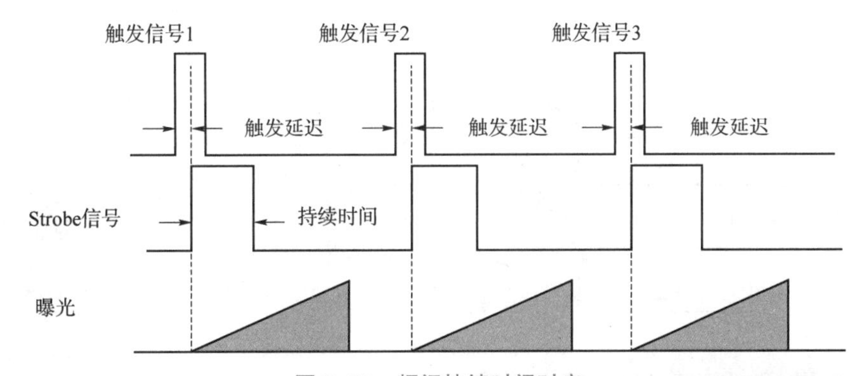

图 2-31　频闪持续时间时序

工业相机可对 Strobe 信号设置输出延迟，以满足在某些场景下，外部设备需要延迟响应的应用需求。信号输出的延迟时间可通过输出线路延迟参数进行设置，单位为 μs，范围为 0~10 000，即 0~10 ms。相关参数如图 2-32 所示。

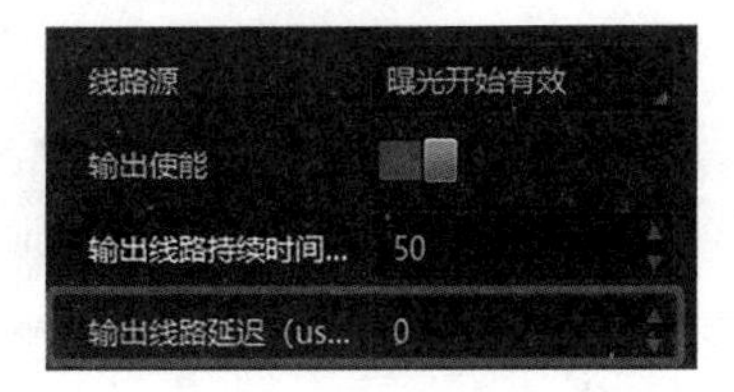

图 2-32　输出线路延迟参数设置

以 Strobe 信号的线路源选择工业相机开始曝光为例，当工业相机开始曝光时，Strobe 信号并没有立即生效，而是根据所设置的输出线路延迟参数值延迟输出，时序如图 2-33 所示。

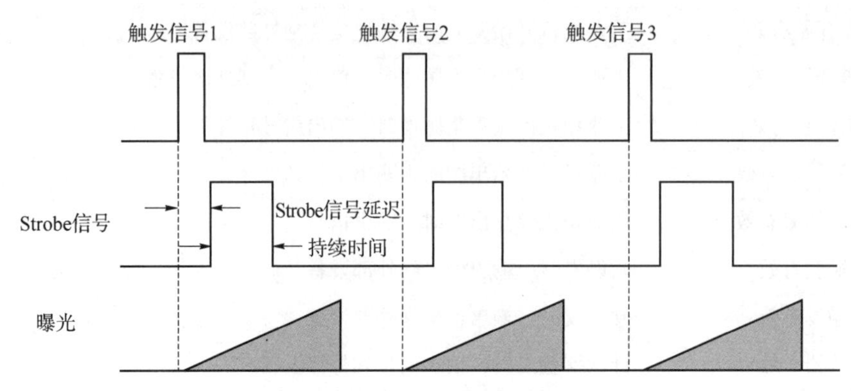

图 2-33　频闪持续延迟时序

线路分析如下。

图 2-34 所示是工业相机 I/O 的简易接线，继电器（开关）闭合时，2 号线输入+12 V，硬触发拍照。

当有信号输出时，即 4 号线输出一个低电平，工业相机电源正极和 4 号线会输出一个 12 V 的电压。例如工业相机电源正极和 4 号线分别接 12 V 警示灯或者蜂鸣器的正极和负极，当线路 1（4 号线）有输出时，警示灯就会点亮，蜂鸣器就会响。

5 号线必须和 6 号线一起接工业相机电源的负极，否则无法硬触发拍照以及无法输出信号。

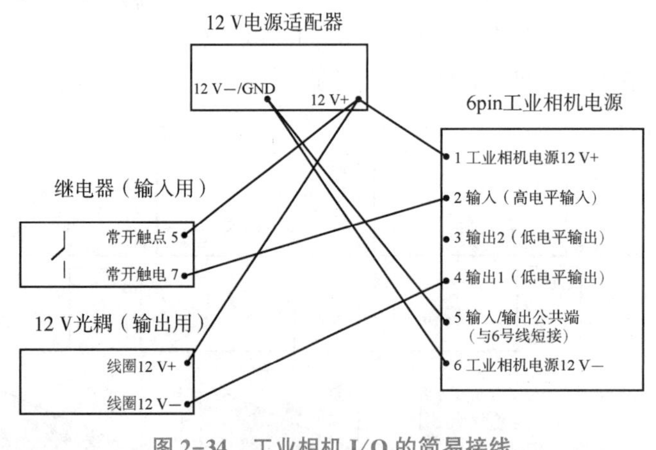

图 2-34　工业相机 I/O 的简易接线

信号输出接线

知识点 9：光耦继电器

光耦继电器属于固态继电器，一般电磁继电器靠电流通过线圈使铁芯变成有磁性的磁铁来吸合衔铁，从而使相关的触点动作控制负载的通断，而光耦继电器没有触点，其工作原理与光电耦合器类似，如图 2-35 所示。

图 2-35　光耦继电器

光耦继电器是一种在一个包装中结合了发光二极管（LED）和光电检测器的设备。与其他光学设备不同，光不会发射到包装外部。其外观类似非光学半导体器件。尽管光耦继电器是一种光学设备，但它不处理光，而处理电信号。其性质如下。

（1）具有隔离作用，如信号隔离或光电隔离。

（2）比普通光电耦合器的驱动能力强，可以用来控制各种负载，例如电磁继电器、电灯、发光二极管、加热器、电动机、电磁吸筒等。

知识点 10：PLC 触发拍照和输出的硬件连接

图 3-36 所示为 PLC 控制工业相机拍照以及接收工业相机输出的接线。

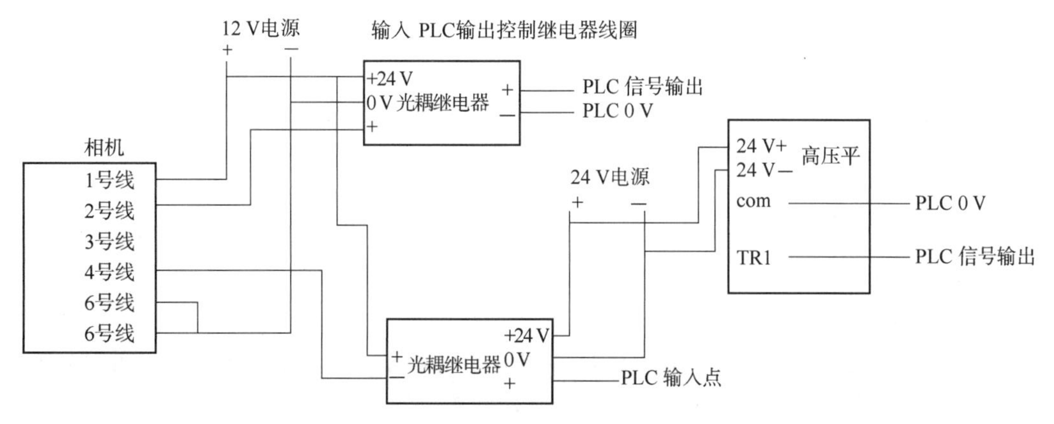

图 2-36　PLC 控制工业相机拍照以及接收工业相机输出的接线

PLC 信号为高电平信号，即 PNP，可以理解为当信号输出时，信号线和 0 V 形成一个回路，相当于信号线和+24 V 的作用一样。

PLC 信号为低电平信号，即 NPN，可以理解为信号线输出时，信号线和+24 V 形成一个回路，此时的信号线就相当于 0 V。

图中的 PLC 为高电平，线路分为两部分，输入部分和输出部分。

（1）输入部分（上方的光耦继电器）。PLC 的信号输出线与 PLC 的 0 V 接光耦继电器的正极和负极，光耦继电器上的+24 V 接口（此处的+24 V 接口并不一定接+24 V，理解为正极接口就可以了）接工业相机电源的+12 V，0 V 接口接工业相机电源的 0 V，光耦继电器左端的正极（图中为“+”，实际中为“+1”或者“-1”）接 2 号线。原理为当 PLC 发送拍照信号时，光耦继电器右端的正、负极形成一个 24 V 的回路。此时光耦继电器工作，左端的+24 V 接口和“+”接口接通，即工业相机电源的+12 V 接口和 2 号线连通，触发拍照。

（2）输出部分（下方光耦继电器）。光耦继电器左端正极接工业相机+12 V 接口，负极接工业相机 4 号线，光耦继电器右端+24 V 接口接 PLC 的+24 V，0 V 接口接 PLC 的 0 V，正极接 PLC 的输入。当工业相机有信号输出时，4 号线会输出一个低电平信号，光耦继电器左端的正、负极形成一个 12 V 的回路。此时光耦继电器工作，右端的+24 V 接口和“+”接口接通，PLC 输入点会接收到一个+24 V 信号。

如果 PLC 为低电平信号，即 NPN，输入部分的光耦继电器依然选择 PNP 型（即带有+1 端口），但是输出部分的光耦继电器就必须选择 NPN 型（即带有-1 端口）。当光耦继电器工作的时候-1 端口和 0 V 接口接通。

【任务实施】

1. 硬件接线

根据外触发接线图，完成接线，并检查是否接错。

2. 软件设置

进入软件，连接工业相机，触发模式选择“打开”，触发源选择“线路 0”。

3. 控制触发

使用按钮触发拍照，通过观察图像数是否增加，判断是否接线和软件设置有无问题。

4. 测试 4 种极性

通过设置不同的触发极性，观察按钮触发拍照有何不同。

总结：工业相机触发实操主要由硬件接线和软件设置两部分组成，需要理解接线原理并独立完成接线，同时要掌握硬触发和软触发的设置方法，实现理论和实操的双方面掌握。

【任务考核】

（工业相机输出实操。）

1. 任务描述

检测需要结果输出，因此工业相机具备信号输出功能，信号输出时，会产生 12 V 的电压，通过软件设置可以完成光源频闪、蜂鸣器鸣声、警报灯闪烁。也可以通过接继电器的方法控制其他装置。

2. 任务分析

任务内容：完成信号输出的接线，通过软件设置完成小灯闪烁的控制。

任务初步分析：根据工业相机输出接线图，了解工业相机输出接线的原理并完成接线，通过软件设置控制小灯亮的时长。

3. 任务实施

1）硬件接线

根据工业相机输出部分的接线图，完成工业相机硬件接线，并检查是否接错。

2）软件设置

打开 MVS，在“数字 IO 控制”区域进行设置，线路选择器选择“线路 1”，线路模式选择“频闪输出”，开启输出使能。

3）输出线路持续时间设置

设置不同的输出线路持续时间及线路源，完成对应的任务需求。

4. 任务评价

通过工业相机输出实操，在理论方面需要了解硬件接线和软件设置的方法，同时了解工业相机如何通过 I/O 的方式将信号输出给 PLC，在实操方面要学会独立完成接线，并且在出现问题时懂得如何排除故障。

相机输出信号控制小灯

【同步测试】

如果输出信号控制 24 V 的警报灯或蜂鸣器，则需要在原来的基础上加装何种装置？接线方法有何不同？

答案：需要中间接光耦继电器，通过工业相机输出的 12 V 电压控制光耦继电器的通断，间接控制警报灯和蜂鸣器工作。蜂鸣器和警报灯要额外供电。

任务 2.4 线扫描相机的选型及触发

【任务描述】

（线扫描相机编码器触发。）

编码器通常安装在轴上，以提供指示运动的信号。一些编码器会产生两个单独的信号（A 和 B），可以检测到与运动相关的线路方向和更细的粒度信息。线路扫描系统可与硬件（基于运动）编码器或软件（基于时间和运动计算）编码器结合使用，通过编码器可以很好地得到一个运动轴的反馈信号，从而确保线扫描相机在取图时的稳定性。

【任务分析】

（1）检测内容：通过对运动轴增加编码器来获取完整的图像。

（2）检测需求初步分析：熟练掌握编码器的接线方式以及线扫描相机的工作方式，旋转编码器触发线扫描相机，即一个脉冲触发扫描一行，需要把 LineStart 触发模式打开。例如使用 2 000 脉冲/转的旋转编码器，主要用前 4 根线，将任何一根线接到线扫描相机的触发线（如 Line1+）上，每转一圈都可以使线扫描相机扫 2 000 行（在倍频分频为 1 的情况下）。

【相关知识】

知识点 1：了解线扫描相机

1. 什么是线扫描相机

线扫描相机又叫作线阵相机，顾名思义，它的图像传感器拍摄的图像呈“线”状，虽然也是二维图像，但是极长（长度为几千像素，而宽度却只有几个像素）。它每次只采集一行或数行（彩色）图像。一般只在两种情况下使用这种相机。

第一种情况被测视野为细长的带状，多用于滚筒上的检测，如图 2-37 所示。第二种情况是需要极大的视野或极高的精度，如图 2-38 所示。在第二种情况下（需要极大的视野或极高的精度），需要用激发装置多次激发线扫描相机，进行多次拍照，再将所拍下的多张“条”形图像，合并成一张巨大的图像。因此，使用线扫描相机，必须使用可以支持线扫描相机的采集卡。线扫描相机示意如图 3-39 所示。

图 2-37　细长的带状被测物

图 2-38　细长型连续的被测物

（a）

（b）

（c）

图 2-39　线扫描相机示意

（a）2k 分辨率；（b）4k 分辨率；（c）8k 分辨率

2. 线扫描相机命名规则

线扫描相机命名规则如图 2-40 所示。

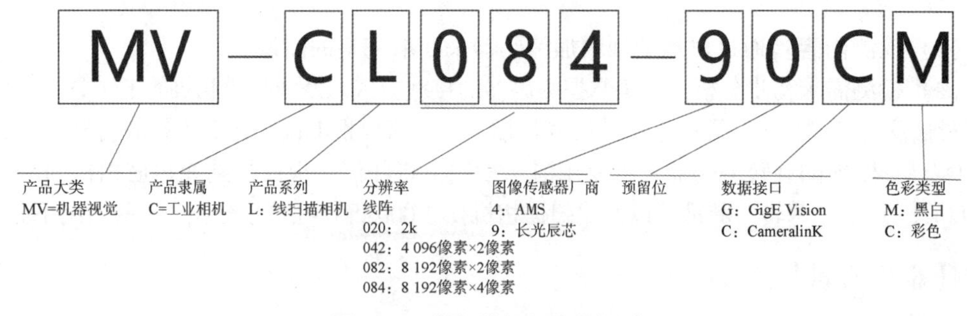

图 2-40　线扫描相机命名规则

3. 线扫描相机与面扫描相机的区别

（1）面扫描相机。可以获取二维图像信息，直观地测量图像。

像元总数多，而每行的像元数一般较线扫描少，帧幅率受到限制。其应用面较广，如可用于面积、形状、尺寸、位置，甚至温度等的测量。由于生产技术的制约，单个面阵的面积很难达到一般工业测量现场的需求。

（2）线扫描相机。要用线扫描相机获取二维图像，必须配以扫描运动，而且为了确定图像每一像素点在被测件上的对应位置，还必须配以光栅等器件以记录线阵每一扫描行的坐标。一般看来，这两方面的要求导致用线扫描相机获取图像有以下不足：图像获取时间长，测量效率低；扫描运动及相应的位置反馈环节的存在，增加了系统复杂性和成本；图像精度可能因受扫描运动精度的影响而降低，最终影响测量精度。

线扫描相机的一维像元数可以做得很多，而总像元素较面扫描相机少，而且像元尺寸比较灵活，帧幅率高，特别适用于一维动态目标的测量。其线阵分辨率高，价格低廉，可满足大多数测量现场要求。

线扫描相机与面扫描相机的对比如图 2-41 所示。

图 2-41　线扫描相机与面扫描相机的对比

（a）线扫描相机；（b）阵扫描相机

线扫描相机的特点总结如图 2-42 所示。

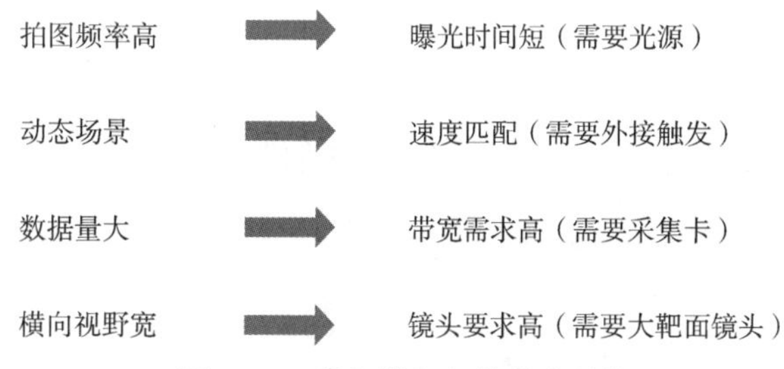

图 2-42　线扫描相机的特点总结

4. 线扫描相机的应用场景

线扫描相机在大画幅、高精度、圆柱状物体检测方面有很好的应用，如印刷制品检测、大型玻璃检测、LCD 面板检测、PCB 检测、钢铁检测、粮食色选、烟草行业检测、纺织行业检测等，如图 2-43 所示。

被检测的物体通常匀速运动，利用一台或多台线扫描相机对其逐行连续扫描，以对其整个表面均匀检测。可以对其图像逐行进行处理，或者对由多行组成的面阵图像进行处理。另外，线扫描相机非常适合测量场合，这要归功于其图像传感器的高分辨率，它可以达到微米级的测量精度，如图 2-44 所示。

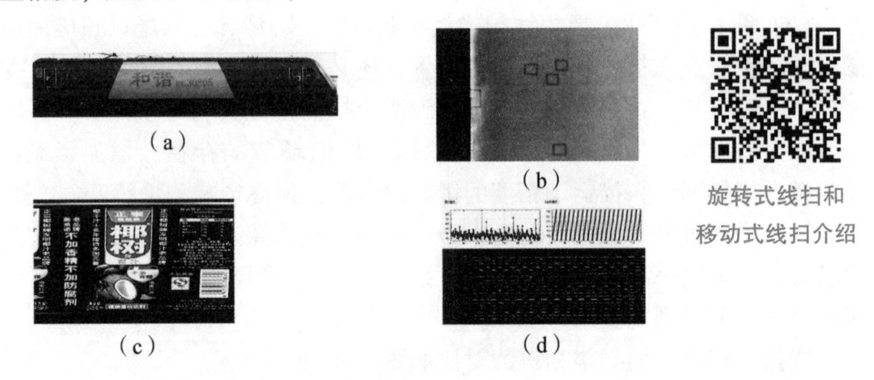

图 2-43　线扫描相机的应用场景

（a）交通行业外观检测；（b）冶金/玻璃/布匹检测（c）包装印刷检测；（d）锂电/PCB/面板检测

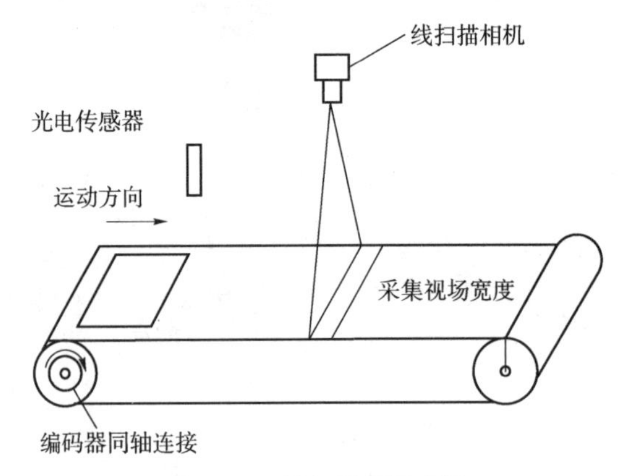

图 2-44　线扫描相机应用

知识点 2：线扫描相机参数配置

1. 线扫描相机安装

安装线扫描相机时需注意安装方向，安装方向如图 2-45 所示。

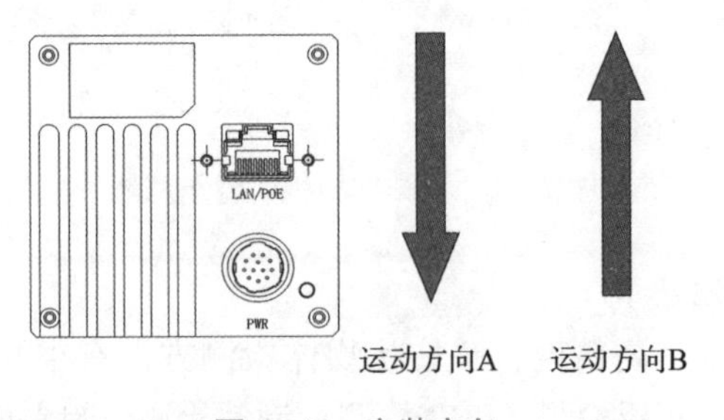

图 2-45　安装方向

注：

（1）安装方向：按运动方向 A 安装，图像将成镜像；按运动方向 B 安装，图像为正常。

(2) 黑白相机支持 X 镜像，彩色相机不支持 X 镜像。

(3) 黑白相机可以拍摄运动方向 A 和 B，彩色相机建议拍摄运动方向 B。

另外，若彩色相机运动方向为 A 时，需要配置参数 Reverse Scan Direction，否则将出现锯齿现象和色彩异常，如图 2-46 所示。

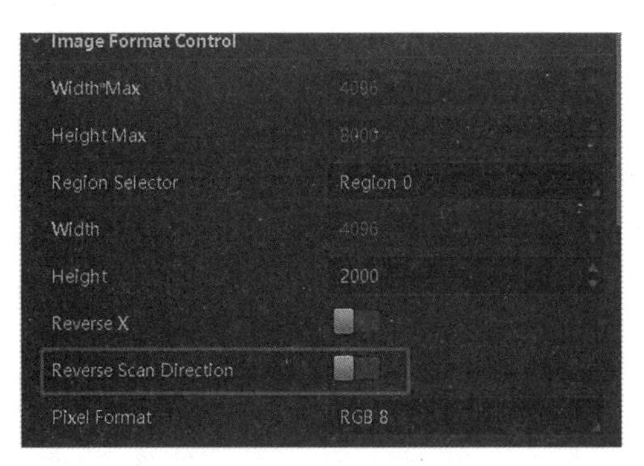

图 2-46　配置参数 Reverse Scan Direction

2. 行频、行高、帧率

行频：即线扫描相机每秒钟输出的图像行数。在自由运行模式下，行频自行设定；在触发模式下，行频与输入的行信号有关，如图 2-47 所示。

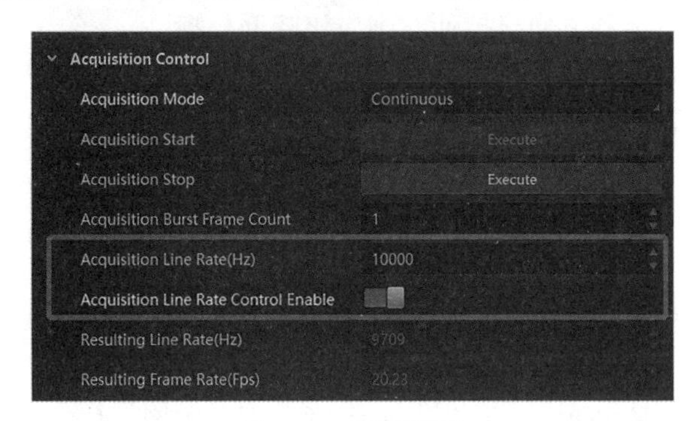

图 2-47　设置行数

行高：行高是指拼成一帧图像所需要的行数，即一帧图像的纵向分辨率，如图 2-48 所示。

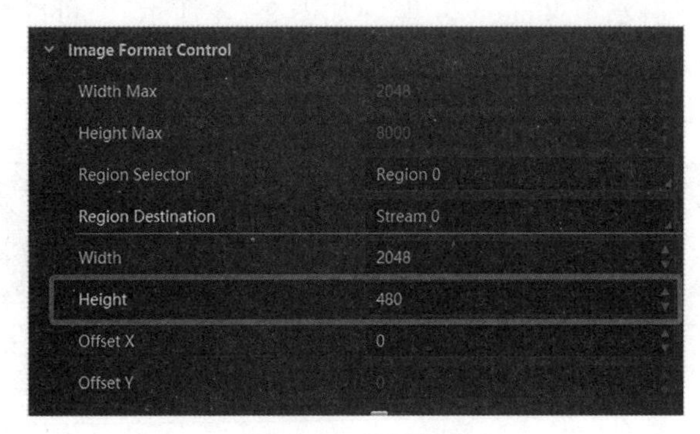

图 2-48　设置行高

帧率：线阵相机的帧率与行频成正比，与行高成反比关，即帧率=行频/行高。

3. 行频调整

在自由运行模式下行频与被测物体运动速度要匹配，否则会出现图像拉伸或者压缩的现象（如图 2-49 所示）。

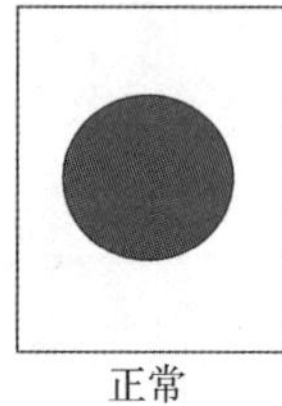
正常

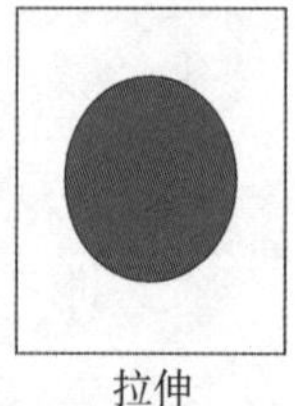
拉伸

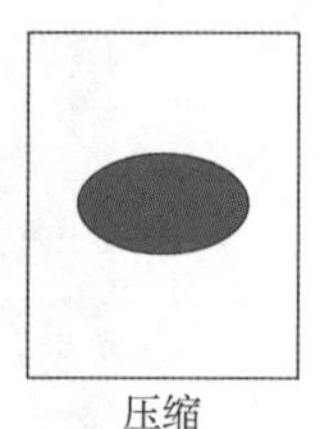
压缩

运动方向

图 2-49 图像拉伸或压缩

1）理论计算

（1）横向分辨率(mm/像素)= 物体宽度(mm)/线阵像元数量。

（2）纵向分辨率(mm/像素)= 物体运动速度(mm/s)/行频(Hz)。

（3）拍摄图像不发生变形的充要条件：横向分辨率=纵向分辨率。

2）经验测试

（1）找一个规则的物体，如圆形或者正方形的物体放在视野下。

（2）如果物体沿着运动方向被拉伸，则应该降低行频。

（3）如果物体沿着运动方向被压缩，则应该提高行频。

（4）触发模式下调整分频器或者触发源。

4. 帧超时

“Frame Timeout Enable” 选项如图 2-50 所示。

（1）“FrameTimeout Enable” 选项关闭时。

无限等待下一个帧信号，不会补黑出一帧图像。

（2）“FrameTimeout Enable” 选项开启时。

如果 “ParialFrame Discard” 选项开启，直接丢弃改帧图像；

如果 “ParialFrame Discard” 选项关闭，以 “FrameTimeout Time” 选项设定时间为准，超过设定时间补黑出—帧图像。

注：“FrameTimeout Time” 选项关闭时，“PatialFrame Discard” 选项不可设定。

黑白线扫描相机具有水平 Binning 功能（如图 2-51 所示），可以将水平的若干个像素合并成一个进行输出，从而提高画面亮度，最小合并为 1/4 像素。

彩色线扫描相机目前不具备该功能。

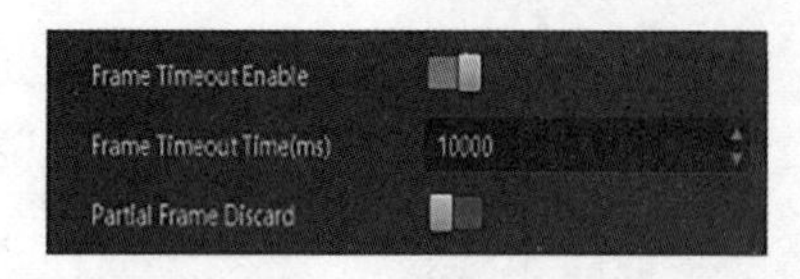

图 2-50 “FrameTimeout Enable” 选项

图 2-51 水平 Binning 功能

5. 白平衡

彩色线扫描相机取图颜色与实际物体有色差，需要进行白平衡校正。

白平衡校正方法如下。

（1）使用白平衡卡或者白纸铺满视野，且调整曝光等值使画面的亮度适中、均匀，若为正常白色则不需要白平衡校正，若有色差则需要白平衡校正。

（2）MVS 中参数设置：①将“Analog Control”→“Balance White Auto”选项设置为“Off”；②将“Analog Control”→“Balance Ratio”选项中的 Red、Green、Blue 值均设置为 1 024，如图 2-52 所示。

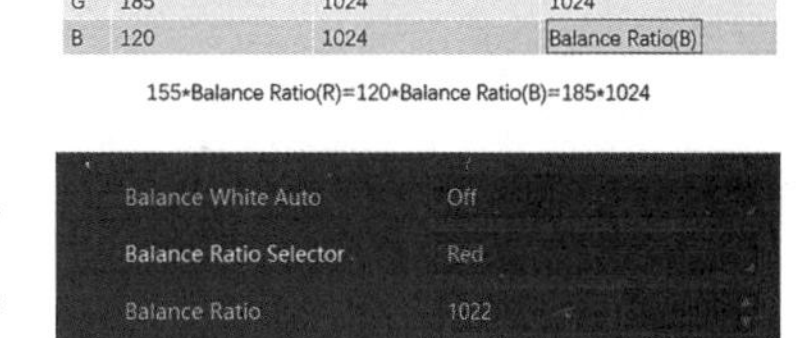

	图像分析后分量值	调节前Balance Ratio	调节后Balance Ratio
R	155	1024	Balance Ratio(R)
G	185	1024	1024
B	120	1024	Balance Ratio(B)

图 2-52　白平衡校正

（3）采集一张图片并保存于本地，用画图工具打开图片，使用“颜色选取器”并单击“颜色编辑”按钮，即可得到图像的 R、G、B 三个分量值。

（4）保持 Green 的 Balance Ratio 值为 1 024 不变，通过以下计算公式分别得到 Red 和 Blue 的 Balance Ratio 值并设置即可：

R(分量值)×Balance Ratio(R)=B(分量值)×Balance Ratio(B)=G(分量值)×1 024。

线扫相机设置介绍

6. 线扫描相机固件升级及网口线阵

2k、4k 网口线扫描相机固件升级方式如下。

1）升级步骤

选择“工具”→“固件升级工具”选项，选择对应相机，打开“digicap. dav”文件，选择“升级”命令，如图 2-53 所示。

2）注意事项

在升级过程中保证线扫描相机正常上电，进度条达到 100%即可关闭。

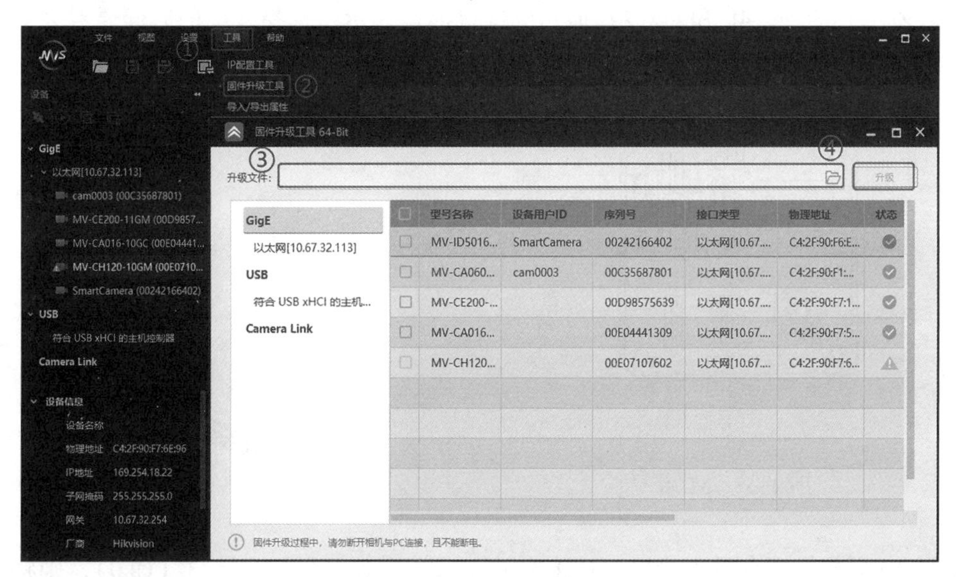

图 2-53　线扫描相机固件升级

知识点 3：线扫描相机选型

线扫描相机选型的基本步骤如下。

（1）计算分辨率：幅宽/最小检测精度=每行需要的像素（如图 2-54 所示）。

（2）确定像素精度：幅宽/像素数=像素精度。

（3）确定行频：每秒运动速度/像素精度=理想行频。

（4）根据分辨率与行频，选定线扫描相机。

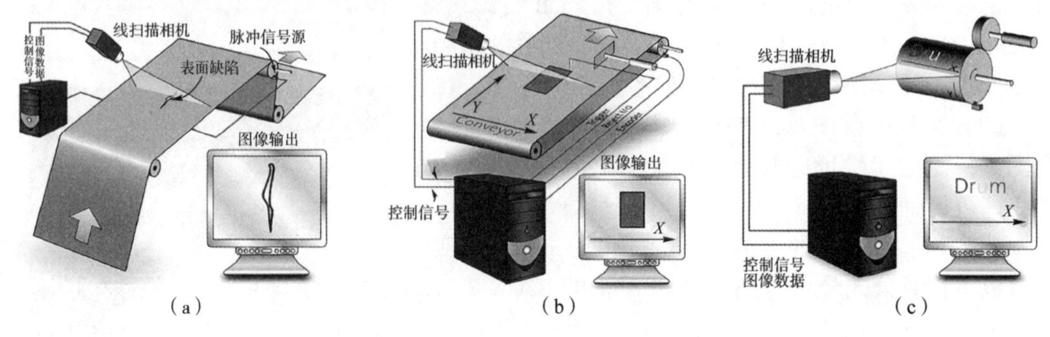

图 2-54　幅宽

（a）幅宽≫被拍摄物；（b）幅宽>被拍摄物；（c）幅宽≈被拍摄物

知识点 4：线扫描相机接口及采集卡

1. 接口

线扫描相机的接口以 CameraLink 接口和 GiGe 接口为主，高速的线扫描相机需要用 HSLink 接口。CameraLink 接口分为大头（MDR）（如图 2-55 所示）和小头（SDR）（如图 2-56 所示）两种。4k 和 8k 线扫描相机接口都是 SDR，选择线缆的时候要看采集卡的端口是 SDR 还是 MDR。

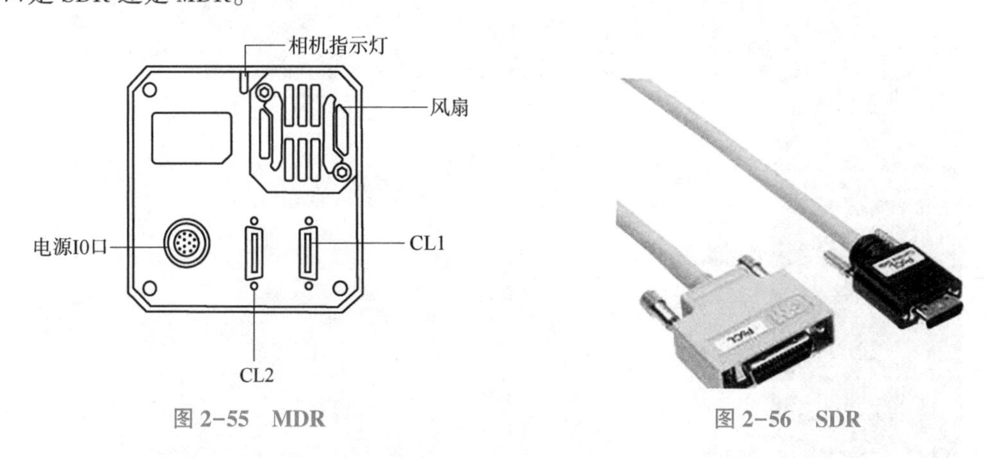

图 2-55　MDR　　　　图 2-56　SDR

（1）如果相机端有两个接口（CL1 和 CL2），CL 卡上有一个接口（CL0），则将相机端的 CL1 接 CL 卡的 CL0。

（2）如果相机端有两个接口（CL1 和 CL2），CL 卡上有两个接口（CL0 和 CL1），则相机端的 CL1 接 CL 卡上的 CL0，相机端的 CL2 接 CL 卡的 CL1。

（3）如果相机端有两个接口（CL1 和 CL2），CL 卡上有两个接口（CL1 和 CL2），则相机端的 CL1 接 CL 卡的 CL1，相机端的 CL2 接 CL 卡的 CL2。

需要注意接线顺序，如果接线顺序错误可能导致搜索不到相机。

2. 采集卡

采集卡主要是捕获外界光电、视频、音频等模拟信号并将其数字化后导入计算机进行数字处理的捕获设备，主要有图像采集卡、视频采集卡、音频采集卡（比如声卡）、数据采集卡等，如图 2-57 所示。

图 2-57　采集卡

知识点 5：触发模式

（1）行触发、帧触发、行+帧触发设置（如图 2-58 所示）。

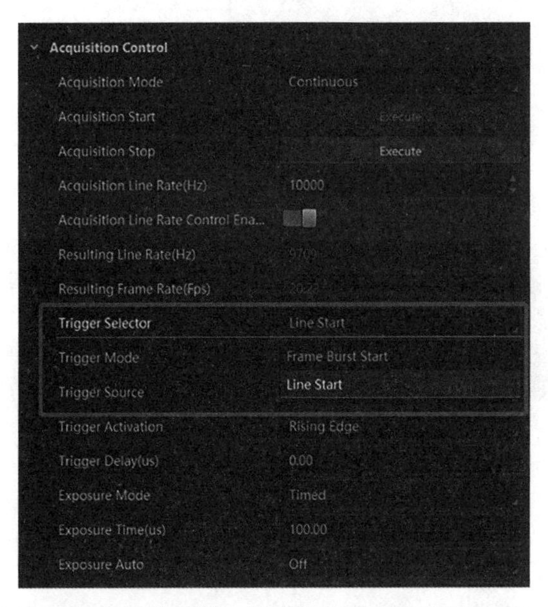

图 2-58　行触发、帧触发、行+帧触发设置

①行触发：行触发打开，帧触发关闭，此时行频由外部触发源决定，如图 2-59 所示。

②帧触发：帧触发打开，行触发关闭，此时的触发模式类似面扫描相机，如图 2-60 所示。

图 2-59　行触发

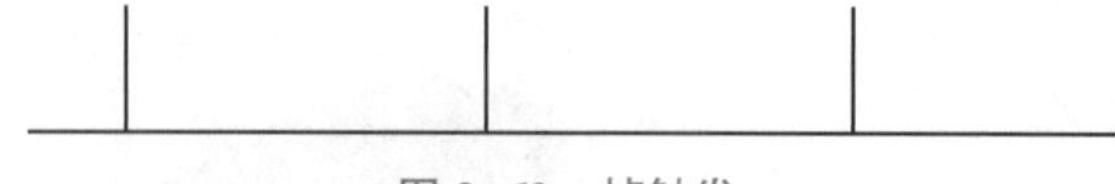

图 2-60　帧触发

③行+帧触发：行触发与帧触发全部开启，此时相机收到帧触发信号之后，行触发信号才起作用，一帧的行数由设置的帧高度决定。

（2）编码器触发设置（如图 2-61 所示）。

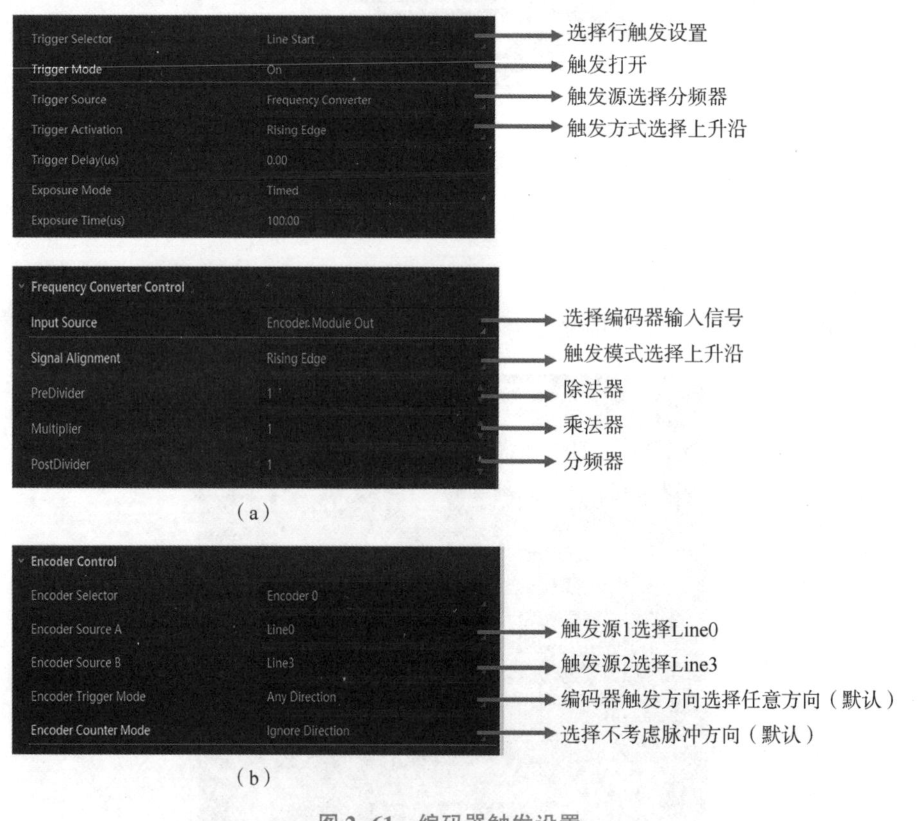

图 2-61　编码器触发设置

（a）分频器设置；（b）编码器设置

（1）除法器和乘法器的作用为将信号的频率除一个整数或者乘一个整数。

（2）若图像拉伸，则将除法器的值设置大，将乘法器的值设置小。

（3）若图像压缩，则将除法器的值设置小，将乘法器的值设置大。

注：若只考虑正转，则选择一个触发源 Line0；若同时考虑正转和反转，则同时选择 Line0 和 Line3。

3. 编码器型号选择

1）编码器型号选择

编码器推荐型号为 E6B2-CWZ5B（欧姆龙），1000P/R，如图 2-62 所示。

图 2-62 编码器推荐型号

2）编码器触发接线

（1）单端接法如图 2-63 所示。

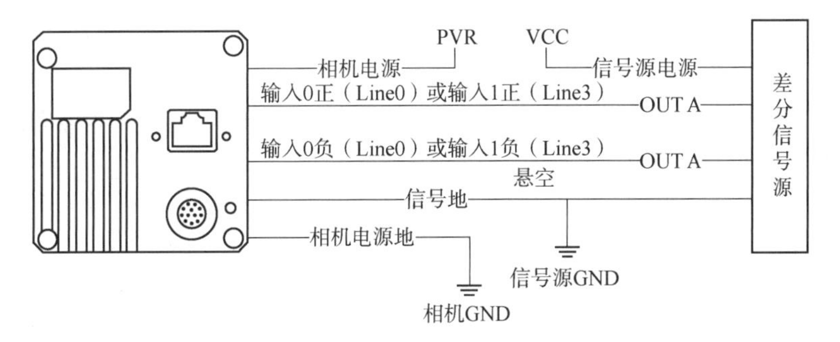

图 2-63 单端接法

（2）差分接法如图 2-64 所示。

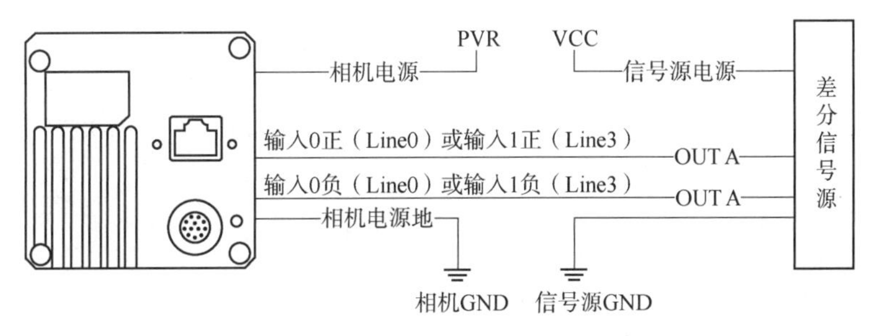

图 2-64 差分接法

知识点 6：线扫描相机单端信号与差分触发

单端信号是相对于差分信号而言的，单端信号由一个参考端和一个信号端构成，参考端一般为地端，如图 2-65 所示。

差分传输是一种信号传输的技术，区别于传统的一根信号线、一根地线的做法（单端信号），差分传输在这两根线上都传输信号，这两个信号的振幅相等，相位相反。在这两根线上传输的信号就是差分信号，如图 2-66 所示。

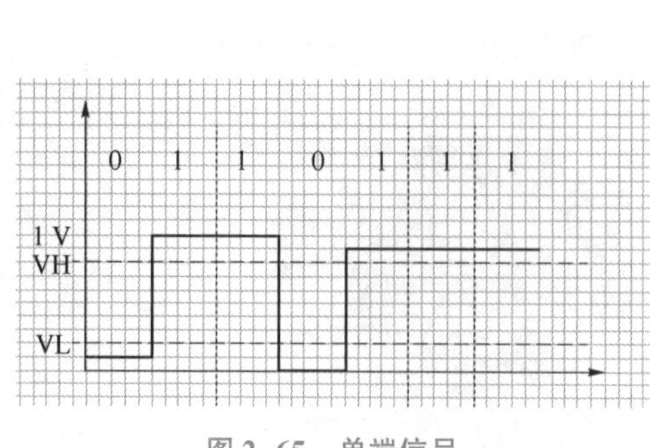

图 2-65 单端信号

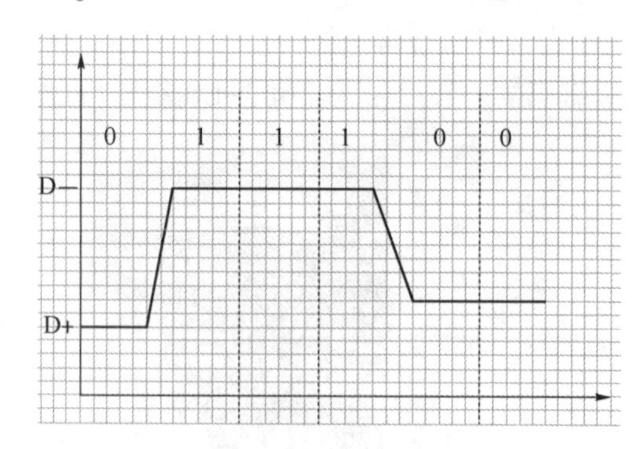

图 2-66 差分信号

差分信号与单端信号相比，其优、缺点如下。

(1) 优点。

①抗干扰能力强。干扰噪声一般会等值、同时地被加载到两根线上，而其差值为 0，即噪声对信号的逻辑意义不产生影响。

②能有效抑制电磁干扰（EMI）。由于两根线靠得很近且信号幅值相等，这两根线与地线之间的耦合电磁场的幅值也相等，同时它们的信号极性相反，其电磁场将相互抵消，所以对外界的电磁干扰也小。

③时序定位准确。差分信号的接收端是两根线上的信号幅值之差发生正负跳变的点，被作为判断逻辑 0/1 跳变的点。普通单端信号以阈值电压作为判断逻辑 0/1 跳变的点，受阈值电压与信号幅值电压之比的影响较大，不适合低幅度的信号。

(2) 缺点。

若电路板的面积非常小，单端信号可以只有一根线，地线走地平面，而差分信号一定要走两根等长、等宽、紧密靠近，且在同一层面的线。这样的情况常常发生在芯片的管脚间距很小，以至于只能穿过一根线的情况下。

【任务实施】

对编码器和线扫描相机进行接线，注意触发源选择 Line1。为了使编码器发挥最大效果（如能识别正、反转），推荐将前 4 根线都接上。

①OUT_A——Line0+（——指的是接线，下同）；

②/OUT_A——Line0-；

③OUT_B——Line3+；

④/OUT_B——Line3-。

若只考虑正转，则选择一个触发源 Line0 即可。

总结：通过对编码器和线扫描相机的接线，掌握线扫描相机编码器触发的工作方式，对线扫描相机取图方式做更进一步的了解。

【任务考核】（线扫描相机单端触发。）

1. 任务描述

单端信号是相对于差分信号而言的，单端信号由一个参考端和一个信号端构成，参考端一般为地端。单端信号结构简单，集成度高，功耗小。市面上大部分低电平信号都是使用单端信号进行传输的，其缺点是抗干扰能力差，因此目前的线扫描相机大多采用差分接法。

2. 任务分析

了解线扫描相机的单端接线，原理，优、缺点。

3. 任务实施

（1）了解线扫描相机的单端信号。

（2）掌握线扫描相机单端信号和差分信号的基本区别。

（3）了解单端信号和差分信号在传输上的差别。

（4）了解使用线扫描相机的注意事项。

4. 总结

学生应掌握线扫描相机单端信号和差分信号的接线、基本区别、传输差异、注意事项等理论知识。

【同步测试】

简述线扫描相机适用于什么场合，必须搭配何种装置使用。

答案：线扫描相机适用于回转形式的、速度快、长度较大、对单边尺寸精度要求较高的产品检测，例如纺织行业中的布匹检测、工业中的圆柱形金属件表面缺陷检测等。线扫描相机必须搭配编码器使用，不可人工移动式送料。

项目 3　机器视觉系统硬件——工业镜头

项目介绍

工业镜头是与工业相机配套使用的一种成像设备。选择工业相机之后，即可以考虑选择合适的工业镜头。工业镜头的主要作用是将成像目标聚集在图像传感器的光敏面上。在机器视觉系统中，工业镜头常和工业相机作为一个整体出现，它的质量和技术指标直接影响成像子系统的性能。合理选择和安装工业镜头是机器视觉系统成败的关键。本项目介绍工业镜头的参数及选型方法。

知识目标

（1）了解工业镜头各参数。

（2）掌握工业镜头选型方法。

技能目标

（1）能够对工业镜头的性能指标进行计算。

（2）能够根据需求合理选择工业镜头。

素质目标

（1）培养学生传承科研人员攻坚克难、开拓进取的精神。

（2）培养学生的爱国主义情怀。

案例引入 <<<

2022 北京冬奥会，运动员们在晶莹的冰和洁白的雪上竞技，给全世界观众奉献出一场又一场精彩的表演。在本届冬奥会上走红的，除了各国参赛运动员和吉祥物“冰墩墩”，还有“猎豹”“飞猫”等高速摄像头（如图 3-1 所示）。

图 3-1　高速摄像头

北京冬奥会是第一次使用 UHD 和 HDR 技术，也就是超高清和高动态范围的 4k 技术进行赛事转播和制作的冬奥会。在短道速滑比赛中，高清摄像系统全程无死角地记录了比赛过程的全部细节，把犯规动作拍摄得清清楚楚，几名热门选手因犯规出局。高清摄像头和其背后的AI（人工智能）视觉技术，实现了对赛事瞬间的精准捕捉，让比赛更公平、更精彩。

短道速滑允许一定的身体接触，这也导致其危险性较高，容易出现争议。在本届冬奥会上，短道速滑比赛在首都体育馆举行，这里有40台4k超高清摄影机阵列和3台8kVR摄像头全场环绕的“飞猫”摄像系统，它们除了转播比赛，还能辅助判罚。仲裁摄像系统通过固定摄像机精准拍摄，能够以慢动作模式细致分析运动员的每一个动作。这些摄像系统让犯规无所遁形、无可抵赖，被网友评为“冬奥场馆内的第二位裁判”。

中国科技为北京冬奥会带来更加公平公正的赛场环境，实现了运动成绩和精神文明双丰收！

下面介绍工业镜头的相关知识。

任务3 工业镜头及其选型

【任务描述】

工业镜头的基本功能是实现光束变换。在机器视觉系统中，工业镜头的主要作用是将目标成像在图像传感器的光敏面上。工业镜头的质量会直接影响机器视觉系统的整体性能，合理地选择工业镜头是机器视觉系统设计的重要环节。要学会根据不同的工业相机、视野大小、应用场合去选择工业镜头。

已知客户的观察范围为30 mm×30 mm，工作距离为100 mm，工业相机分辨率为1 294像素×964像素，像元尺寸为3. 75 μm×3. 75 μm，那么需要多少焦距的工业镜头？

【任务分析】

（1）任务内容：根据已有的工业相机，选择合适的工业镜头，需要同时满足视野大小和架设高度（物距）。

（2）任务初步分析：根据工业镜头参数介绍及工业镜头选型技巧，完成工业镜头选型。例如，视野小时，可以选择焦距大的工业镜头。

【相关知识】

知识点1：工业镜头的分类

工业镜头可以分为FA镜头和远心镜头，如图3-2、图3-3所示。

图 3-2　FA 镜头

图 3-3　远心镜头

知识点 2：FA 镜头

在一般的机器视觉检测中，常用的工业镜头一般为 FA 镜头。FA 镜头的优点是成本低、用途广，其缺点是放大倍率会有变化，会因视角的选择产生误差，影响检测精度。FA 镜头适用于大尺寸物体检测成像。

FA 镜头距目标物体越近（作业间距越小），所成的像就越大，视野就越小。在用普通的画面进行尺寸检测时，有以下问题。

（1）被检测物件不在同一检测平面上，导致放大倍率不同。

（2）镜头畸变大。

（3）出现视差，也就是当物距增大时，对物体的放大倍率变化。

（4）画面的分辨率不高。

（5）光线等不确定因素导致图像的边沿部位不清晰。

FA 镜头的名称一般由系列号、焦距、光圈数、分辨率等组成，如图 3-4 所示。

MVL - HF 08 28M- 6MP E

镜头　系列号　焦距　光圈数　分辨率　表示经济款

图 3-4　FA 镜头的名称示例

知识点 3：FA 镜头的主要参数

FA 镜头的主要参数有靶面视角、光圈数、焦距、工作距离和景深。

1. 靶面视角

靶面视角（Field of View，FOV）是指 FA 镜头所能覆盖的范围（物体超过这个靶面视角就不会被收在 FA 镜头里）。FA 镜头能覆盖多大范围内的景物，通常以角度来表示，这个角度即靶面视角。

相同焦距的 FA，镜头，搭配的图像传感器尺寸越大，靶面视角越大，如图 3-5 所示。

FA 镜头标注的靶面尺寸必须大于等于图像传感器尺寸，靶面尺寸如果小于图像传感器尺寸，则会在图像四周出现暗角。因此，靶面尺寸应略大于图像传感器尺寸，这样图像传感器会被充分利用，不会出现暗角。例如：1/1.25″的靶面尺寸，应选择 1/2″的 FA 镜头，不能选择 1/3″的 FA 镜头，如图 3-6 所示。

暗角

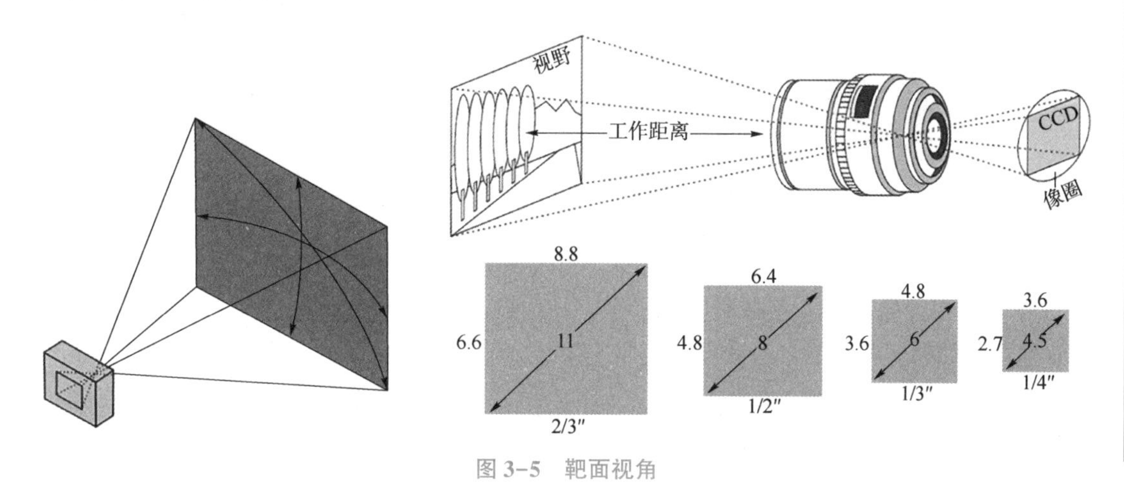

图 3-5　靶面视角

如图 3-7 所示，①和②不会出现暗角，③和④因为图像传感器尺寸大于靶面尺寸，所以会出现暗角。

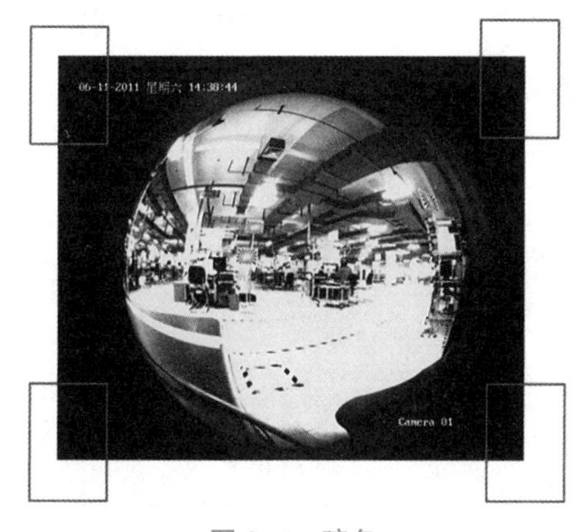

图 3-6　暗角

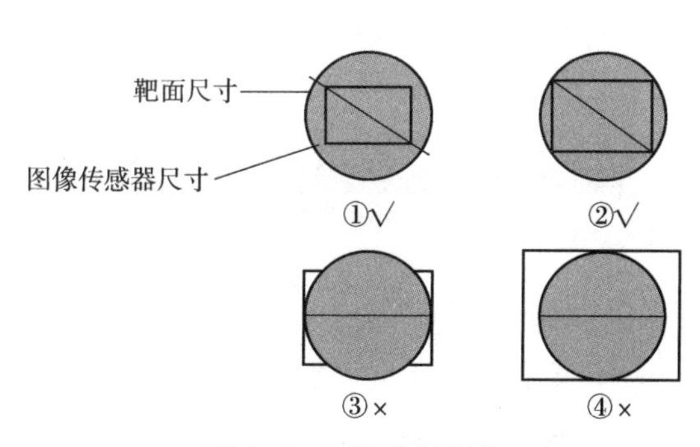

图 3-7　正确选择镜头

2. 光圈数

光圈是用来控制光线透过 FA 镜头，进入机身感光面光量的装置，它通常在 FA 镜头内。对于已经制造好的 FA 镜头，不可能随意改变它的直径，但是可以通过在镜头内部加入多边形或者圆形，并且面积可变的孔径光阑来达到控制 FA 镜头通光量的目的，这个装置就叫作光圈。光圈大小用 *F* 数表示，记作“*F*/…”。光圈大小不等同于 *F* 数，相反，光圈大小与 *F* 数成反比，*F* 数又称为光圈数。光圈越大，视野越亮。大光圈的 FA 镜头，*F*

数小，即光圈数小；小光圈的 FA 镜头，*F* 数大，即光圈数大，如图 3-8 所示。

FA 镜头上有两个可旋转的装置，一般情况下靠近接口的装置可调节光圈的大小。

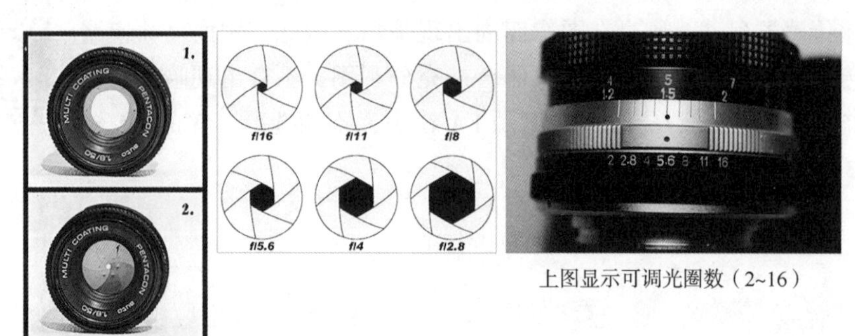

上图显示可调光圈数（2~16）

图 3-8　光圈数

光圈的作用主要是控制进光量和景深，如图 3-9 所示。

（1）控制进光量。大光圈表明孔径大，单位时间进入的光线多。打个比方，窗户越大，那么房间采光就越好，而光圈就相当于窗帘，可以拉上一部分让房间暗一点。调整光圈能够调整曝光（在其他条件保持不变的情况下），这是光圈最基本的作用，比如在光线不好的地方拍照，就需要把光圈调大一些。

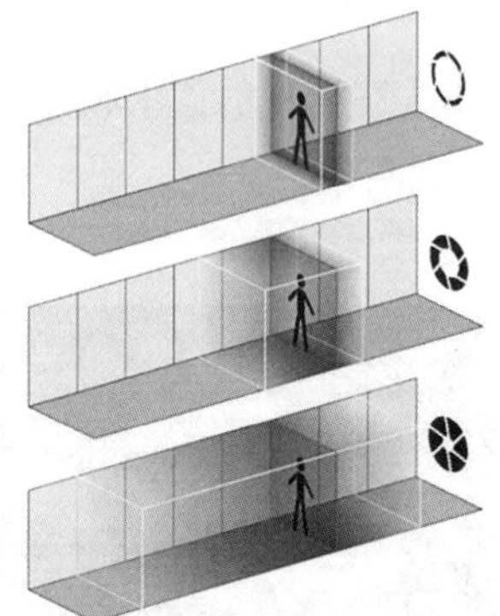

F/5.6（大光圈，小景深）　*F*/32（小光圈，大景深）

图 3-9　光圈的作用

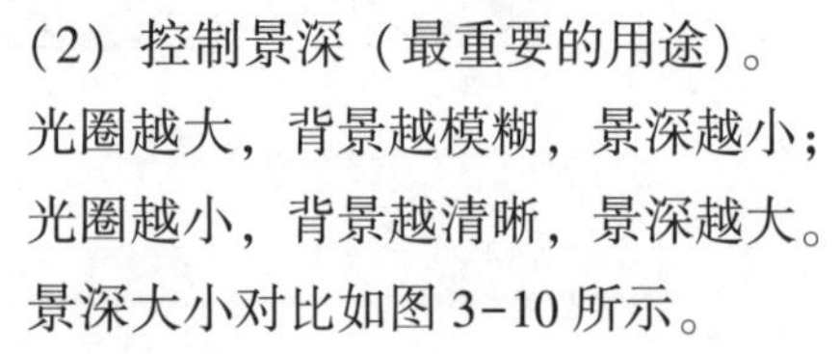

（2）控制景深（最重要的用途）。

光圈越大，背景越模糊，景深越小；

光圈越小，背景越清晰，景深越大。

景深大小对比如图 3-10 所示。

3. 焦距

焦距就是从 FA 镜头的中心点到胶平面（胶片或 CCD）上所形成的清晰影像之间的距离。注意，镜头的焦距与单片凸透镜的焦距是两个概念，因为 FA 镜头是由多片薄的凸透镜组成的。焦距的大小决定着视野大小，焦距越小，视野越大，观察范围越大；焦距越大，视野越小，观察范围越小，如图 3-11、图 3-12 所示。

（a）　　　　　　（b）

图 3-10　景深大小对比

（a）小景深；（b）大景深

光圈的作用

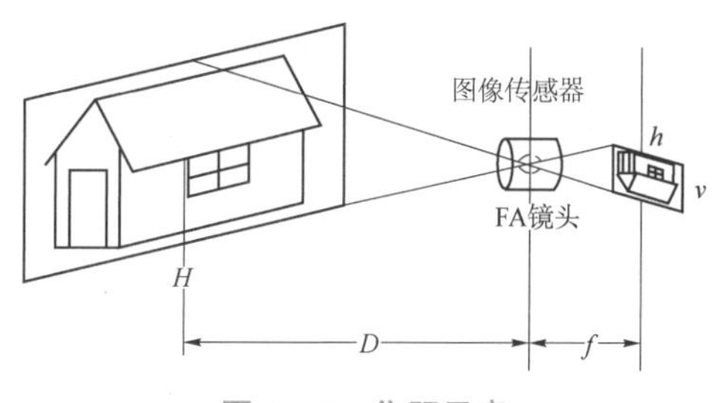

图 3-11　焦距示意

焦距/mm	FA镜头到物体的距离/m			
	2	5	10	20
2.8				
3.5				
8				
30				
50				

图 3-12　各类焦距效果对比

焦圈的作用

FA 镜头上方有两个可旋转的装置，一个用于调节光圈大小，另一个用于调节对焦点，可以通过对焦来完成对产品的清晰成像。

4. 工作距离

FA 镜头的工作距离是 FA 镜头与目标之间的距离，即 FA 镜头下表面到被测物体的距离。需要注意的是，一个实际的 FA 镜头并不是对任何物距下的目标都能清晰成像（即使调焦也做不到），因此它允许的工作距离是一个有限值。小于最小工作距离或大于最大工作距离时，FA 镜头均不能正确成像，如图 3-13 所示。

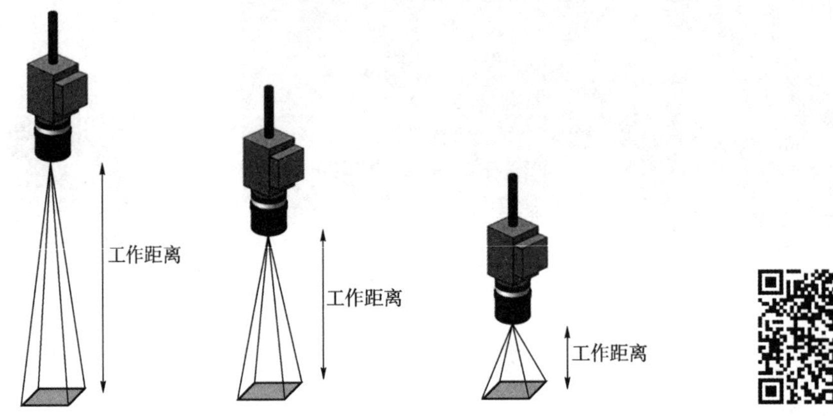

图 3-13 FA 镜头的工作距离

工业相机最小工作距离

5. 景深

景深（Depth of Field，DOF）是指在 FA 镜头（或其他成像器）前沿能够取得清晰图像的被拍摄物体前、后距离范围。光圈、FA 镜头本身、焦平面到被拍摄物体的距离是影响景深的重要因素。

在聚焦完成后，焦点前、后的范围内所呈现的清晰图像的距离范围即景深。

在 FA 镜头前方（焦点的前、后）有一段一定长度的空间，当被拍摄物体位于这段空间内时，其在底片上的成像恰位于同一个弥散圆之间。被拍摄物体所在的这段空间的长度就叫作景深。换言之，在这段空间内的被拍摄物体，其呈现在底片上的影像模糊度都在容许弥散圆的限定范围内，这段空间的长度就是景深，如图 3-14 所示。

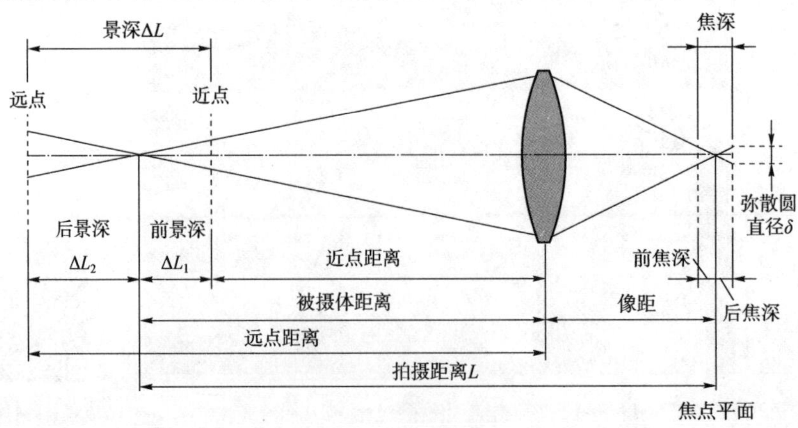

图 3-14 景深示意

影响景深的重要因素如图 3-15 所示。

(1) 光圈越大（光圈数越小），景深越小；光圈越小（光圈数越大），景深越大。

(2) 焦距越大，景深越小；反之，景深越大。

(3) 主体越近，景深越小；主体越远，景深越大。

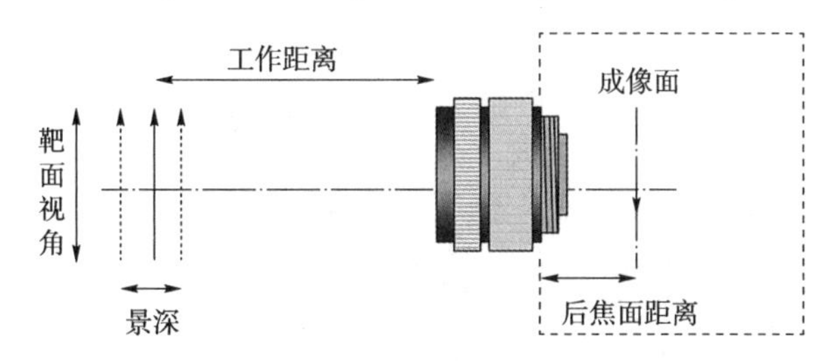

图 3-15　影响景深的重要因素

景深的概念

FA 镜头各参数的关系如图 3-16 所示。

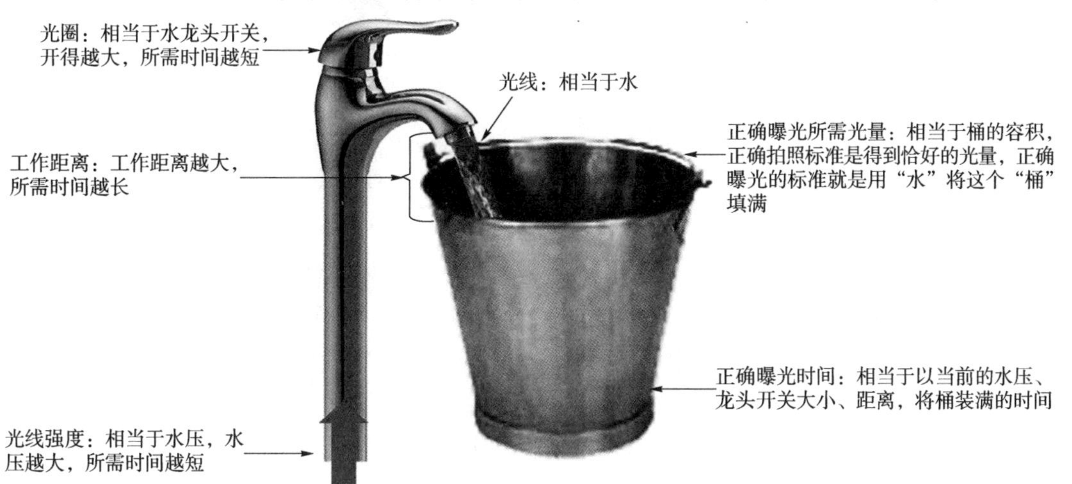

图 3-16　FA 镜头各参数的关系

知识点 4：FA 镜头的缺点

镜头畸变实际上是光学透镜固有的透视失真的总称，也就是透视原因造成的失真，这种失真对于成像质量是非常不利的，毕竟成像的目的是再现，而非夸张。但因为这是透镜的固有特性（凸透镜汇聚光线、凹透镜发散光线），所以无法消除，只能改善。FA 镜头的光学设计以及用料考究，利用镜片组的优化设计、选用高质量的光学玻璃（如萤石玻璃）来制造镜头，可以将透视变形降到很低的程度，但是完全消除镜头畸变是不可能的。目前最高质量的 FA 镜头在极其严格的条件下测试，在 FA 镜头的边缘也会产生不同程度的变形和失真。

图像范围内不同位置上的放大率存在的差异，被拍摄物体平面内的主轴外直线经过光学系统成像后变为曲线，此成像误差称镜头为畸变，如图 3-17 所示。

镜头畸变只影响成像的几何形状，而不影响成像的清晰度。镜头畸变主要包括径向畸变和切向畸变。

图 3-17　镜头畸变

1. 径向畸变

径向畸变是图像像素点以畸变中心为中心点，沿着径向产生位置偏差，从而导致图像发生形变，如图 3-18 所示。

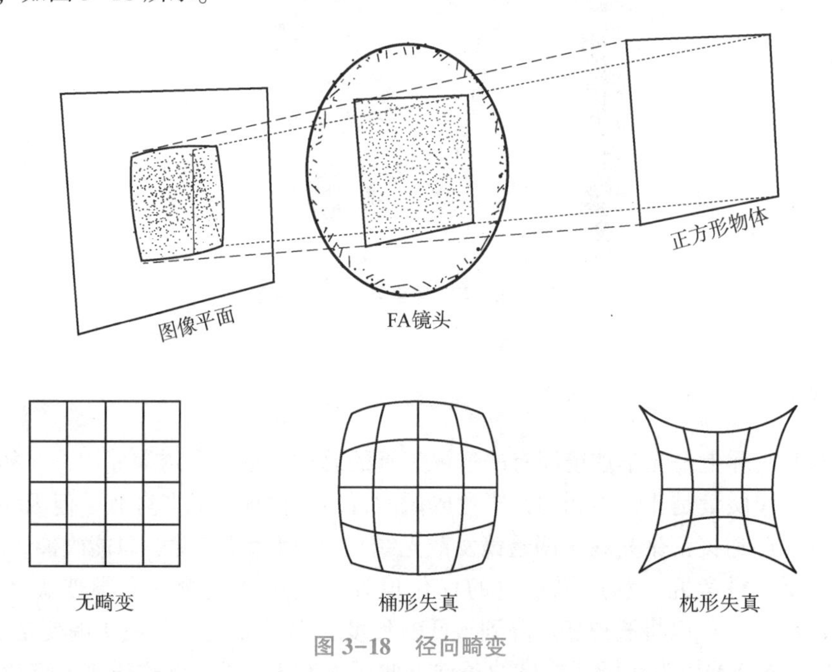

图 3-18　径向畸变

径向畸变产生的原因是光线在远离 FA 镜头的地方比靠近 FA 镜头中心的地方更加弯曲，如桶形失真、枕形失真。短焦距镜头一般表现为桶形失真，长焦距镜头一般表现为枕形失真。人眼感觉不到小于 2%的畸变，进行精度较高的测量时，需要矫正畸变。

2. 切向畸变

切向畸变产生的原因是FA镜头不完全平行于图像平面，如图3-19所示。

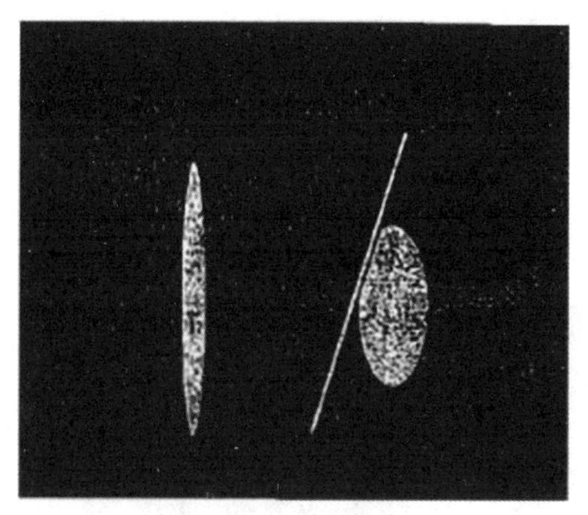

图3-19 切向畸变

畸变的效果和影响

知识点5：FA镜头的接口

工业镜头接口种类很多，常用的一般有C接口、CS接口、F接口、M42接口、M72接口等。接口类型的不同和工业镜头的性能、质量并无直接关系，仅是接口方式不一样。现在业内对于FA镜头接口已形成了标准的规范，可以分为两大类：螺口与卡口。

1. 螺口

螺口类型主要包含M42×1接口、M58×0.75接口、M72×0.75接口、M90×1接口、M95×1接口、C接口（后截距17.5 mm）、CS接口（后截距12.5 mm）等。

1）M系列接口

以M42×1接口为例，这个接口对应的数字42，指的是接口直径是42 mm。使用选型时，通常是根据工业相机光学尺寸的不同，选配不同直径的FA镜头。这类接口直接通过螺纹连接到工业相机上，连接较为方便。如M12接口（也称为S接口，M12×0.5 mm螺纹）、M42接口（2k线扫描相机使用）、M58接口（2 900万面扫描相机使用，M58×0.75 mm螺纹），如图3-20、图3-21所示。

图3-20 2k线扫描相机

图3-21 2 900万面扫描相机

2）C 接口、CS 接口

C 接口和 CS 接口是工业相机中最常见的国际标准接口，且非常相似，它们的直径、螺纹间距都是一样的，区别在于 C 接口的后截距为 17.5 mm，CS 接口的后截距为 12.5 mm。因此，对于 CS 接口的工业相机，如果要接入 C 接口的 FA 镜头，只需要一个 5 mm 厚的 CS-C 转接环，但 C 接口的工业相机不能用 CS 接口的 FA 镜头，如图 3-22、图 3-23 所示。

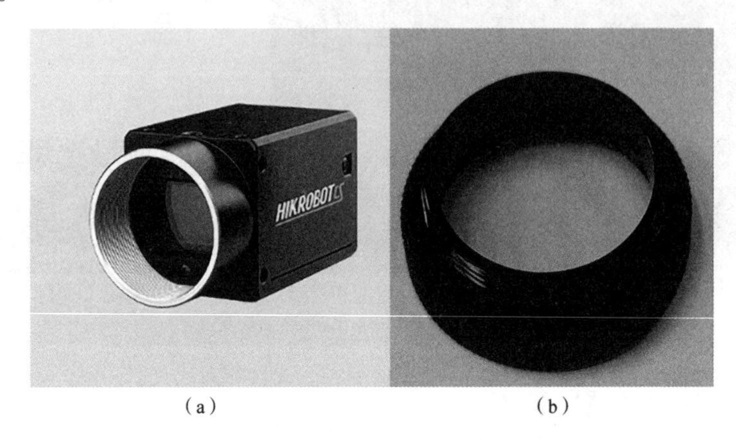

（a） （b）

图 3-22 C 接口和 CS-C 转接环实物

（a）C 接口；（b）CS-C 转接环

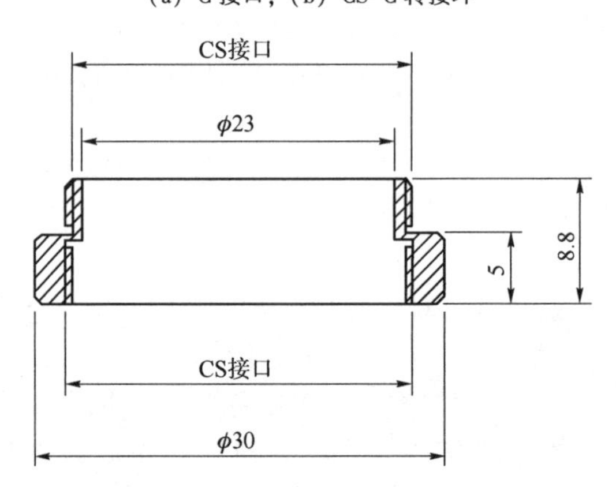

图 3-23 CS-C 转接环（单位：mm）

2. 卡口

卡口主要有 F 接口、V 接口等。在工业相机领域，尼康镜头的 F 接口更为常见。

1）F 接口

F 接口是尼康镜头的标准接口，因此又称为尼康口，它是工业相机中常用的接口类型，如图 3-24 所示。

2）V 接口

V 接口是著名的专业镜头品牌 Schneider 主要使用的标准接口，一般也用于工业相机中靶面较大或特殊用途的工业镜头。

在日常选型时，一定要考虑 FA 镜头与工业相机的接口完美匹配。随着应用需求的不断提升，通过转接环同一工业相机也可适配不同的 FA 镜头接

常见相机接口介绍

图 3-24　F 接口示例（埃科 7 100 万电制冷大幅面扫描相机）

口（如 M72 接口可转接 F 接口），工业相机已不再局限于 FA 镜头接口。

知识点 6：远心镜头

21 世纪初，随着机器视觉系统在精密检测领域的广泛应用，普通工业镜头难以满足检测要求，为了弥补普通镜头应用的不足，适应精密检测需求，远心镜头应运而生（如图 3-25 所示）。

图 3-25　远心镜头

远心镜头依据其独特的光学特性——高分辨率、超大景深、超低畸变以及独有的平行光设计等，给机器视觉精密检测带来质的飞跃。目前世界知名的镜头厂商有美国 Navitar、德国施乃德、意大利 Opto Engineering、日本 Kowa、中国艾菲特（Aftvision）等都已经有了自己品牌的远心镜头产品线。

远心镜头的缺点是成本高，尺寸比较大，质量比较大。其优点是放大倍率恒定，不随景深的变化而变化，没有视差，失真小，检测精度高，适用于高精度检测应用，如精密零部件尺寸测量、非接触式光学测量等。

远心镜头的名称示例如图 3-26 所示。

MVL	-	HT	-	05	-	65	C
镜头		系列号		倍率		物距	表示是否支持点光源

图 3-26　远心镜头的名称示例

远心镜头主要是为纠正传统工业镜头视差而特殊设计的镜头，它可以在一定的物距范围内，使得到的图像放大倍率不会随物距的变化而变化，这对被测物不在同一物面上的情况是非常重要的应用。远心镜头由于其特有的平行光路设计一直为对镜头畸变要求很高的机器视觉应用场合所青睐。

1. 物方远心光路设计原理及作用

物方主光线平行于光轴主光线的会聚中心位于像方无限远，称为物方远心光路。其可以消除物方调焦不准确带来的读数误差。

2. 像方远心光路设计原理及作用

像方主光线平行于光轴主光线的会聚中心位于物方无限远，称为像方远心光路。其可以消除像方调焦不准引入的测量误差。

3. 两侧远心光路设计原理及作用

两侧远心光路综合了物方/像方远心光路的双重作用，主要用于视觉测量检测领域。

知识点 7：远心镜头的特点

远心镜头的特点有影像分辨率高、失真度近乎为零、无透视误差、采取远心设计与具有超大景深等。

1. 影像分辨率高

图像分辨率一般以量化图像传感器既有空间频率对比度的 CTF（对比传递函数）衡量，单位为 lp/mm（每毫米线耦数）。大部分机器视觉集成器往往只集合了大量廉价的低像素、低分辨率镜头，最后只能生成模糊的影像。采用远心镜头，即使配合小像素图像传感器（如 5.5 百万像素，2/3″）也能生成高分辨率图像。

2. 失真度近乎为零

畸变系数即实物大小与图像传感器成像大小的差异百分比。普通机器镜头通常有大于 1%~2%的畸变，可能严重影响测量的精确度（如实际 50 mm 宽的物体，在这种镜头下成像宽度可能达到 51 mm）。远心镜头残存的畸变小于 0.1%（如：实际 50mm 宽的物体，在成像时宽度绝不会大于 50.05 mm，相比之下，畸变系数仅为普通镜头的 1/20），达到了目前最高标准光学测试仪器的测量极限。梯形畸变（亦即梯形失真效应或“薄棱镜”效应）不仅会导致成像不对称，还难以采用软件校正，是成像中需要消减的另一个重要误差。艾菲特光电公司的 AFT 远心镜头通过严格的加工制造和质量检验，将此误差严格控制在 0.1%以下。

3. 无透视误差

在计量学应用中进行精密线性测量时，经常需要从物体标准正面（完全不包括侧面）观测。此外，许多机械零件并无法精确放置，测量时间距也在不断地变化，而软件工程师却需要能精确反映实物的图像。远心镜头可以完美解决以上问题，因为入射光线可位于无穷远处，成像时只会接收平行于光轴的主射线。

4. 采用远心设计与具有超大景深

艾菲特光电公司生产的 AFT 远心镜头不仅能利用光圈与放大倍率增大自然景深，更有非远心镜头无可比拟的光学效果：在一定物距范围内移动物体时成像不变，亦即放大倍率不变。为了在保证分辨率的情况下达到衍射极限内的最大景深，AFT 远心镜头的光圈均为自制。不仅如此，AFT 远心镜头还可与多种光圈搭配，以适应各种特殊用途。不过在挑选光圈时需要考虑到大、小光圈的利弊：大光圈景深小，而小光圈分辨率低、成像暗。

远心镜头和常规镜头对比如图 3-27 所示。

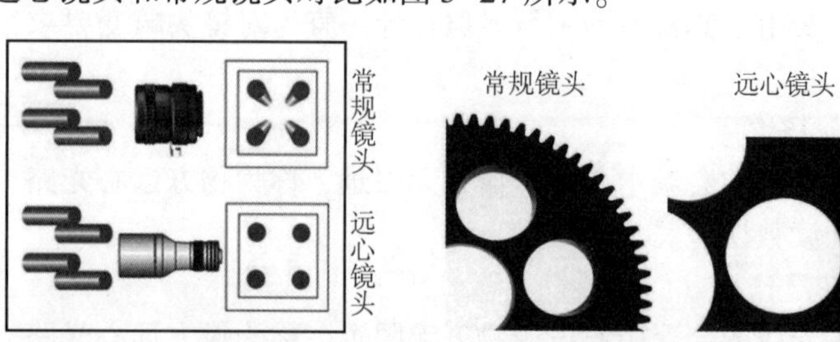

图 3-27 远心镜头和常规镜头对比

远心镜头和普通镜头成像的区别

知识点8：远心镜头选型

一般情况下，远心镜头选型需要考虑以下几点。

（1）考虑接口：C/M42/M72（大部分工业相机都是C接口）；

（2）考虑靶面尺寸：1/1.8″，2/3″，1/1.1″（远心镜头的靶面尺寸必须大于工业相机的靶面尺寸）；

（3）考虑工作距离：远心镜头的工作距离是固定的，大于或小于其工作距离都无法成像；

（4）考虑分辨率：视野、物距、焦距、放大比例可登录海康官网使用镜头选型工具进行计算，如图3-28所示。

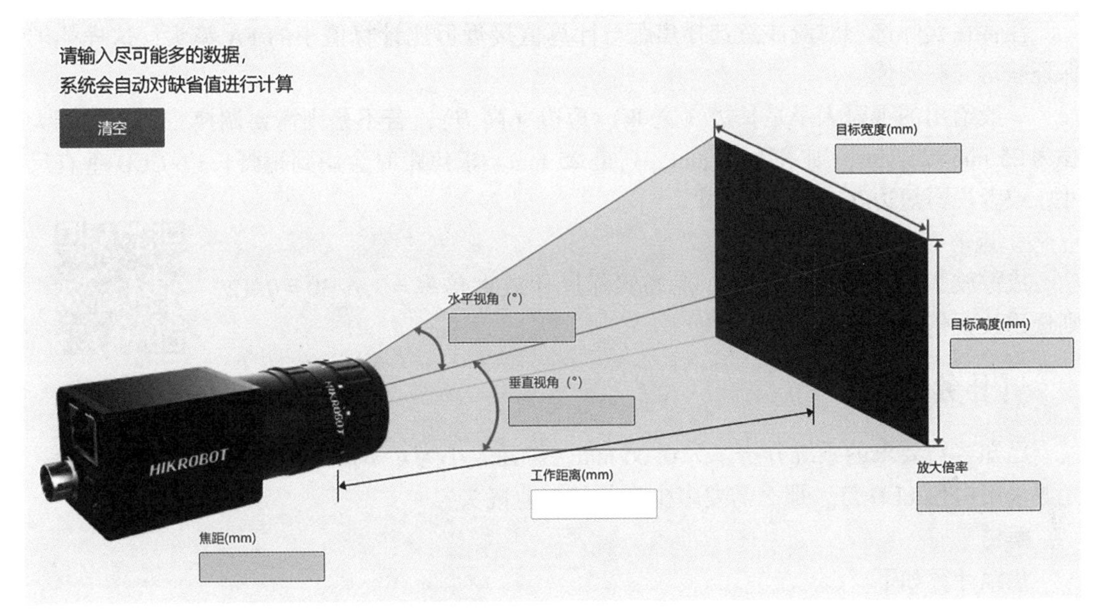

图3-28　在海康官网用镜头选型工具进行计算

应明白在什么时候需要选择远心镜头。根据远心镜头的原理特征及其独特优势，当检测物体遇到以下6种情况时，最好选用远心镜头。

（1）当需要检测的物体或视野很小时；

（2）当尺寸精度要求很高时；

（3）当不清楚物体到镜头的距离究竟是多少时；

（4）当检测带孔径的物体时；

（5）当需要畸变低、图像效果亮度几乎完全一致时；

（6）当缺陷只在同一方向平行照明下才能检测到时。

选择远心镜头时，应明白远心镜头相关指标对应的使用条件。

（1）物方尺寸：拍摄范围；

（2）像方尺寸：所使用的CCD的靶面大小；

（3）工作距离：物方镜头前表面到被拍摄物体的距离；

（4）分辨率：所使用的 CCD 的像素数；

（5）景深：远心镜头能成清晰像的范围，像/物倍率越大景深越小；

（6）接口：多为 C 接口、CS 接口等。

【任务实施】

1. FA 镜头选型

由公式“工业相机靶面尺寸=分辨率×像元尺寸”，得出工业相机靶面的垂直方向尺寸为：964×3.75 μm=3.6 mm。

由公式“工作距离：视角=焦距：CCD 的靶面大小”得：焦距 $f=\frac{100\times3.6}{30}=12(\text{mm})$。

注：在实际选型时应注意选择焦距与计算值接近但比计算值小的 FA 镜头，这样能够保证获得完整图像。

一般给出的视野大小是长边（宽 W）×短边（高 H），若不是则需要调换，例如视野大小为 25 mm×26 mm，则宽是 26 mm，高是 25 mm。求焦距时会用到视野长边/CCD 垂直尺寸，或者视野短边/CCD 水平尺寸。

2. 远心镜头选型

成像放大倍率=CCD 尺寸：视场实际尺寸放大倍率=3.6/30=0.12，则选用放大倍率为 0.12 远心镜头。

镜头选型

【任务考核】

已知客户要求的系统分辨率为 0.06 mm，像元大小为 4.7 μm，工作距离大于 100 mm，光源采用白色 LED 灯，那么需要多少焦距的工业镜头？

解：

焦距计算如下。

由成像放大倍率公式：

$$成像放大倍率(M)=像距(v):物距(u)=像高:物高 \tag{3-1}$$

计算得出（注意单位统一）：

$$成像放大倍率(M)=像高:物高=像元大小:精度=4.7/(0.06\times1\,000)$$

高斯成像公式为：

$$1/u+1/v=1/f(物距:u;像距:v;焦距:f) \tag{3-2}$$

由式（3-1）、式（3-2）得镜头的焦距 $f=u\times M/(M+1)$。

注意：客户如果没有变焦要求，选择定焦镜头就可以；如果客户有测量要求，则尽量选用畸变小的工业镜头或者远心镜头。

总结：工业镜头选型大致可分为以下几个方面。

（1）根据工业相机芯片大小和工作空间限制确定工业镜头的焦距或者成像放大倍率；

（2）考虑是否需要选用远心镜头；

（3）确定工业镜头的分辨率；

（4）确定畸变率能否满足要求；

（5）确定景深能否满足要求；

（6）考虑工业镜头是否兼容工业相机芯片尺寸（工业镜头靶面尺寸应大于工业相机的 CCD 或 CMOS 尺寸，不然成像会出现黑边）；

（7）确定是否需要超大视野或超小视野；

（8）确定工业镜头是否配合其他配件；

（9）考虑价格是否合理等其他问题。

核心：FA 镜头参数主要看焦距，而远心镜头参数主要看放大倍率和工作距离（物距）。

【同步测试】

（1）相机 MV-CU050-60GM（视野范围为 100 mm×80 mm，物距不小于 200 mm）如何选择镜头？

（2）相机 MV-CU013-A0GM（视野范围为 50 mm×40 mm，物距不小于 100 mm）如何选择镜头？

（3）相机 MV-CS060-10GM（视野范围为 200 mm×150 mm，物距为 180 mm 左右）如何选择镜头？

（4）相机 MV-CS200-10GM（视野范围为 1 000 mm×800 mm，物距为 800 mm 左右）如何选择镜头？

（5）相机 MV-CS016-10GM（视野范围为 25 mm×19 mm，物距不小于 150 mm）如何选择镜头？

项目 4　机器视觉系统硬件——光源

项目介绍

本项目详细讲解机器视觉系统中的光源。

知识目标

(1) 熟悉机器视觉系统的主要光源类型。
(2) 掌握机器视觉系统光源的工作原理与性能。

技能目标

(1) 能够对机器视觉系统光源的硬件性能指标进行计算。
(2) 能够对一般工业应用的机器视觉系统光源进行选型。

素质目标

(1) 培养学生探求事物本质、严谨认真的科学精神。
(2) 培养学生的逻辑思维能力、理解能力与系统分析能力。

案例引入 <<<

在生活中，用数码相机拍照的时候需要补光，如十字路口的摄像头在拍照时会闪一下。机器视觉系统在拍摄图像时同样需要补光，而补光需要光源。机器视觉系统的核心功能是图像采集和图像处理，而光源则是影响图像采集水平的重要因素。适当的光源使图像中的目标信息与背景信息得到更好的分离，可大大降低图像识别的难度，提高机器视觉系统的精度和可靠性。

任务 4　光源选型及应用

【任务描述】

金属插片又称为快速连接线，用途十分广泛，它在各种设备的开关、家用小电器、电子元器件等中都有应用。金属插片中间存在两个圆孔，正面圆孔有倒角，反面圆孔没有倒角，需要通过打光的方式将正、反面区分开来。

金属插片如图 4-1 所示，对它进行打光实操，选择合适的光源和架设方法，将其正、反面区分开来。

图 4-1　金属插片

【任务分析】

应用光源知识以及合格图像需具备的条件，选择合适的光源和架设方法，可通过倒角区分金属插片的正、反面。

【相关知识】

知识点 1：机器视觉中的光源

什么是光源？

在物理学上，光源指能发出一定波长的电磁波（包括可见光与紫外线、红外线、X 射线等不可见光）的物体。其通常指能发出可见光的发光体。凡本身能发光的物体，都称作光源（又称为发光体），如太阳、恒星、灯以及燃烧的物质等都是光源，如图 4-2 所示。

图 4-2　光源

像月球表面、桌面、白纸等依靠反射外来光才能使人们看到它们，这样的物体不能称为光源。可见光以及不可见光的光源被广泛地应用到工农业、医学和国防现代化等方面。

光源可以分为自然（天然）光源和人造光源。此外，根据光的传播方向，光源可分为点光源和平行光源。

机器视觉系统的核心功能是图像采集（得到一张高质量的图像）和图像处理（找到最有效率、最准确的算法）。图像质量对整个机器视觉系统极为关键。目前机器视觉行业中用于图像处理的软件大多只是一些图像处理软件公司提供的软件包。在处理软件性能差异很小的情况下，如何稳定、连续地获取高质量的图像直接决定了机器视觉系统的稳定性。获得高质量图像的途径为：根据工件的特性和现场的环境，通过打光试验，进行准确的光源选择，进而保证获取图像的稳定性和连续性。因此，光源是机器视觉系统中最为关键的部分之一，其重要性无论如何强调都是不过分的。

对于不同的检测对象，要凸显其被测特征，就会对光源的结构形状、发光角度、照度大小等产生特定的要求。

选择合适的光源，可以使图像中的目标特征与背景信息得到分离，从而大大降低图像处理的难度，提高机器视觉系统的稳定性和可靠性。光源在机器视觉系统中的应用示例如图 4-3 所示。

手表玻璃面划伤检测

原图

错误效果图

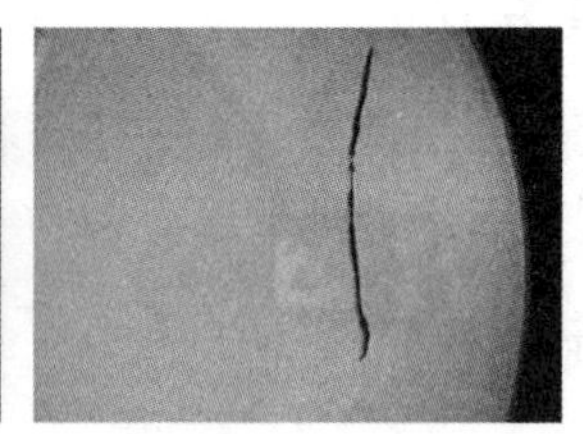

正确效果图

图 4-3　光源在机器视觉系统中的应用示例

知识点 2：常见的光源

常见的光源有 LED 灯、卤素灯、氙气灯、荧光灯，如图 4-4 所示。

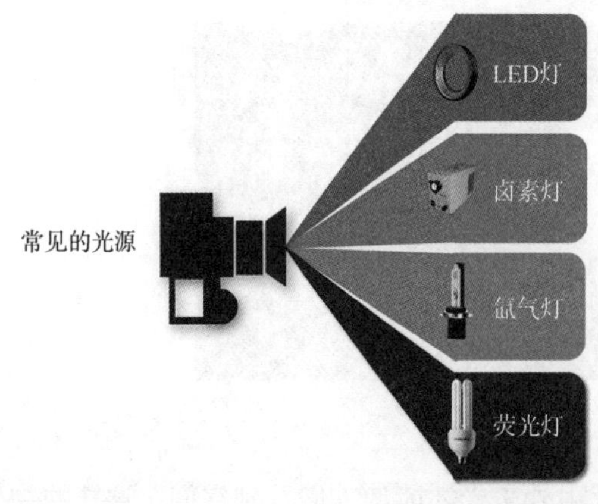

使用寿命为30 000~100 000小时
优点：亮度高，响应速度快，波长可定制

使用寿命约为1 000小时
优点：亮度高，显色指数高
缺点：响应速度慢，亮度和色温变化不明显

使用寿命约为1 000小时
优点：亮度高，色温与日光接近
缺点：响应速度慢，寿命短，发热量大，易碎

使用寿命为1 500~3 000小时
优点：扩散性好，适合大面积均匀照射
缺点：响应速度慢，亮度低

图 4-4　常见的光源

1. LED 灯

LED 灯是指利用 LED（发光二极管）作为光源的灯具，一般使用银胶或白胶将半导体 LED 固化到支架上，然后用银线或金线连接芯片和电路板，四周用环氧树脂密封，以起到保护内部芯线的作用，最后安装外壳，如图 4-5 所示。

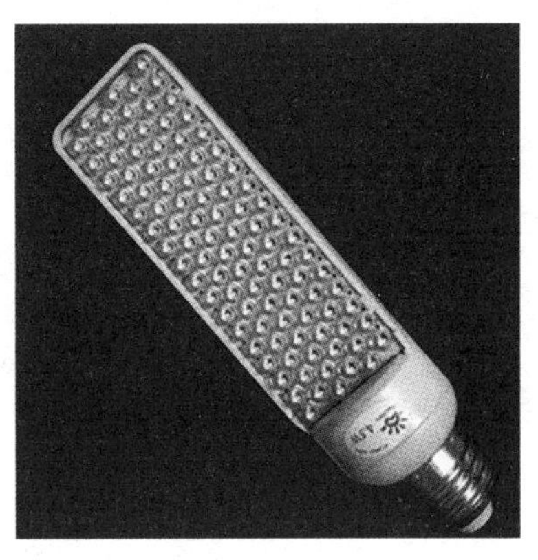

图 4-5　LED 灯

LED 是一种能够将电能转化为可见光的固态的半导体器件，它可以直接把电转化为光。LED 的心脏是一个半导体的晶片，晶片的一端附在一个支架上，一端是负极，另一端是连接电源的正极，整个晶片被环氧树脂封装起来。

半导体晶片由两部分组成，一部分是 P 型半导体，其中空穴占主导地位，另一部分是 N 型半导体，其中主要是电子。这两种半导体连接起来的时候，它们之间形成一个 P-N 结。当电流通过导线作用于这个晶片的时候，电子就会被推向 P 区，在 P 区里电子与空穴复合，然后会以光子的形式发出能量，这就是 LED 灯发光的原理。光的波长也就是光的颜色，是由形成 P-N 结的材料决定的。

LED 可以直接发出红色、黄色、蓝色、绿色、青色、橙色、紫色、白色的光。

LED 灯具有节能长寿、环保、防振等优点。

2. 卤素灯

卤素灯泡简称卤素泡或卤素灯，又称为钨卤灯泡、石英灯泡，是填充气体内含有部分卤族元素或卤化物的充气白炽灯。

所有白炽灯都是利用物体受热发光原理和热辐射原理实现的，最简单的白炽灯就是给灯丝导通足够的电流，使灯丝发热至白炽状态，从而发出光亮，但这种白炽灯的寿命会相当短。

卤素灯与白炽灯的最大差别就是卤素灯的玻璃外壳中充有一些卤族元素气体（通常是碘或溴）。其工作原理为：当灯丝发热时，钨原子被蒸发后向玻璃管壁移动，当接近玻璃管壁时，钨蒸气被冷却到大约 800 ℃并和卤素原子结合在一起，形成卤化钨（碘化钨或溴化钨）。卤化钨向玻璃管中央继续移动，又重新回到被氧化的灯丝上。由于卤化钨是一种很不稳定的化合物，其遇热后又会重新分解成卤素蒸气和钨，这样钨又在灯丝上沉积下来，弥补被蒸发掉的部分。通过这种再生循环过程，灯丝的使用寿命大大延长（几乎是白炽灯的 4 倍），同时由于灯丝可以工作在更高温度下，其亮度更高，色温更高，发光效率更高，如图 4-6 所示。

图 4-6 卤素灯

卤素灯拥有亮度高、显色指数大、响应速度慢、亮度和色温变化不明显、寿命短等特点。

3. 氙气灯

氙气灯是指内部充满包括氙气在内的惰性混合气体，没有灯丝的高压气体放电灯，也可称为金属卤化物灯。氙气灯可分为汽车用氙气灯和户外照明用氙气灯。

氙气灯的发光原理是在 UV-cut 抗紫外线水晶石英玻璃管内充填多种化学气体（其中大部分为氙气与碘化物等），然后透过增压器（Ballast）将 12 V 的直流电压瞬间增压至 23 000 V，以高压激发石英玻璃管内的氙气电子游离，在两电极之间产生光源，这就是所谓的气体放电。由氙气所产生的白色超强电弧光可增大光线色温值，产生类似白昼的太阳。氙气灯工作时所需的电流量仅为 3.5 A，其亮度是传统卤素灯的 3 倍。

氙气灯的特点是亮度高、色温与日光接近、响应速度慢、寿命短、易碎等（如图 4-7 所示）。

图 4-7 氙气灯

4. 荧光灯

荧光灯也称为日光灯，如图 4-8 所示。

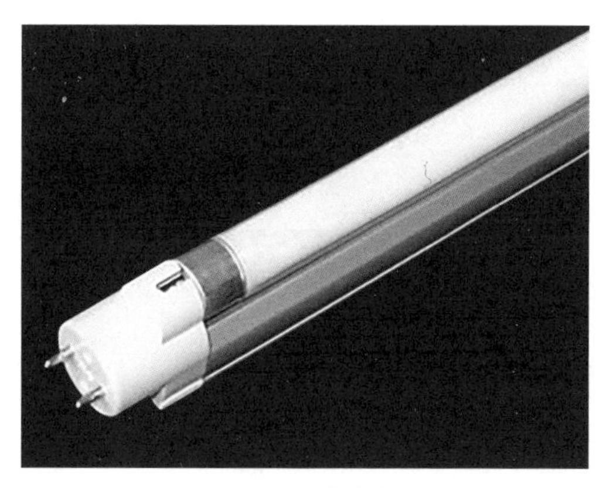

图 4-8　荧光灯

传统荧光灯即低压汞灯，是利用低气压的汞蒸气在通电后释放紫外线，从而使荧光粉发出可见光的原理发光，因此它属于低气压弧光放电光源。

总结：综合来看，常见的光源中 LED 灯由于其形状自由度高、使用寿命长、响应速度快、颜色多样、综合性价比高等特点在机器视觉行业广泛应用，如图 4-9、图 4-10 所示。

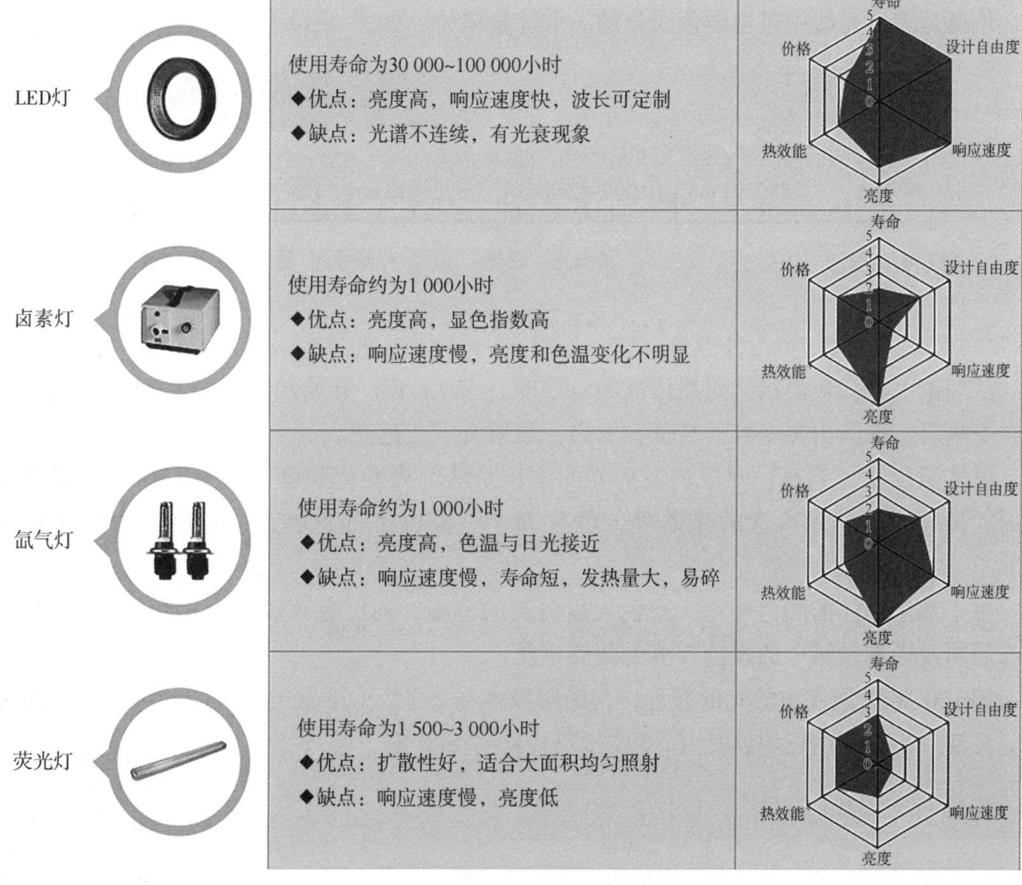

图 4-9　常见的光源优、缺点对比

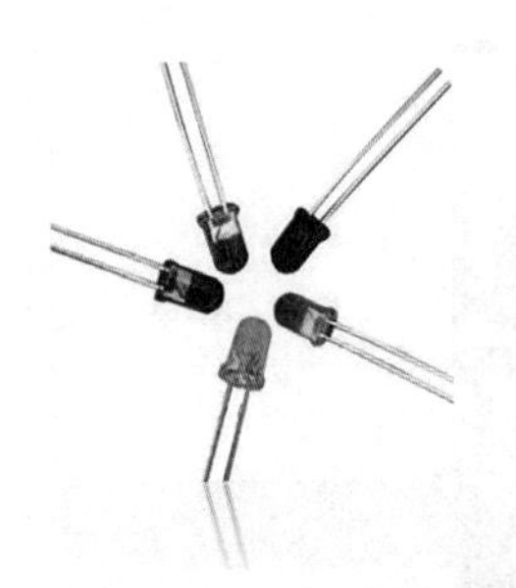

- 结构最简单的LED灯，因为灯珠下面有两根形似“脚”的细丝，可以直接穿接在电路板上，所以称为插件灯珠。
- 封装热阻大，芯片散热不易，故光效衰减快，寿命短。优点是价格低，可以做成很小的出光角度。

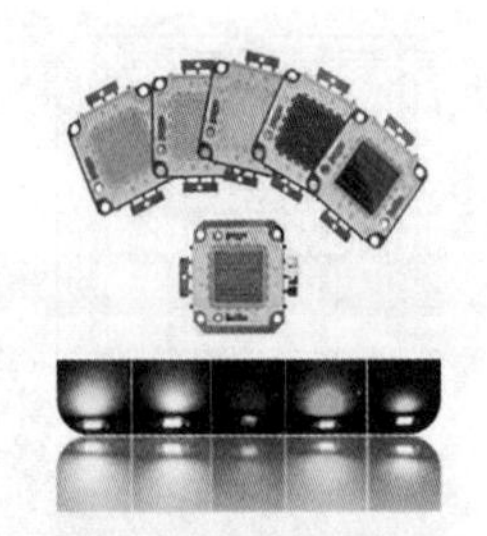

- 这种灯珠光源是将LED灯焊接在电路板表面，而不是穿过电路板。它的体积小，有的甚至比插入式的灯珠还小很多。
- 光源扩散角较大，近距离亮度高。
- 其规格主要由其封装尺寸确定，常用的有2835、3014等。

- 它与小功率表贴式在本质上很类似，只不过功率高一点、体积大一点，由于其功率较高，大约有60%以上的电能将变成热能释放，这就要求在应用大功率LED产品的时候做好散热工作。
- 在细微结构上，多了一个保护透镜，可以将光线更好地汇聚在一起。

图 4-10　LED 灯的类别

（a）插件式；（b）SMD 贴片式；（c）大功率带透镜表面贴装型

知识点 3：色温

色温是表示光线中包含颜色成分的一个计量单位，如图 4-11 所示。

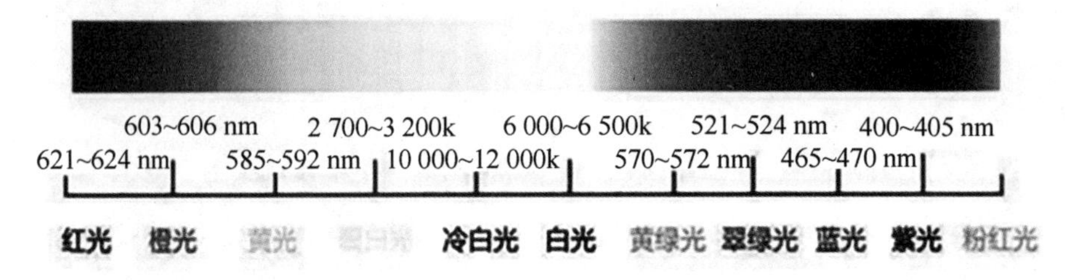

图 4-11　色温图（附彩插）

从理论上说，色温指绝对黑体从绝对零度（−273 ℃）开始加温后所呈现的颜色，黑体在受热后，逐渐由黑变红，转黄，发白，最后发出蓝色光。

黑体温度从低到高，对应的发射光的波长是从红光变化到蓝光。当加热到一定的温度时，黑体发出的光所含的光谱成分就称为这一温度下的色温，计量单位为 K（开尔文）。

对于基于黑体的颜色理论，蓝色代表更高的色温，而红色代表更低的色温。事实上，这与绘图及影像领域中的暖色和冷色截然相反。

如 100 W 灯泡发出的光的颜色，与绝对黑体在 2 527 ℃下发出的光的颜色相同，那么这只灯泡发出的光的色温就是（2 527+273）K=2 800 K。

知识点 4：光源的作用

通过适当的光源照明设计，使图像中的目标信息与背景信息得到最佳分离，可以大大降低图像处理算法分割、识别的难度，同时提高机器视觉系统的定位、测量精度，使机器视觉系统的可靠性和综合性得到提高。反之，光源设计不当，会导致图像处理算法设计和机器视觉系统设计事倍功半。因此，光源及光学系统设计是决定机器视觉系统成败的首要因素。

光源的作用如下。

（1）照亮目标，提高亮度，如图 4-12 所示。

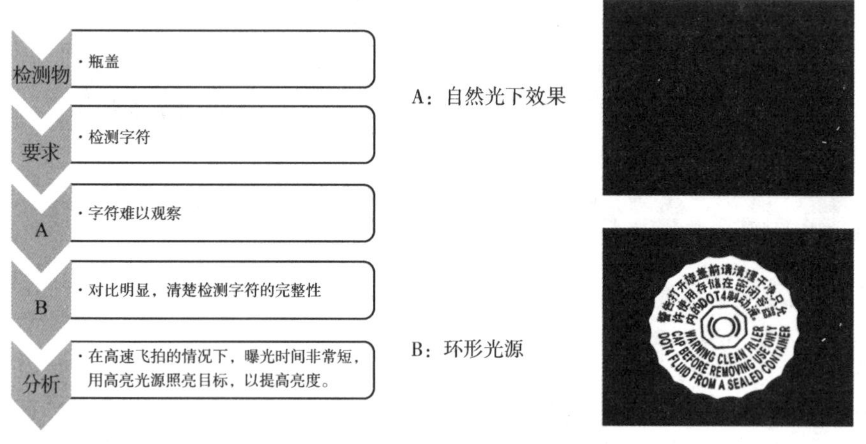

图 4-12　光源的作用（1）

（2）提高检测目标与背景的对比度，如图 4-13 所示。

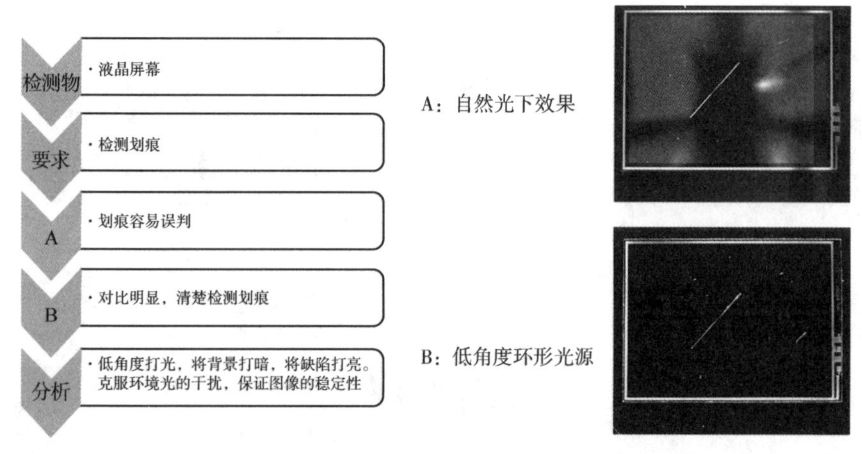

图 4-13　光源的作用（2）

（3）克服环境光的干扰，保证图像的稳定性，如图 4-14 所示。

总结：高质量的图像应该具备如下条件。

（1）对比明显，目标与背景的边界清晰；

（2）背景尽量淡化而且均匀，不干扰图像处理；

（3）与色彩有关的图像应色彩真实，亮度适中，不过度曝光。

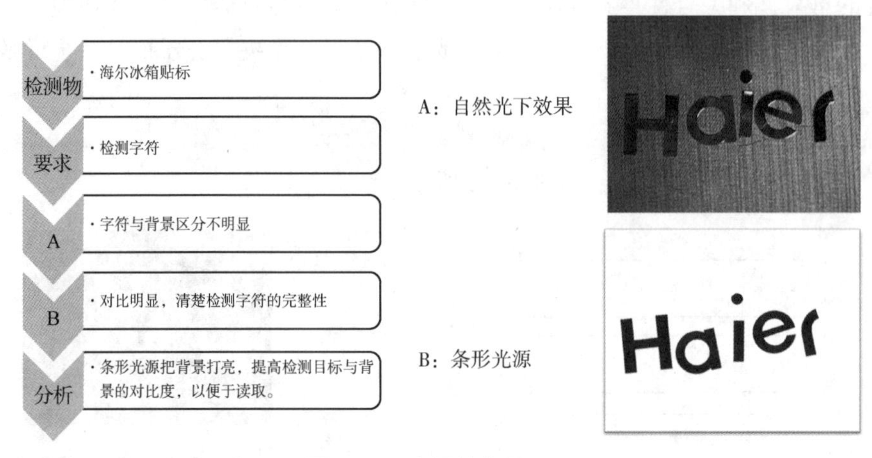

图 4-14 光源的作用（3）

知识点 5：光的特性

波长是指波在一个振动周期内传播的距离，也就是沿着波的传播方向，相邻两个振动位相相差 2π 的点之间的距离。波长 λ 等于波速 u 和周期 T 的乘积，即 $\lambda = uT$。同一频率的波在不同介质中以不同的速度传播，因此其波长也不同。

机器视觉中常用的光源颜色有：红、绿、白、蓝、紫外、红外，如图 4-15 所示。

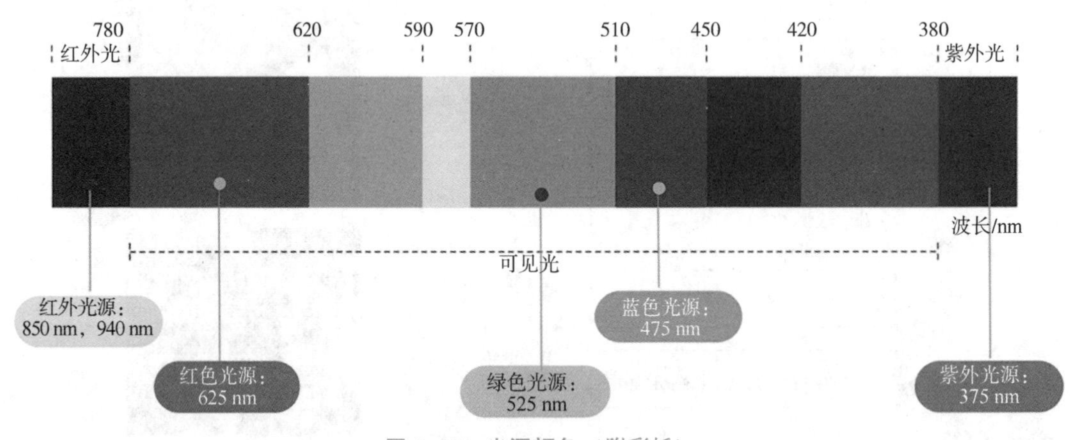

图 4-15 光源颜色（附彩插）

波长不同的光，透镜对其的折射率也不同。平行光经过透镜后，因为折射率不同，所以折射角也不同，那么偏转的角度也不同。

波长

不同波长的光的折射率不同，故聚焦点位置不同。

不同颜色的组合光源，其聚焦点会出现一定的变化，如红外光、紫外光与红蓝光的聚焦点差异较大，如图 4-16 所示。

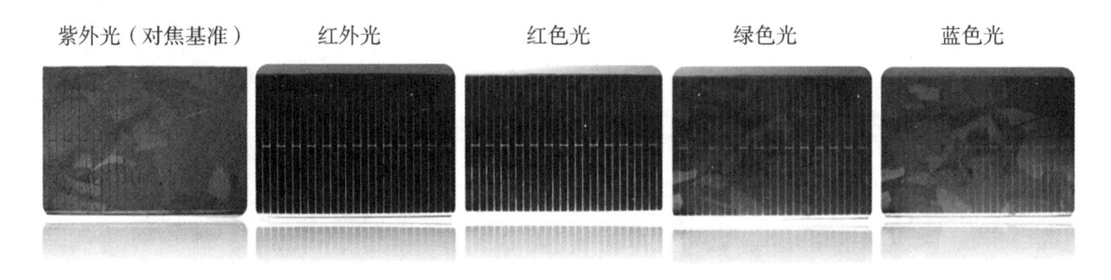

图 4-16　不同颜色的组合光源的聚焦点会出现一定的变化

知识点 6：光的穿透性

光在不同的波段区间呈现的颜色是不同的。波长越大，光的穿透性越强。波长越小，光的扩散相对比例越高，如图 4-17 所示。

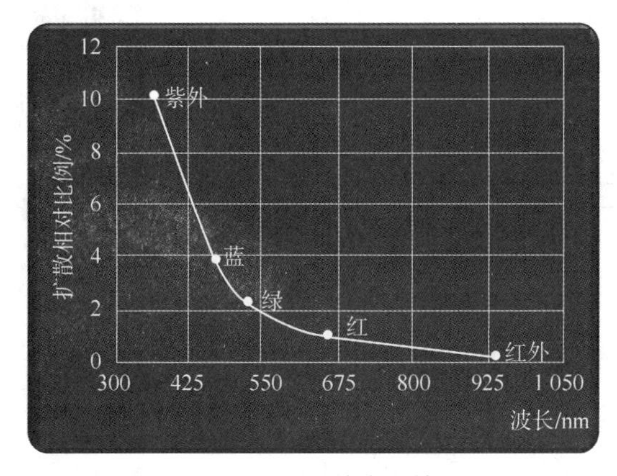

图 4-17　光的穿透性

1. 红外光的应用

红外光的应用：可透视塑料包装内容物检测、深色液体内部异物检测、表面图案（字符）检测，如图 4-18 所示。

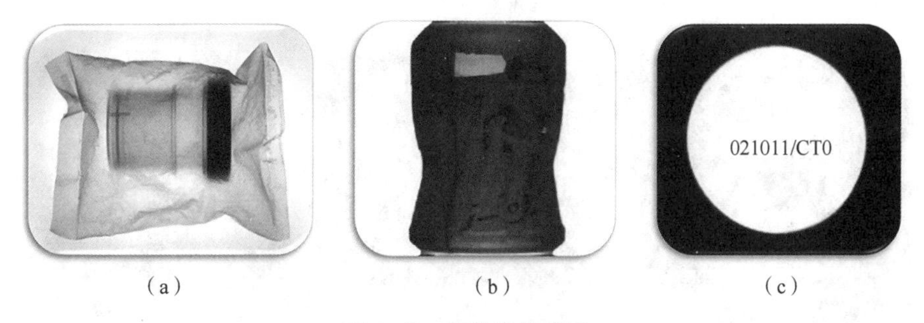

（a）　（b）　（c）

图 4-18　红外光的应用

（a）可透视包装袋内容物检测（瓶盖有无）；（b）冰红茶包装破损检测；（c）表面字符检测

红外光应用示例如图 4-19、图 4-20 所示。

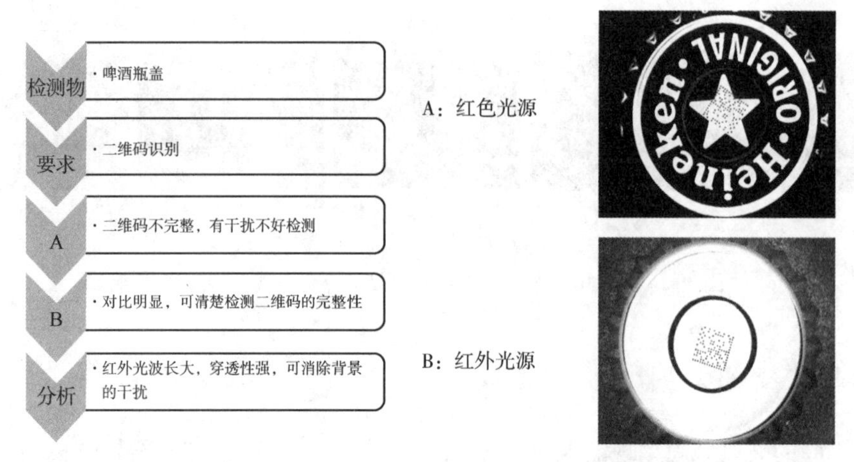

图 4-19　红外光应用示例（检测啤酒瓶盖）

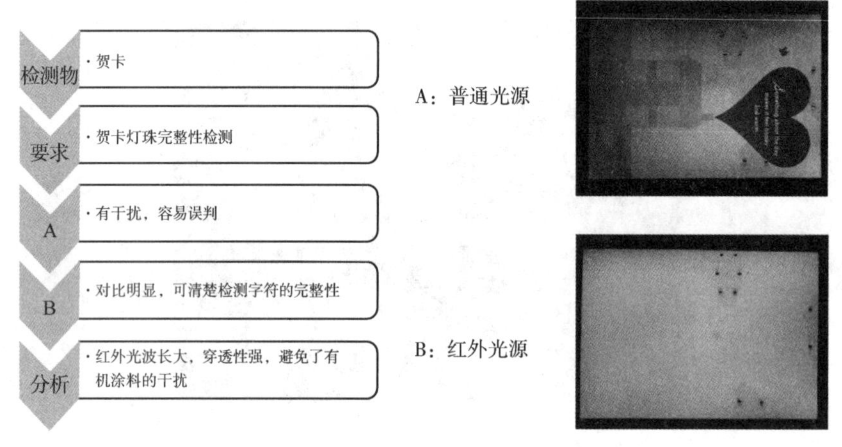

图 4-20　红外光应用示例（检测贺卡）

2. 紫外光的应用

紫外光的应用：胶体检测、隐形码读取、透明物表面瑕疵和特征检测，如图 4-21 所示。

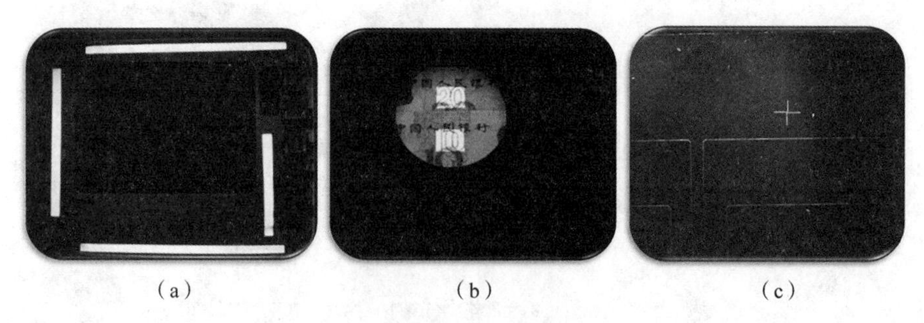

（a）　（b）　（c）

图 4-21　紫外光的应用

（a）UV 胶水轮廓检测；（b）人民币隐形码检测；（c）透明薄膜表面特征检测

紫外光应用示例如图 4-22、图 4-23 所示。

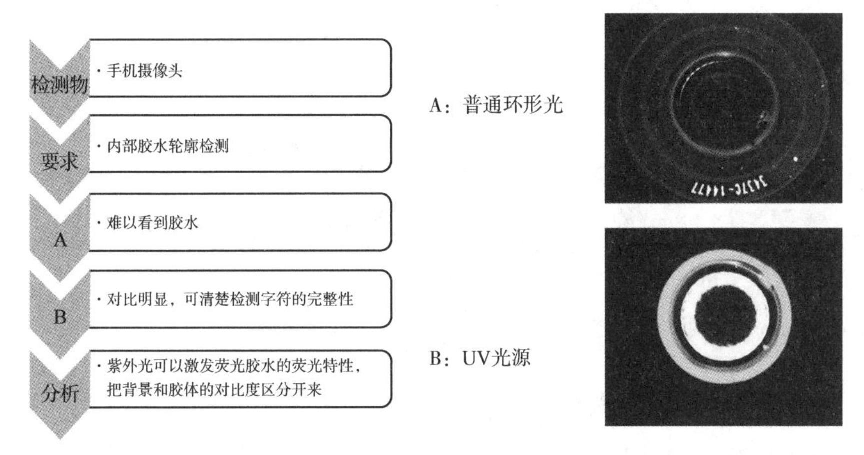

图 4-22　紫外光应用示例（检测手机摄像头）

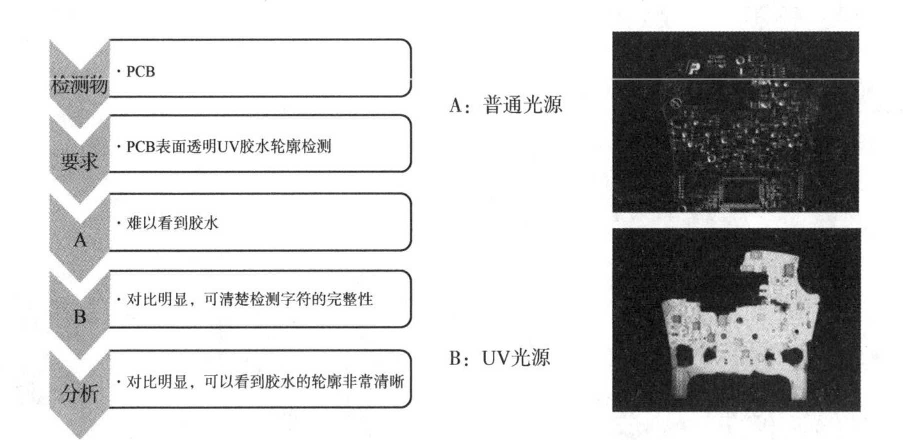

图 4-23　紫外光应用示例（检测 PCB）

知识点 7：互补色与相邻色

互补色：被测物与光源在色环中的位置相对对称，颜色叠加在黑白相机中呈现深色效果。

相邻色：被测物与光源在色环中颜色相同或者相近，颜色叠加在黑白相机中呈现浅色效果。

色环如图 4-24 所示。互补色与相邻色对比如图 4-25 所示。

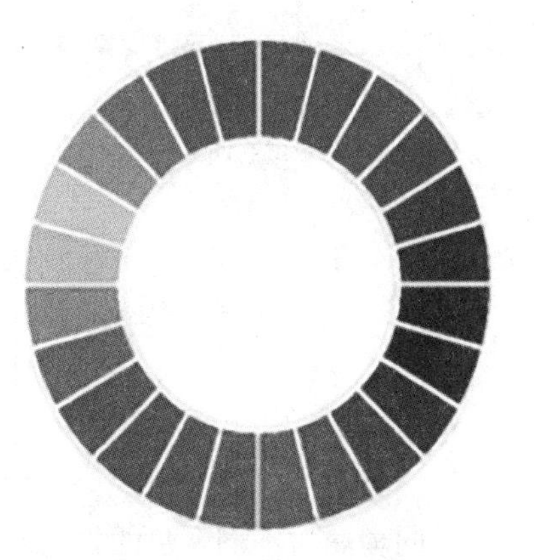

图 4-24　色环（附彩插）

互补色及相邻色应用示例如下。

如图 4-26 所示，检测字体为白色，可以通过打光的方式将背景变为黑色（深色），以突出对比度，因为原背景为绿色，所以用红色光源（红色+绿色=深色）。被检测字体为黑色，可以通过打光方式将背景变为白色（浅色），因为原背景为绿色，所以可以采用绿色光源（绿色+绿色=浅色），将背景中的绿色过滤。

◆互补色：色环中对称颜色叠加在黑白相机中呈现深色效果。

◆相邻色：色环中相邻或同种颜色叠加在黑白相机中呈现浅色效果。

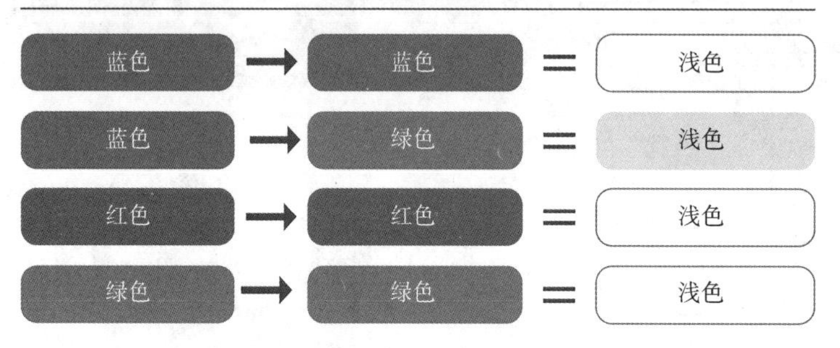

图 4-25　互补色与相邻色对比

互补色和邻色

检测药盒表面生产日期，选择绿色背景的互补色红色，将背景打暗，突出白色字符，读取生产日期。

互补色　被测物与光源在色环中的位置相对对称，颜色叠加在黑白相机中呈现深色效果

（a）

相邻色　被测物与光源在色环中颜色相同或相近，颜色叠加在黑白相机中呈现浅色效果

检测怡宝矿泉水瓶盖表面日期，绿色字体有干扰，使用绿色光源过滤掉绿色字体，可以避免背景干扰，读取日期。

（b）

图 4-26　互补色与相邻色应用示例（附彩插）

（a）互补色应用示例（突出对比度）；（b）相邻色应用示例（过滤背景）

知识点 8：光学效果

不同金属对不同颜色的光的反射率不同。铜和金对于波长短的光的反射较弱；银和铝在波长 850 nm 左右反射率相差最大；蓝色光源能更好地突出金、银、铜、铝之间的差异。金属对光的反射率如图 4-27 所示。

可以利用这个原理将不同材质的部位明显化，如图 4-28 所示。

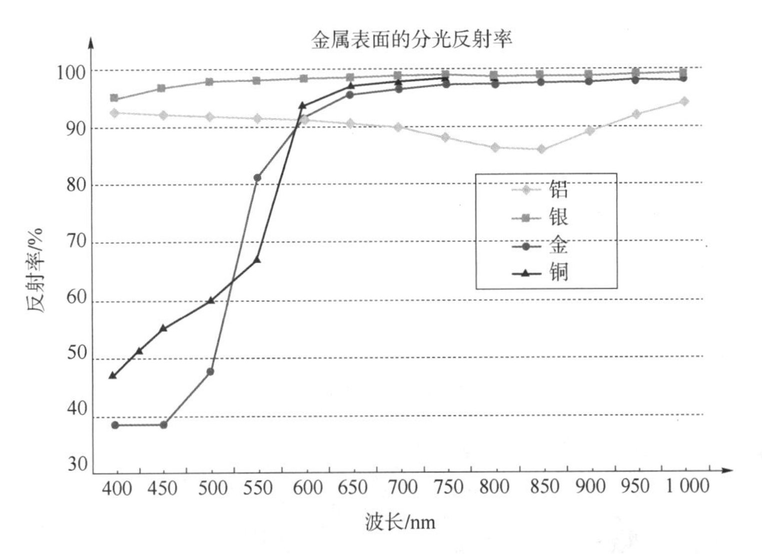

图 4-27　金属对光的反射率

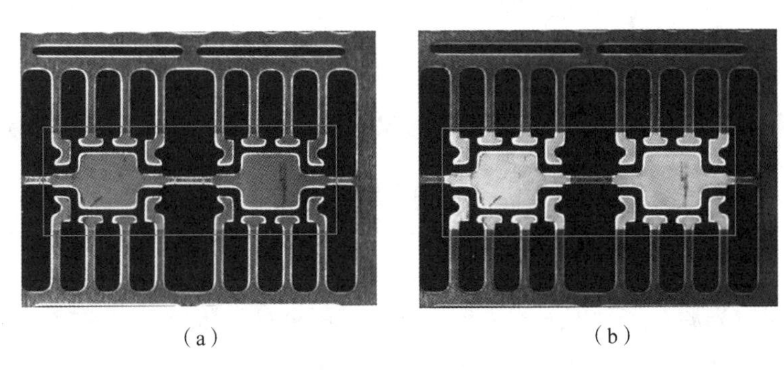

（a）　　（b）

图 4-28　铜色框架上银色涂层检测

（a）红色光源；（b）蓝色光源

知识点 9：打光方式

1. 高角度打光（明视野）

高角度打光时，光线方向与检测面相对垂直，表面平整部位反光相对容易进入镜头，在画面中显示偏亮，如图 4-29 所示。

雪佛兰标志字符检测

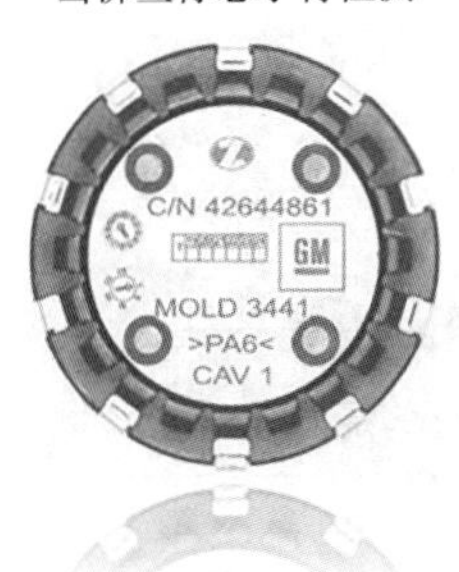

轴承方向定位

图 4-29　高角度打光效果示意

在存在不平整部位，如凹坑、划伤等表面结构较为复杂的情况下，反光较为杂乱，只有较少部分光线可以折射到镜头中，因此画面中效果偏暗。

高角度打光常用光源：高角度环形光源、条形光源、同轴光源、开孔背光源等。

2. 低角度打光（暗视野）

低角度打光时，光线方向与检测面相对接近平行，表面平整部分相对无反射光线进入镜头，在画面中显示偏暗，如图 4-30 所示。

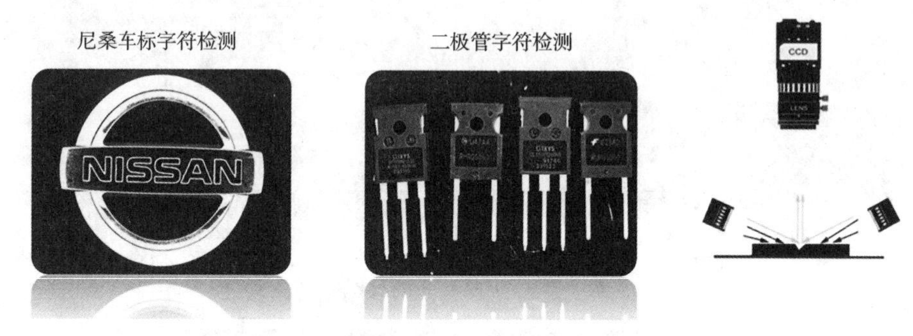

图 4-30　低角度打光效果示意

在存在不平整部位，如凹坑、划伤等表面结构较为复杂的情况下，反光较为杂乱，部分光线可以折射到镜头当中，因此画面中效果较亮。

低角度打光常用光源：低角度环形光源、条形光源、线性条形光等。

3. 透射打光

透射打光时，光源在产品下方，入射光经过折射穿过物体后出射光线，被投射的物体为透明体或半透明体，如玻璃、滤色片等，若透明体是无色的，除少数光被反射外，大多数光均透过物体，如图 4-31 所示。

图 4-31　透射打光

入射光经过表面平整部位，出射的光线没有进入镜头，在画面中表现较暗；入射光经过表面不平整部位，出射的光线反射到镜头当中，在画面中表现较亮。

透射打光应用示例如图 4-32 所示。

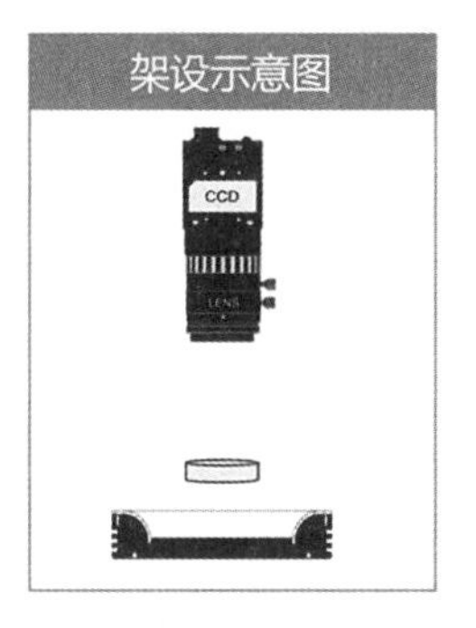

效果图①　　效果图②

说明：

- 产品为透明玻璃片，产品表面不平整，中间凸起且边缘凹陷，使用透射打光方式可将表面划伤凸显出来而没有干扰，便于检测

图 4-32　透射打光应用示例

4. 背部打光

背部打光时，光源置于检测物体后方，在明亮的背景下创建物体的深色轮廓，用于凸显产品外形轮廓，以便于进行边缘检测，尺寸测量等，如图 4-33 所示。

背部打光常用于检测产品的尺寸、液体内部杂质、金属元件的毛刺等。

背部打光时应注意光源颜色的选取，如图 4-34 所示。

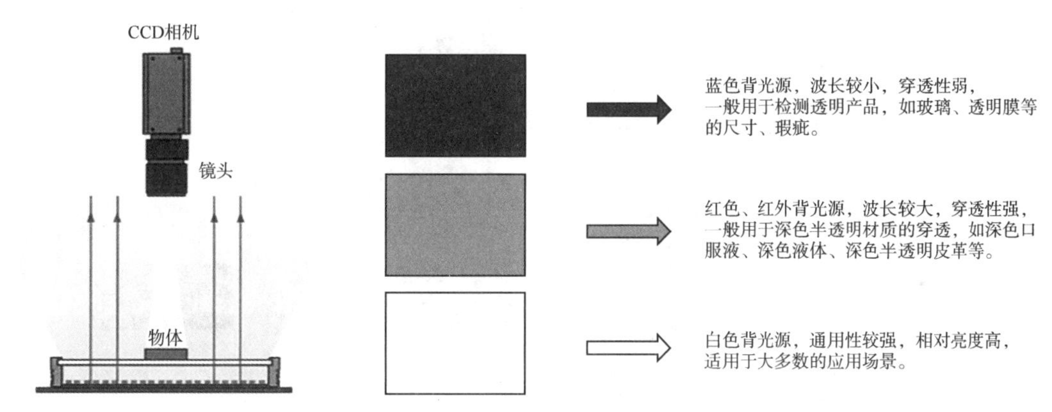

图 4-33　背部打光

图 4-34　光源颜色的选取（附彩插）

背部打光应用示例如图 4-35 所示。

检测需求：口服液液位及内部杂质检测

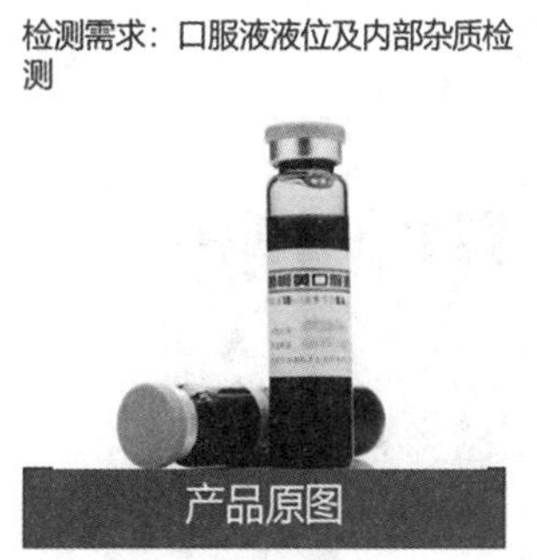

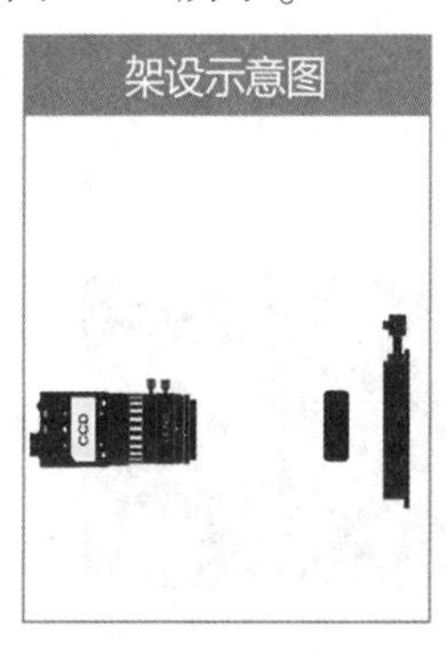

蓝色背光源　　红外背光源

说明：

- 口服液瓶子及液体都是深色的，使用蓝色背光源，光线波长小，穿透性弱，穿不透瓶身及液体，整个图像都是深色的，无法检测
- 使用红外背光源，光源波长，穿透性强，可以穿透深色瓶身及深色液体，使光线进入镜头，便于检测

图 4-35　背部打光应用示例

知识点 10：常见光源及应用示例

在机器视觉领域，常用的光源有环形光源、条形光源、同轴光源、点光源、碗光源、背光源、开孔型背光源等。

1. 环形光源

环形光源如图 4-36 所示。

产品特点

- 角度覆盖全，0°~45°为低角度环形光源，60°~90°为高角度环形光源
- 可与漫射板配合使用，使发光更加均匀
- 针对特定项目，可多个角度光源组合使用

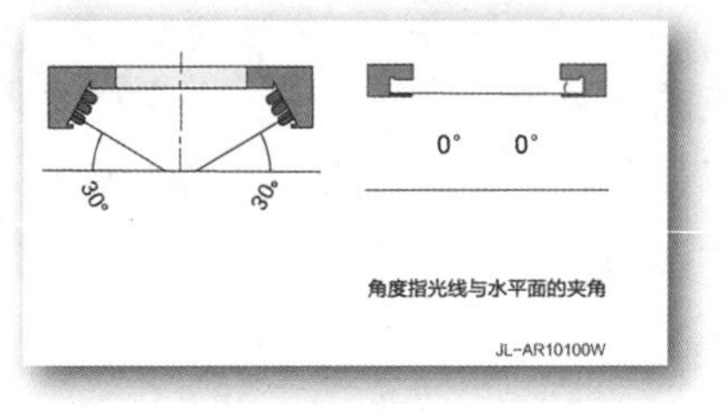

图 4-36　环形光源

各类光源的使用方法

低角度环形光源应用示例如图 4-37 所示。

检测需求：电容表面字符检测

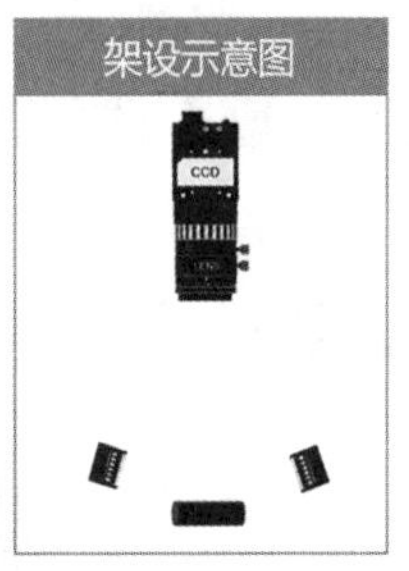

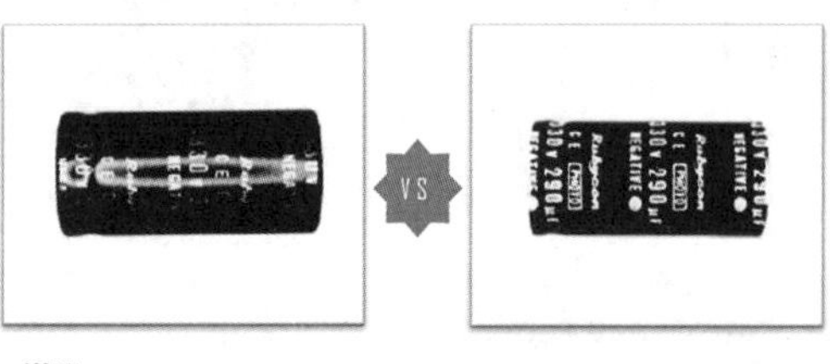

说明：

- 产品为高反光圆柱体，正面光容易在表面形成光斑，影响检测
- 条光从左、右两边打光，避开反光点，可以得到一个均匀的效果图

图 4-37　低角度环形光源应用示例

高角度环形光源应用示例如图 4-38 所示。

检测需求：电子连接器内部pin针位置度检测

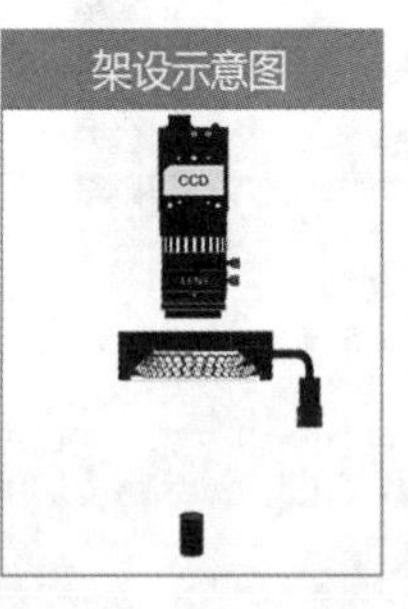

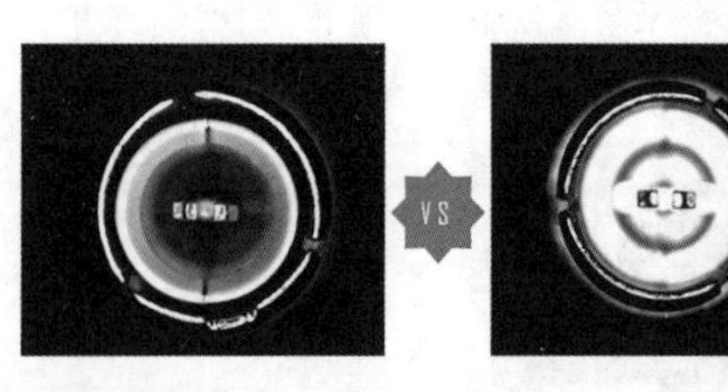

说明：

- pin针内部有深度，低角度环形光源打不到pin针内部，干扰较大
- 高角度环形光源的光线可以打亮产品底部，突出pin针形状

图 4-38　高角度环形光源应用示例

2. 条形光源

条形光源如图 4-39 所示。

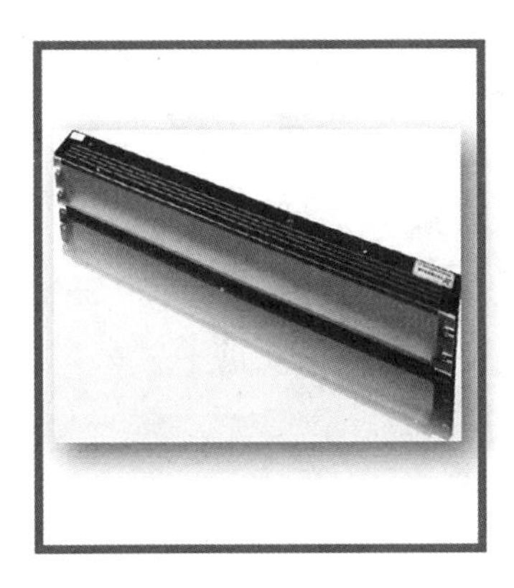

产品特点

- 长度可定制，兼容各种大小不同的视野，最长可达2 000 mm及以上
- 使用灵活性强，可灵活调节角度，组合使用，调整左、右距离，进行高低摆放等

适用范围

- 金属表面检测
- LCD面板检测
- 墙面裂缝检测
- 图像扫描检测

图 4-39　条形光源

条形光源应用示例如图 4-40 所示。

检测需求：键盘表面字符有无缺失

产品原图

架设示意图

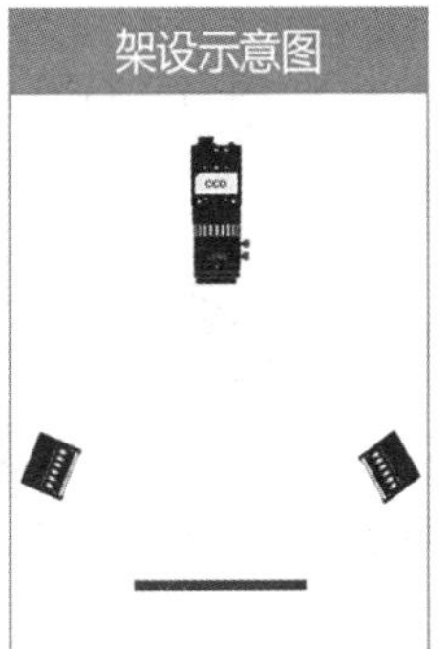

JL-AR18090W

VS

JL-LR-400*30W 2根

说明:

- 产品视野较大，使用环形光源发光面不够，效果不佳
- 使用2根条形光源从产品两侧打光，光线比较均匀，对比度高，便于检测

图 4-40　条形光源应用示例

3. 同轴光源

同轴光源如图 4-41 所示。

产品特点

- LED颗粒高密度排列，亮度高
- 对比度高，成像清晰，亮度均匀
- 具有独特的散热结构，使用寿命长，稳定性强
- COX2与COX相比，体积较大，光源亮度较高
- 可以凸显物体表面的不平整，克服反光带来的干扰

适用范围

- 高反光表面的缺陷检测
- 二维码和条形码识别
- 芯片和硅晶片的破损识别
- 激光打标字符检测

图 4-41　同轴光源

产品反光的打光方法

同轴光源应用示例如图 4-42 所示。

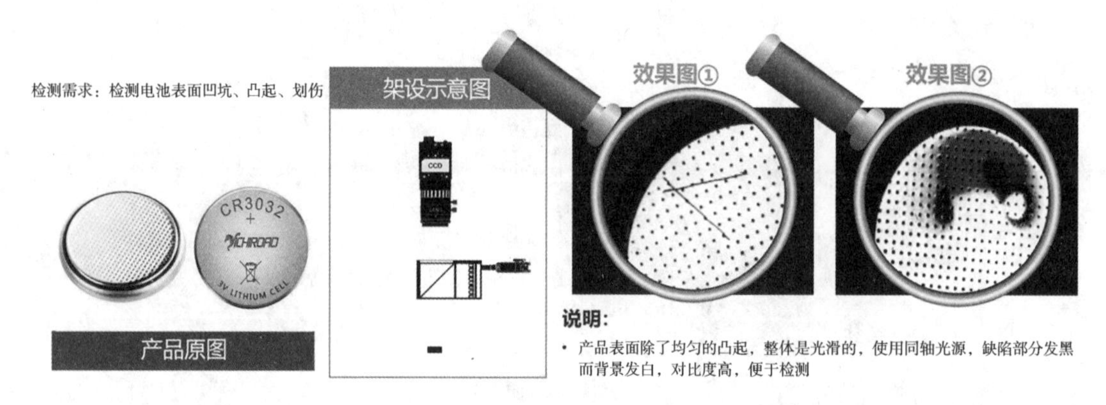

图 4-42　同轴光源应用示例

4. 平行同轴光源

平行同轴光源如图 4-43 所示。

产品特点

- 具有独特的分光镜结构，可减少光损失
- 光线平行性超强，图像细节性好，加强了产品表面凹凸特征对比度
- 适宜平滑金属表面缺陷检测，如轻微压伤、划伤等

适用范围

- 高反光物体表面污点划痕、污渍检测
- 激光雕刻字符识别
- 印刷品质量检测

图 4-43　平行同轴光源

平行同轴光源应用示例如图 4-44 所示。

检测需求：金属件表面凹坑检测

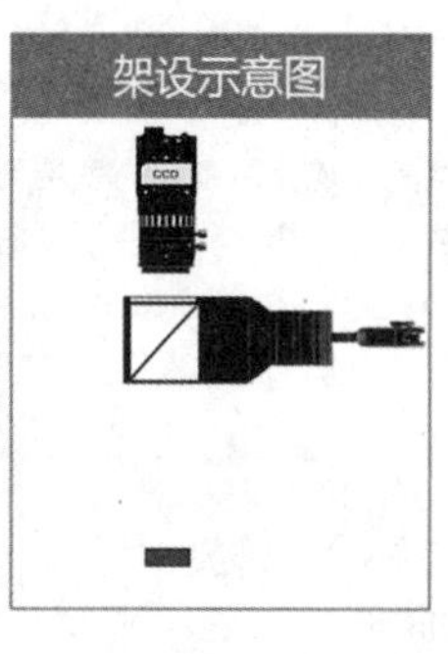

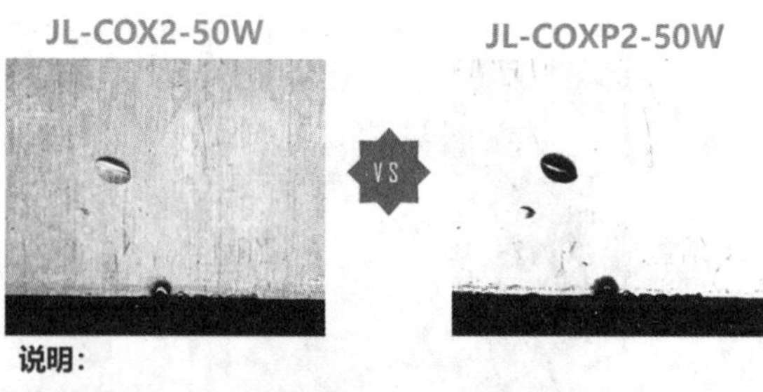

图 4-44　平行同轴光源应用示例

5. 点光源

点光源如图 4-45 所示。

产品特点

- 具有独特的集光导光能力，提供较高的光密度
- 亮度高，光色纯度高
- 可配合远心镜头使用

适用范围

- 高反光表面的划伤检测
- 芯片和硅晶片的破损检测
- 条码识别
- 激光打标字符、二维码识别

图 4-45　点光源

点光源的使用方法

点光源应用示例如图 4-46 所示。

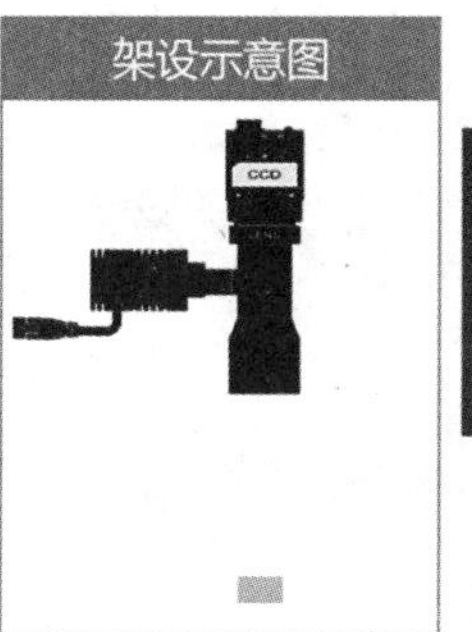

JL-COX2-40W　　JL-DL22-3B

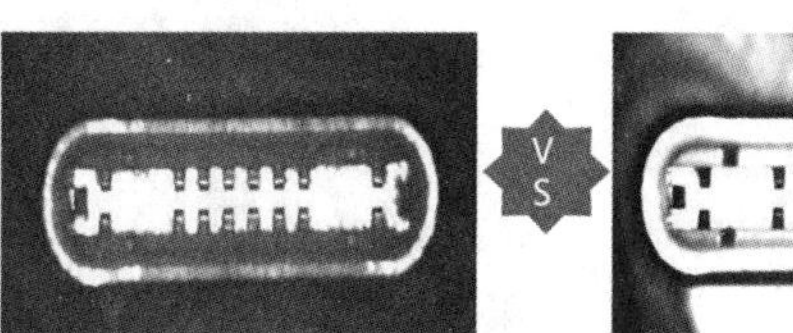

说明:

- 普通同轴光源散射光较多，加上远心镜头进光量不大，干扰较大
- 点光源的光线经过镜头内部镜片折射，光线更加集中准直，亮度高，对比度高

图 4-46　点光源应用示例

6. 碗光源

碗光源如图 4-47 所示。

产品特点

- 具有半球形发光面，发光角度覆盖360°
- 均匀性超高，适宜表面高度信息复杂的均匀打光

适用范围

- 表面凹凸不平、曲面、反光物体检测
- 包装表面检测
- 电子产品外壳污点、杂质检测

图 4-47　碗光源

碗光源应用示例如图 4-48 所示。

检测PS4游戏机手柄表面检测，因表面凹凸感较强，可使用碗光源消除产品表面不平整造成的阴暗干扰。

轮毂定位检测

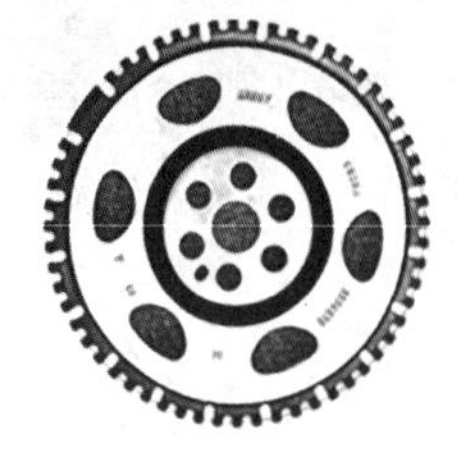

药片表面黑点缺陷检测

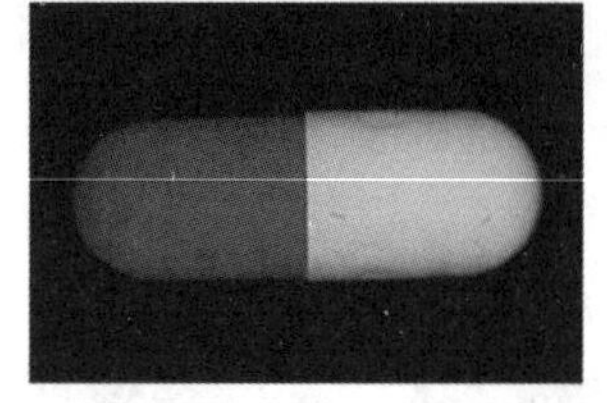

封存剂表面字符检测

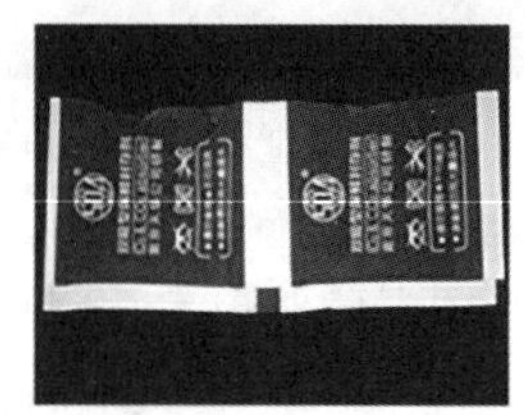

检测需求：检测手机侧面弧度面的划伤

产品原图

架设示意图

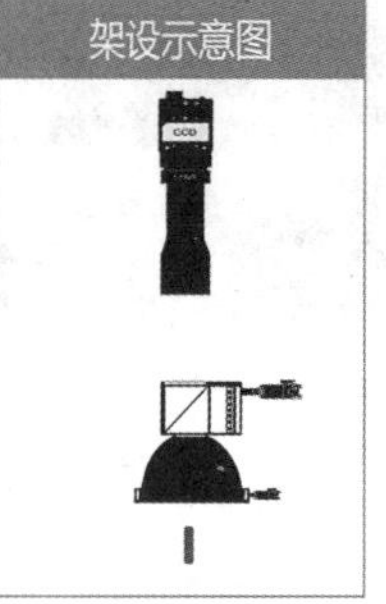

效果图①

效果图②

JL-DM-212W + JL-COX-50W

说明：

• 手机侧面是弧面，比较光滑反光，普通光源的光线不均匀，无法看到整个弧面的缺陷，用碗光源对手机侧面均匀打光，中间的阴影用同轴补光

图 4-48　碗光源应用示例

7. 底部发光背光源

底部发光背光源如图 4-49 所示。

产品特点

- 大幅面均匀照明，主要用于透视轮廓成像
- 亮度高，特定项目可进行高亮定制，满足20万lx以上照度的需求

适用范围

- 外观检测、高精度尺寸测量
- 弧面金属工件尺寸检测
- 透明产品尺寸测量
- 大面积电路板元器件测量

图 4-49　底部发光背光源

底部发光背光源应用示例如图 4-50、图 4-51 所示。

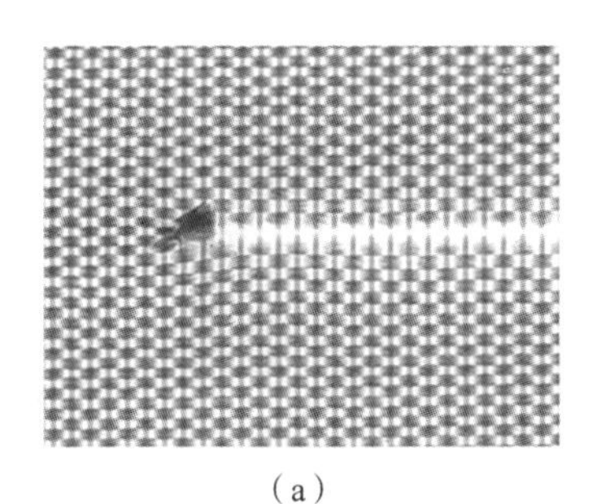
(a)

(b)

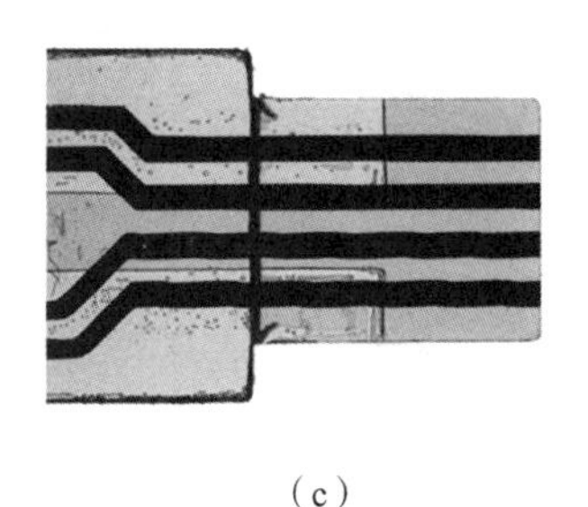
(c)

图 4-50 底部发光背光源应用示例（1）

(a）布料缺陷检测；(b）口服液液位检测；(c）FPC 间距检测

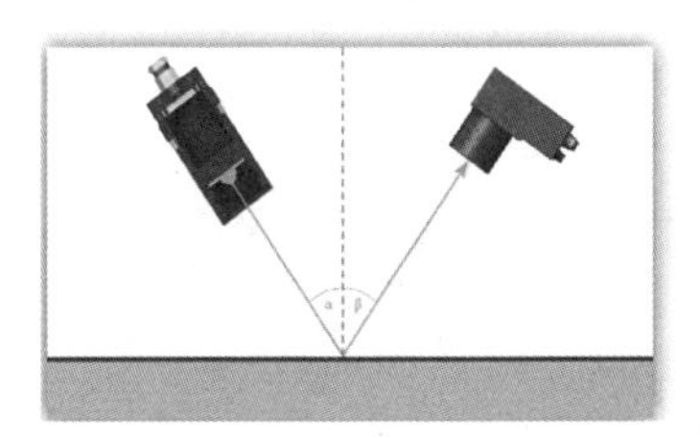

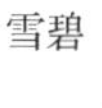

图 4-51 底部发光背光源应用示例（2）

8. 平行背光源

平行背光源如图 4-52 所示。

产品特点

- 在背光的基础上追加了平行光膜，发光角度更小，光线更加准直
- 散射光相对较少，适用于高精度尺寸测量以及边角弧形产品的尺寸测量等

适用范围

- 外观检测、高精度尺寸测量
- 弧面金属工件尺寸检测
- 透明产品尺寸测量
- 大面积电路板元器件测量

图 4-52 平行背光源

平行背光源应用示例如图 4-53 所示。

9. 开孔型背光源

开孔型背光源如图 4-54 所示。

开孔型背光源应用示例如图 4-55 所示。

检测需求：水管轮廓尺寸检测

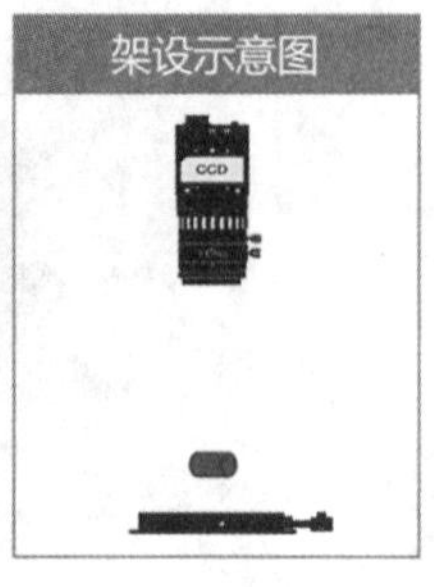

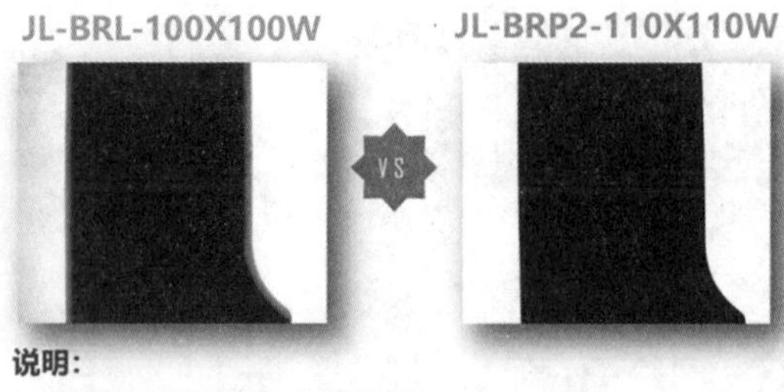

说明：

- 普通背光源散射光较多，边缘晕光严重
- 平行背光源的光线比较准直，边缘锐利，便于检测

图 4-53　平行背光源应用示例

产品特点

- 灯珠均匀分布在四周，经过导光板形成扩散的光线，可进行大面积高均匀性照射，用于定位，测量等多种场景
- 定制化程度高，发光尺寸、开孔大小以及位置皆可结合项目实际开发

适用范围

- 大面积电子元件字符识别
- 产品定位检测

图 4-54　开孔型背光源

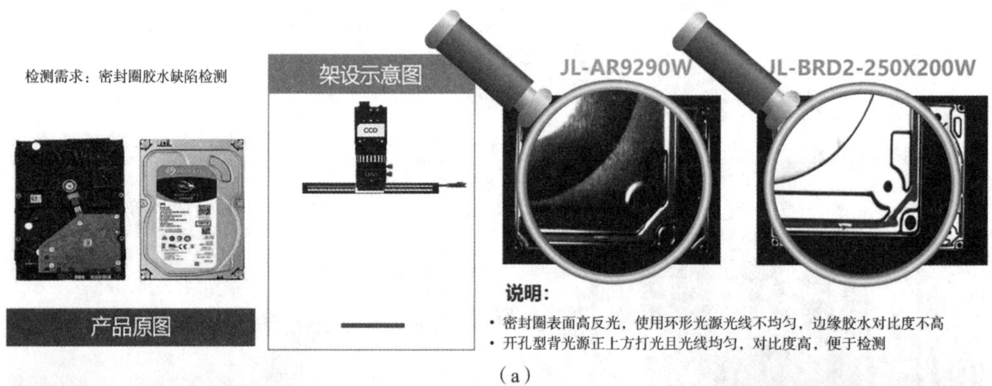

(a)

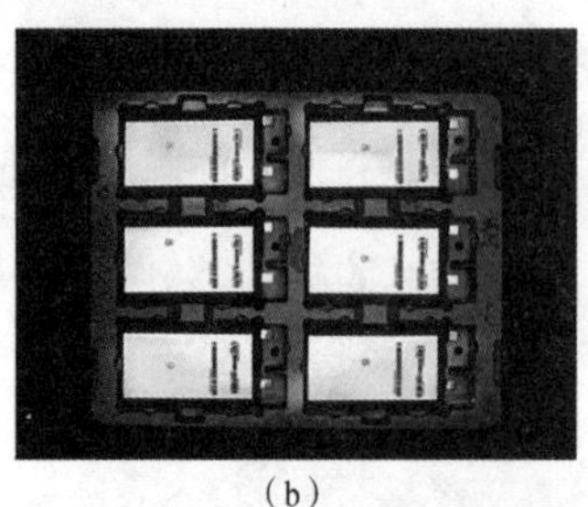

(b)

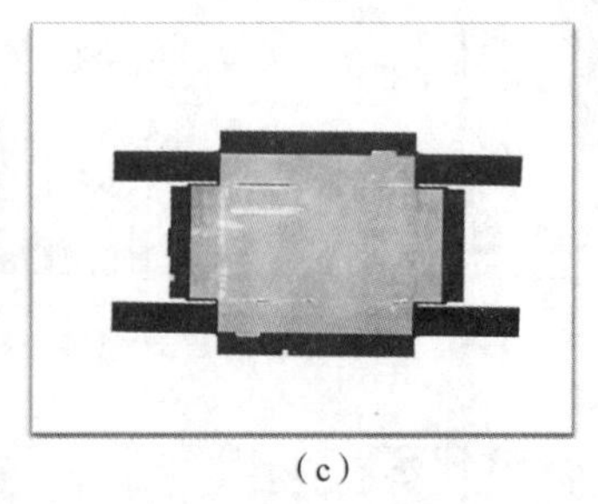

(c)

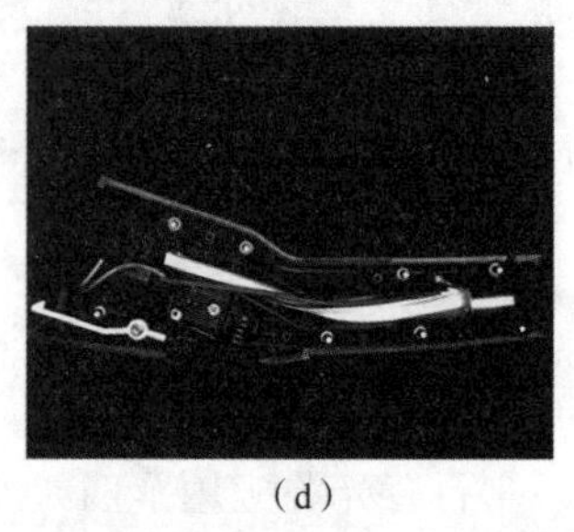

(d)

图 4-55　开孔型背光源应用示例

(a) 密封圈胶水缺陷检测；(b) 电池二维码检测；(c) 包装盒表面透明贴膜轮廓检测；(d) 铆钉定位检测

10. 光源大小的选择

（1）粗糙物体表面如何选择光源：光在粗糙物体表面易产生散射光，在一定程度上可以消除光的直接反射，成为均匀光源，光源的大小比产品大小略大即可。

（2）光滑物体表面得到均匀的光斑照射区域的计算方式如下（如图 4-56 所示）：

$$A'B'=(H/WD+1)\times FOV$$

其中，H 为光源工作距离；$A'B'$ 为光源发光面尺寸；WD 为相机工作距离；FOV 为视野大小。

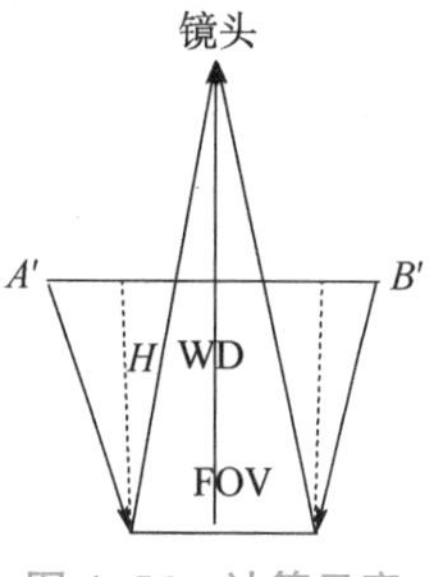

图 4-56　计算示意

高反光物体表面需要得到均匀的光斑照射，如果光源选小，则发光面不够，产品表面会有阴影。

计算机 FPC 板料盘检测如图 4-57 所示（视野大小为 400 mm×300 mm）。

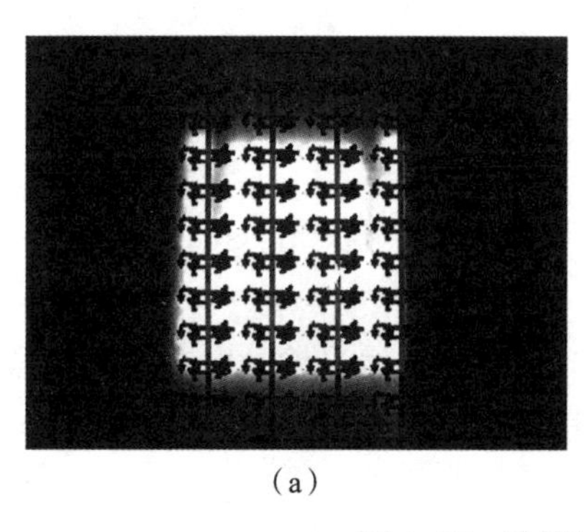

（a）

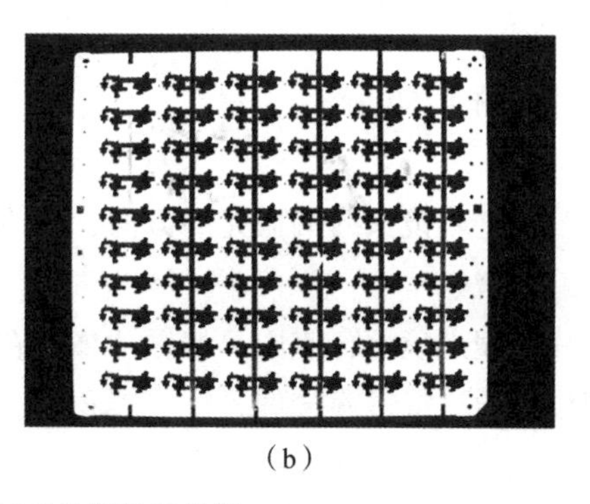

（b）

图 4-57　计算机 FPC 板料盘检测

（a）JL-BRD2-400＊300 W；（b）JL-BRD2-800＊600 W

知识点 11：光学配件的使用

1. 滤镜

滤镜如图 4-58 所示。

其作用如下。

（1）安装在镜头前，允许一个波段的光通过，同时阻止一定波长的光通过。

（2）克服环境光的干扰，过滤背景以及加强特征对比度。

图 4-58　滤镜

滤镜应用示例如图 4-59 所示。

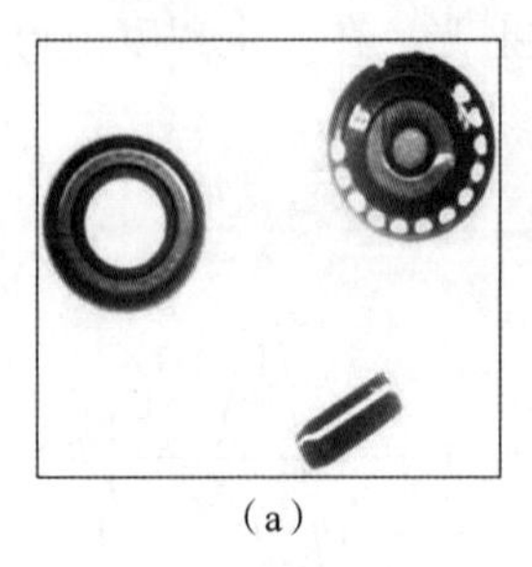
(a)

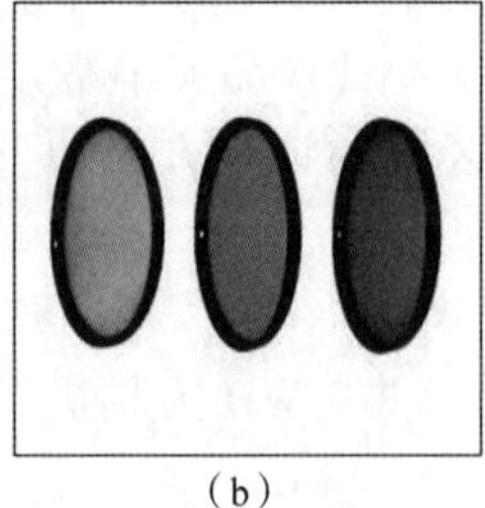
(b)

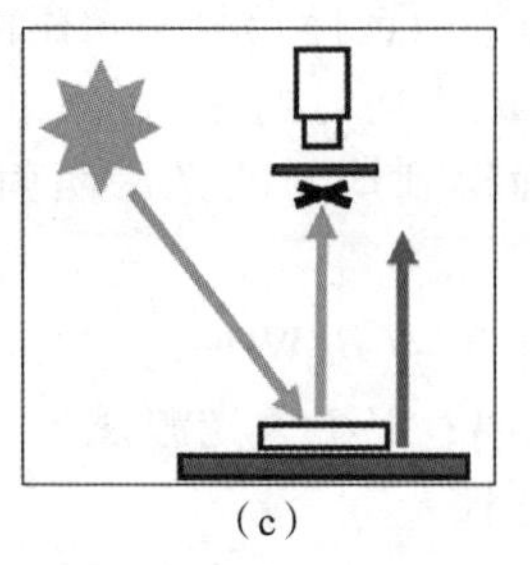
(c)

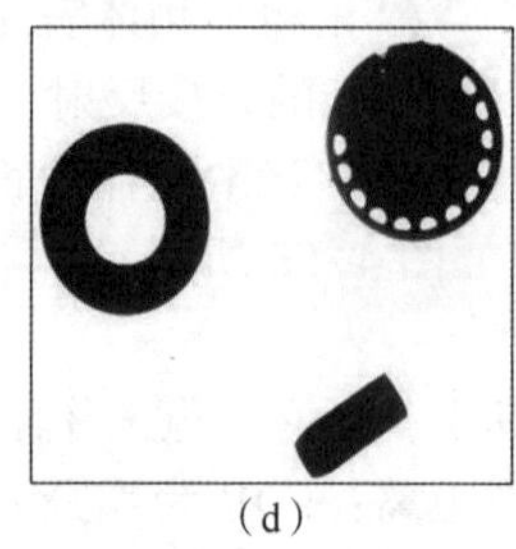
(d)

图 4-59 滤镜应用示例

(a) 红色背光测试产品尺寸，受外界光影响，产品表面被照亮，检测精度下降；(b) 追加红色滤镜，置于镜头前段；(c) 红色波段的光通过，其他波段的光不通过；(d) 滤除红光之外的光后的图像效果

2. 偏振片

偏振片如图 4-60 所示。

1) 作用

通过改变进入镜头的偏振光的方向，减少甚至消除部分反光。

2) 使用方法

偏振片与偏光镜配合使用，偏振片加载在光源前端，偏光镜加载在镜头前段，偏光镜可旋拧使用，通过慢慢旋拧偏光镜寻找角度，达到消除反光的目的。

偏光原理如下（如图 4-61 所示）。

(1) 遇到强反射面，偏振光反射到镜头前方的偏光镜上，旋转偏光镜，当偏光镜的偏振方向与偏振光的偏振面垂直时，偏振光不能通过，从而达到消除强反光的目的。

(2) 偏振光被物体漫反射后，变成非偏振光，再经过镜头前方的偏光镜，变成偏振光，到达相机的 CCD。

图 4-60 偏振片

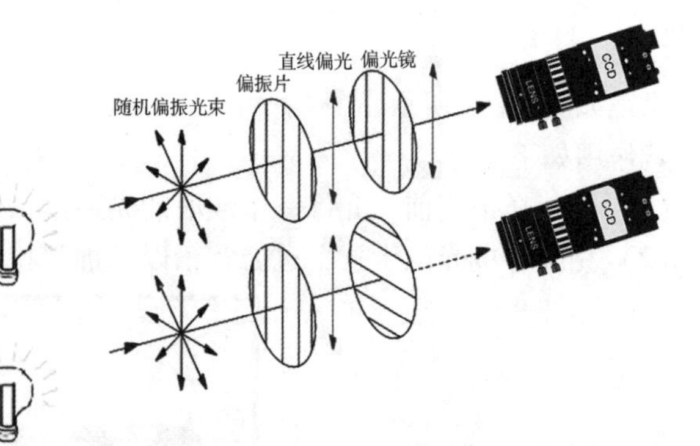

图 4-61 偏光原理

偏振片应用示例如图 4-62 所示。

电极片表面整体反光，无法提取轮廓

光源追加偏振片，镜头前追加偏光镜

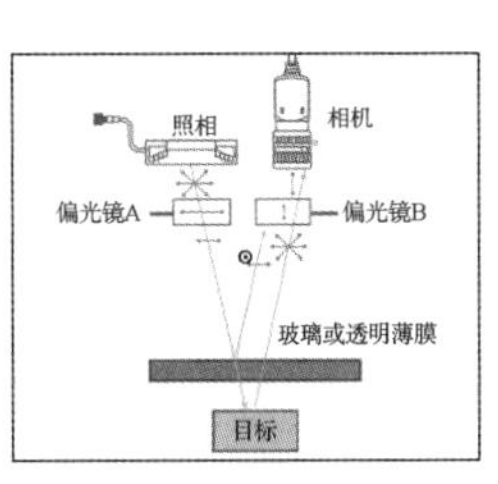

旋拧镜头前段的偏光镜

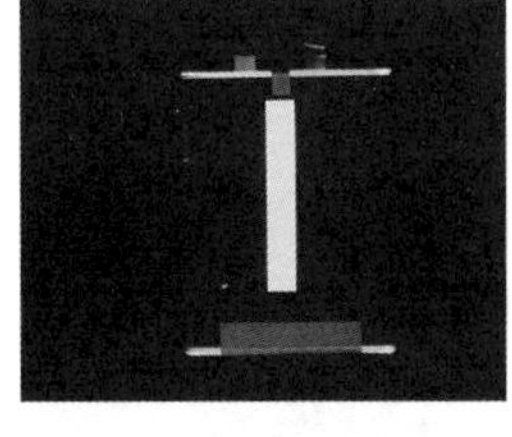

滤除某一方向偏振光后的效果

（a）

检测需求：芯片表面字符检测

产品原图

架设示意图

无偏振片效果

VS

有偏振片效果

说明：

- 使用开孔型背光源打光，产品表面容易反光，字符经过反光之后，与背景没有对比度
- 使用开孔型背光源加偏振片，将背景的反光偏掉，再增大软件里的伽马值，提高字符与背景的对比度

- 产品表面类似磨砂效果，光线打在产品上产生漫反射光；
- 若不加偏光镜、偏振片，则背景偏亮，干扰较大；
- 通过旋拧偏光镜，寻找偏振角度，可以看到背景慢慢变深，字符本身是白色的，背景发黑，对比度高，便于检测。

（b）

图 4-62　偏振片应用示例

（a）电极片表面贴胶轮廓检测；（b）芯片表面字符检测

3. 棱镜

棱镜如图 4-63 所示。

其作用如下。

（1）将光的方向旋转 90°。

（2）解决了狭小空间里相机以及光源放置的问题。

（3）多个棱镜可对检测物侧边进行图像的 90°转置，实现相机环绕产品的效果。

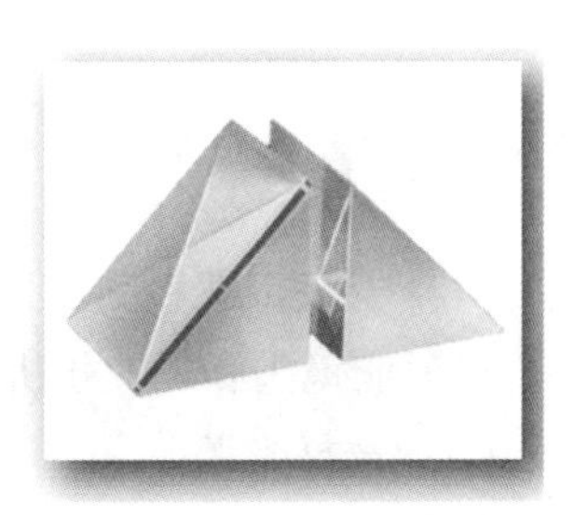

图 4-63　棱镜

棱镜应用示例如图 4-64 所示。

检测需求：检测芯片正面二维码及侧面4边的焊点完整性

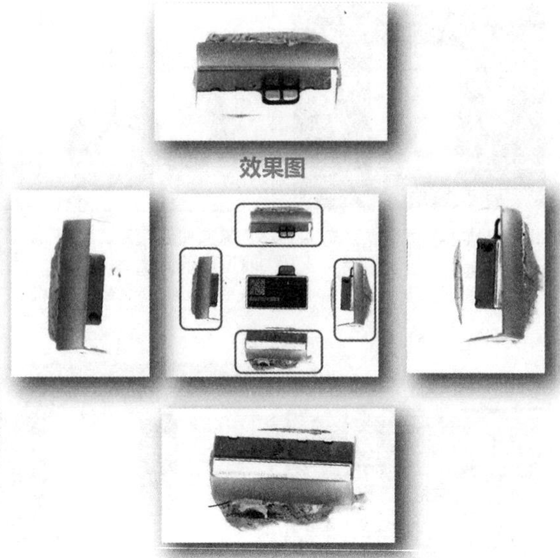

（a）

棱镜应用案例

检测需求：检测产品为二氧化碳钢瓶瓶口的字符

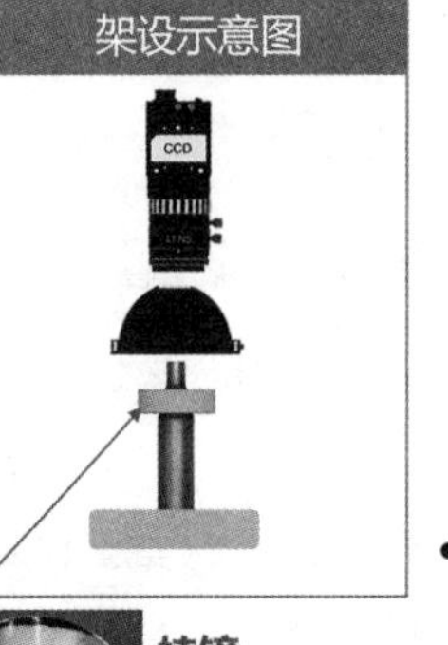

不加棱镜

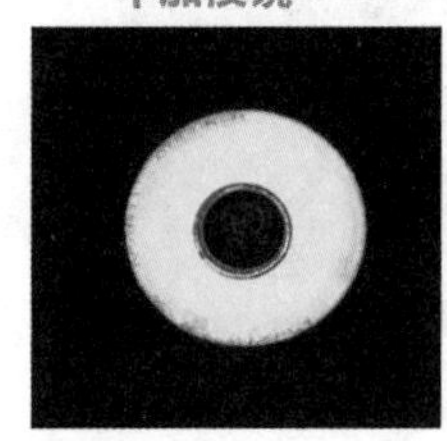

加环形棱镜

说明：

- 钢瓶是圆柱体，字符在瓶身一圈，相机在钢瓶正上方，使用环形棱镜，环在钢瓶上，配合碗灯源，字符旋转90°进入镜头，节省空间且效果明显。

（b）

图 4-64　棱镜应用示例

（a）检测二维码；（b）检测字符

【任务实施】

（1）安装工业镜头和工业相机。

将工业镜头和工业相机安装完成，并且通过 MVS 连接工业相机。

（2）选择光源。

观察图像，并选择光源。

(3) 调整软件参数。

选择好光源后，通过 MVS 调整工业相机参数，获取清晰的特征点，避免出现反光、亮度不均匀、过曝等情况。

总结：金属插片正、反面检测打光实操，主要锻炼学生寻找特征点以及将特征点明显化的能力。影响打光效果的除了光源类型，还有光源高度。

【任务考核】(黑色垫圈表面划痕打光。)

如图 4-65 所示，此垫圈为石墨尼龙垫圈，表面经常出现划痕、飞边，会大大影响美观和实用性，因此需要在检测环节将此种不合格品剔除，但是划痕和飞边不易观察，需要找到合适的打光方法，将工飞边和划痕显示出来，以便后续的检测。

图 4-65 黑色垫圈

实操步骤如下。

(1) 任务分析。

①任务内容：选择合适的光源，使黑色垫圈表面划痕和飞边明显化。

②任务初步分析：通过本项目对光源的介绍以及合格图像应具备的条件，选择合适的光源，并且考虑背景是否有要求。

(2) 任务实施。

①安装工业镜头和工业相机。

将工业镜头和工业相机安装完成，并通过 MVS 连接工业相机。

②选择光源。

观察图像，选择光源。

③调整软件参数。

选择好光源后，通过 MVS 调整工业相机参数，获取清晰的图像，避免出现亮度不均匀、划痕不清晰、过曝等情况。

(3) 任务评价。

通过黑色垫圈表面划痕打光实操，可以知道打光效果还会受到背景颜色的干扰，不仅要多尝试各种光源，还要尝试不同的颜色背景是否会对检测产生影响。

【同步测试】

(1) 检测金属零件顶部划痕时，若被测面为水平面，则按照所学光源知识应优先选择何种光源？

(2) 检测圆形铁片尺寸时，采用何种光源可以提高测量精度？

(3) 如果工业镜头不能垂直照射被测面，只能横置工业相机，有什么办法可以完成检测设备的架设？

答案：

(1) 优先选择同轴光源，也可以采用两个条形光源倾斜打光。

(2) 优先采用背光源，背光可以使轮廓更明显，从而提高测量精度。

(3) 可以在工业镜头前加装一个棱镜，使用反射的原理，完成被测面的取图。

项目5 机器视觉软件系统

项目介绍

VisionMaster软件是海康机器人股份有限公司自主研发，拥有完整知识产权的机器视觉算法平台软件，以“让机器视觉应用更轻松”为核心宗旨，帮助集成商和客户高效快捷地完成机器视觉方案搭建和稳定使用（如图5-1所示）。

图5-1 VisionMaster软件

知识目标

（1）了解VisionMaster软件。

（2）掌握VisionMaster软件的安装与使用。

技能目标

（1）能够了解VisionMaster软件的功能。

（2）学会使用VisionMaster软件。

素质目标

（1）通过企业成就激发学生的学习动机。

（2）培养学生敬业、负责、严谨、认真的职业精神。

案例引入 <<<

杭州海康威视数字技术有限公司成立于2001年11月，是国内最大的数字视音频产品供应商，是中国数码监控领域的佼佼者，代表着行业内的最高水准。

2001年，迎着国有经济体制改革浪潮，中国电子科技集团公司第五十二研究所（以下简称“五十二所”）的工程师陈宗年、胡扬忠毅然放弃了事业单位的“铁饭碗”，并拉来华中科技大学校友龚虹嘉，在五十二所的支持下，三人成立了杭州海康威视数字技术有限公司，他们带着五十二所的一个28人的小团队开启了海康威视的传奇之路。

杭州海康威视数字技术有限公司成立之初，适逢安防技术和产品由MPEG1到MPEG4升级换代。当时整个市场对MPEG4的呼声很高，因为MPEG4可以实现更高的压缩效率和性能，在监控图像质量不下降的情况下，MPEG4可以节省硬盘存储空间和网络传输带宽。他们抓住这个技术升级换代的契机，投入20多位工程师，花费了300多万元的资金，自主研发出完全拥有自主知识产权的视音频压缩板卡和嵌入式网络硬盘录像机（DVR+DVS）两大类产品。这些产品一经推出，立即赢得市场的肯定，并在行业内引起反响，市场份额迅速向杭州海康威视数字技术有限公司集中和倾斜，这使杭州海康威视数字技术有限公司迅速成为国内最大的视音频压缩板卡供应商，其市场占有率高达60%。海康人在占领市场的同时，把企业定位为“数码监控产品专业制造商”，并一路坚持，从点滴做起，在较短的时间内，使“海康威视”成为知名的安防品牌。杭州海康威视数字技术有限公司成长为一家优秀型企业。

任务5 VisionMaster软件介绍

【任务描述】

机器视觉软件好比是人类的大脑，机器视觉软件将被拍摄的目标转换成图像信号，然后通过图像运算处理，判断被测产品是否合格。机器视觉软件应具备多种功能，可以实现多种产品的检测需求，如检测产品大小、检测产品有无缺陷、测量产品尺寸、进行正反检测、计数。

应了解VisionMaster软件和市面上其他机器视觉软件的特点。使用机器视觉软件的第一步是建立连接，只有将工业相机连接到机器视觉软件，才能进行后续的运算处理。

【任务分析】

通过工业相机与VisionMaster软件的连接，完成实时取图，或者导入本地图片。

【相关知识】

知识点1：常见的4种机器视觉软件

OpenCV是一个开源计算机视觉与机器学习软件库，由一系列C函数和少量C++类构成。其特点是开发灵活、编程复杂、应用门槛较高。

VisionPro 是美国康耐视公司推出的一款图像处理软件。其特点是开发便捷、周期短、性能优秀、灵活性一般。

HALCON 是德国 MVtec 公司开发的一套完善的、标准的机器视觉算法包。其特点是开发灵活、性能优秀、开发便捷度一般。

VisionMaster 是我国海康机器人有限公司推出的一款通用型机器视觉算法开发平台，它可进行图形化的交互，具有拖拽式的流程编辑方式，简单易用。它包含 140 多个算法工具，广泛应用在定位引导、尺寸测量、读码、识别、检测等应用场景中。其特点是开发灵活、应用门槛低、工具丰富、性能优秀。

VisionMaster 软件界面如图 5-2 所示，上方为菜单栏和全局控制区域，左侧为工具栏，中间为流程编辑区域，右侧为图像和结果显示区域。界面整体布局分明，可视化和拖拽式操作为视觉方案编辑带来极大的便利。

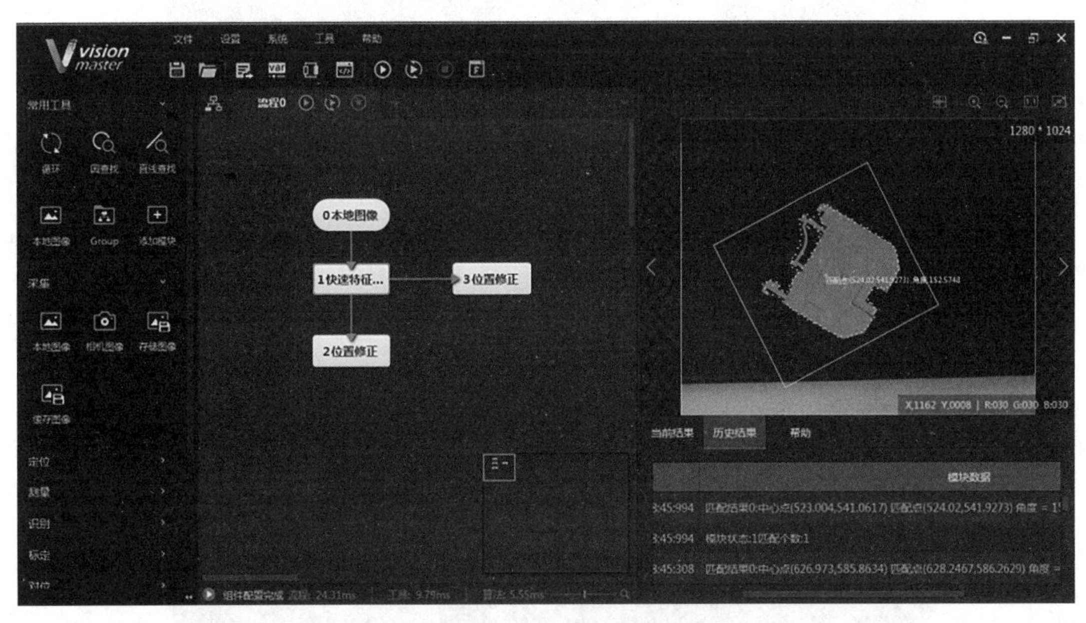

图 5-2　VisionMaster 软件界面

知识点 2：VisionMaster 软件的安装

VisionMaster 客户端支持 Windows XP/7/10（32/64 bit），Linux（32/64 bit）以及 MacOS（64 bit）操作系统。本书以 Windows 系统为例进行介绍，如图 5-3 所示。

具体操作步骤如下。

（1）在海康机器人官网（www. hikrobotics. com）页面选择“服务支持”→“下载中心”→“机器视觉”选项下载 VisionMaster 客户端安装包。

（2）双击安装包进入安装界面，单击“开始安装”按钮。

（3）选择安装路径、需要安装的驱动（默认已勾选“加密狗”和“标准版”复选框）和其他功能。

（4）单击“下一步”按钮开始安装。

（5）安装结束后，单击“完成”按钮即可。

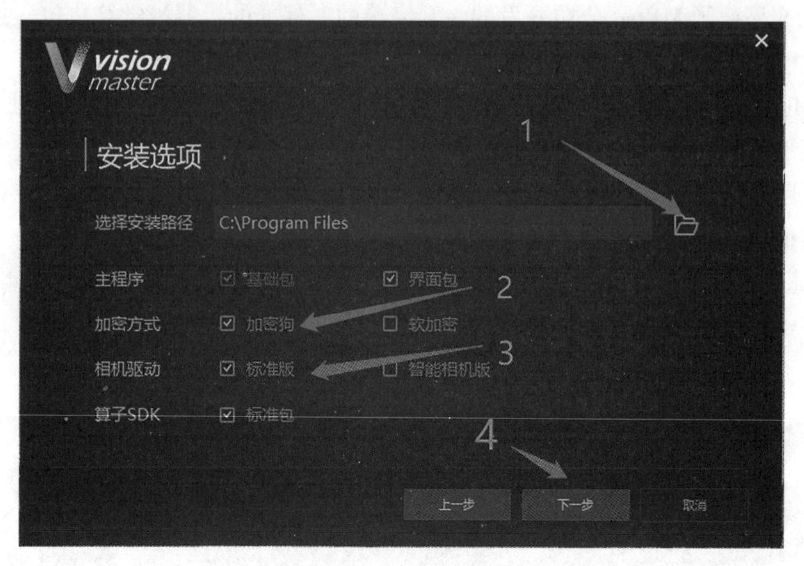

图 5-3　VisionMaster 软件的安装

知识点 3：VisionMaster 软件界面介绍

1. 启动引导页面

双击图标启动软件，弹出 VisionMaster 客户端启动引导界面，如图 5-4 所示。

图 5-4　VisionMaster 客户端启动引导界面

方案类型选择：包含“通用方案”“定位测量”“缺陷检测”“用于识别”4 个模块，其中“通用方案”包含后 3 个模块，用户可根据所需方案编辑类型进行选择。

最近打开方案：最近打开的方案记录，可快速打开最近打开的方案。

学习使用 VISIONMASTER：打开 VisionMaster 用户手册。

查看示例方案：可以查看 VisionMaster 内部示例方案。

获取更多支持和帮助：进入海康威视官网。

不再显示：若勾选该复选框，则打开软件后直接进入主界面。

2. 主界面

在启动引导界面方案类型选择区域选择任一模块即可进入 VisionMaster 主界面。VisionMaster主界面如图 5-5 所示。

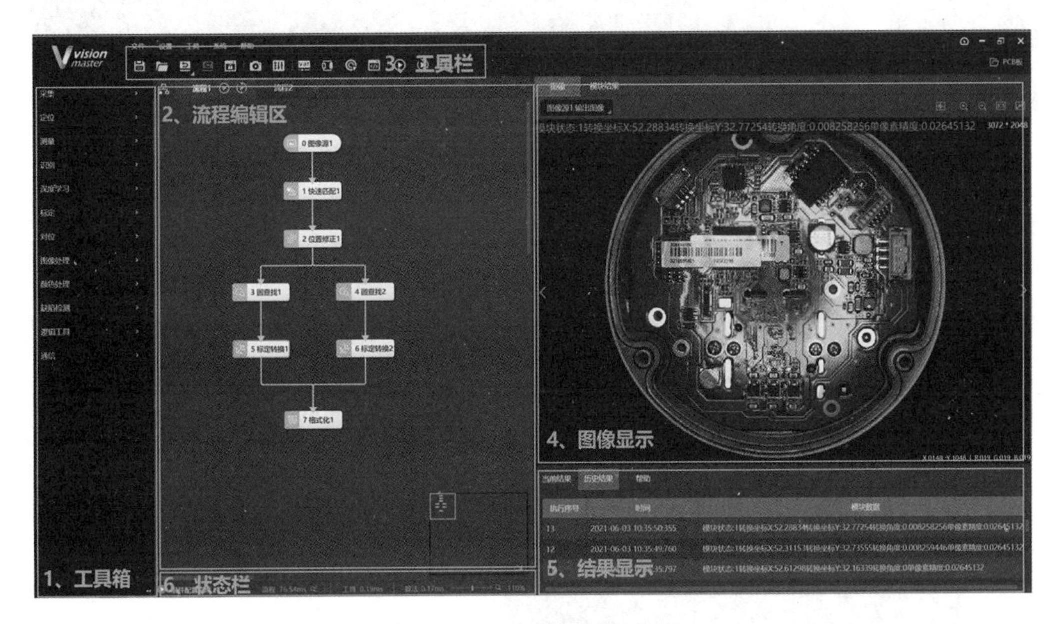

图 5-5　VisionMaster 主界面

区域 1：工具箱，包含图像采集、定位、测量、识别、标定、对位、图像处理、颜色处理、缺陷检测、逻辑工具、通信等单元。

区域 2：流程编辑区。

区域 3：工具栏，包含保存、撤销、运行等功能。

区域 4：图像显示模块。

区域 5：结果显示模块，可以查看当前结果、历史结果和帮助信息。

区域 6：状态栏，显示所选单个工具运行时间、总流程运行时间和算法耗时。

1）工具箱

工具箱如图 5-6 所示。

2）流程编辑区

流程编辑区如图 5-7 所示。

工具箱是视觉工具包的集合，包含：采集、定位、测量、识别、标定、对位、图像处理、颜色处理、缺陷检测、逻辑工具和通信等单元。视觉工具包是完成视觉方案搭建的基石。用户按照项目需求，选择相应的视觉工具包，进行方案的搭建和测试。

图 5-6　工具箱

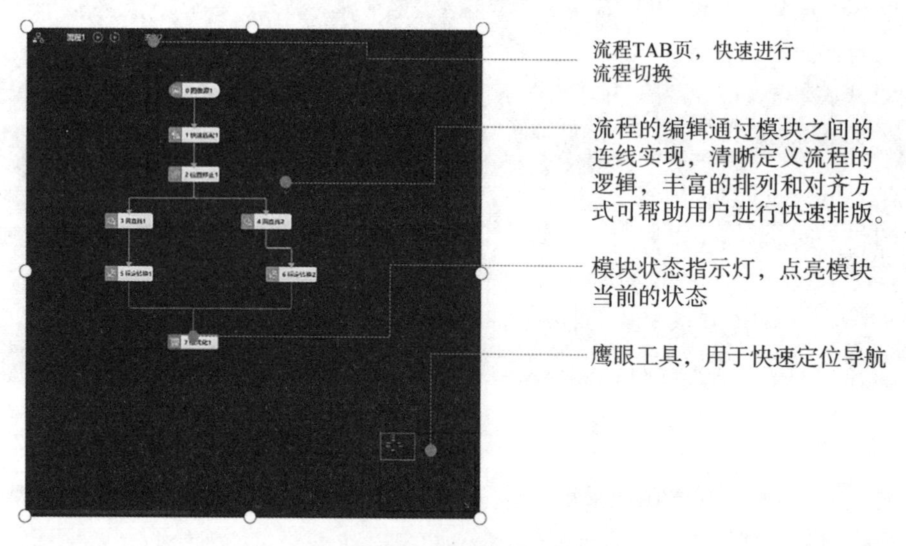

图 5-7　流程编辑区

3）工具栏

工具栏如图 5-8 所示。

图 5-8　工具栏

（1）保存方案：在操作区连接相应工程后使用该按钮可保存工程方案文件到本地。

（2）打开方案：加载存在于本地的工程方案文件。

（3）撤销：撤销当前操作，单击其右下角位置，可查看其历史记录。

(4) 重做：取消撤销操作。

(5) 相机管理：单击后可进行全局相机的创建，支持同时创建多个全局相机，并且支持修改全局相机的名称。

(6) 光源控制器管理：单击后可添加控制器设备。

(7) 全局变量：全局变量是可以被本方案中的所有流程调用或修改的变量，可自定义变量名称、类型和当前值。

(8) 通信管理：可以设置通信协议以及通信参数，支持 TCP、UDP、串口通信及主流的工业通信协议等。

(9) 全局触发：可以通过触发事件和触发字符串来执行相应的操作。

(10) 全局脚本：用于控制多流程的运行时序、动态配置模块参数、通信触发等。

(11) 单次运行：单击后单次执行流程。

(12) 连续运行：单击后连续执行流程，此时会改为停止运行按钮，再次单击后可中断或提前终止方案操作。

(13) 运行界面：可以根据需要自定义显示界面。

(14) 文件路径：会显示方案的名称，单击可打开方案所保存的位置路径。

4) 图像显示模块

图像显示模块如图 5-9 所示。

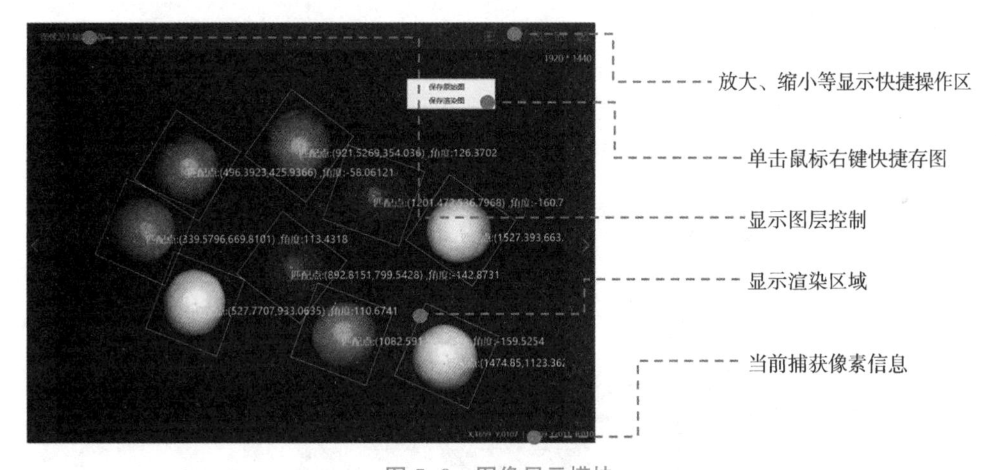

图 5-9　图像显示模块

5) 结果显示模块

结果显示模块如图 5-10 所示。

当前结果　历史结果　帮助

序号	匹配框中心X	匹配框中心Y	匹配点X	匹配点Y	角度	分数
0	1201.433	536.039	1201.472	536.797	-160.776	0.835
1	893.011	798.810	892.815	799.543	142.873	0.826
2	920.792	353.850	921.527	354.036	126.370	0.823
3	497.140	426.065	496.392	425.937	-58.061	0.822

图 5-10　结果显示模块

（1）当前结果：显示模块当前执行的输出结果。

（2）历史结果：显示模块历史执行的输出结果。

（3）帮助：模块的功能说明和操作说明。

6）状态栏

状态栏如图 5-11 所示。

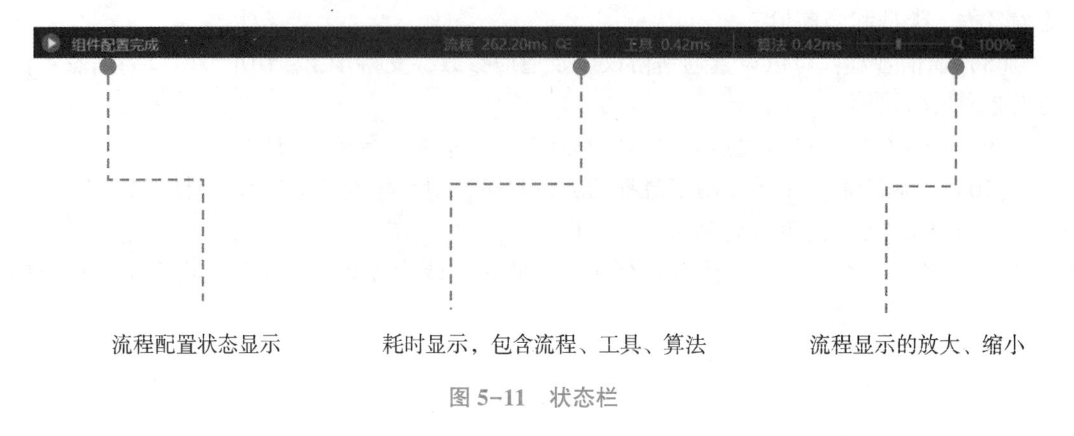

图 5-11　状态栏

知识点 4：图像源

拖动“图像源”模块到流程编辑区，方案处理图像来源既可以从本地图像加载，也可以从相机图像中获取。在“图像源”下拉列表中选择“SDK”选项时，图像源只能通过调用 SDK 接口设置图像数据，如图 5-12 所示。

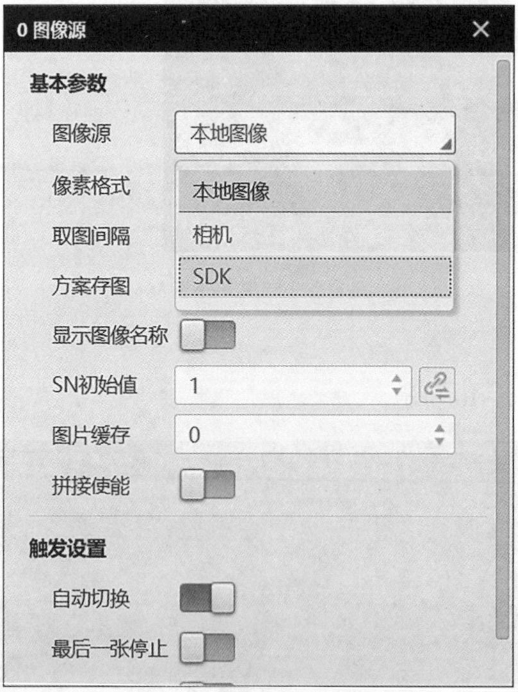

图 5-12　“图像源”对话框（1）

1. 本地图片加载

在“图像源”模块对话框“基本参数”区域的“图像源”下拉列表中选择“本地图像”选项，在“像素格式”下拉列表中可以选择“MONO8”和“RGB24”选项，如图 5-13 所示。当选择“MONO8”选项时，图像为黑白格式；当选择“RGB24”选项时，图像为彩色格式。

0 图像源
基本参数
图像源 本地图像
像素格式 RGB24
取图间隔 MONO8
方案存图 RGB24
显示图像名称
SN初始值 1
图片缓存 0
输出Mono8
拼接使能
触发设置
自动切换

图 5-13 “图像源”对话框（2）

图像源设置完成后可以单击其右侧的按钮（如图 5-14 所示）来添加或删除本地图片，单击按钮可添加本地图片，单击按钮可添加图片文件夹，单击按钮可删除本地图片。

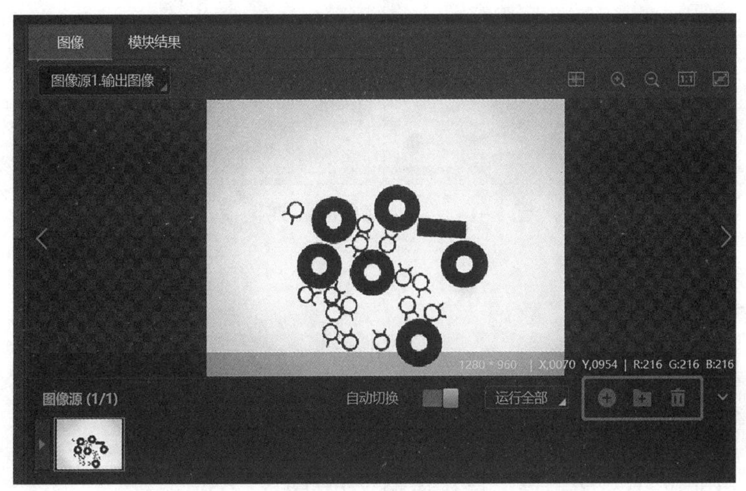

图 5-14 “图像”模块

2. 相机图像加载

在“图像源”对话框（如图 5-15 所示），在“图像源”下拉列表中选择“相机”选项，在“关联相机”下拉列表中选择“全局相机”选项。

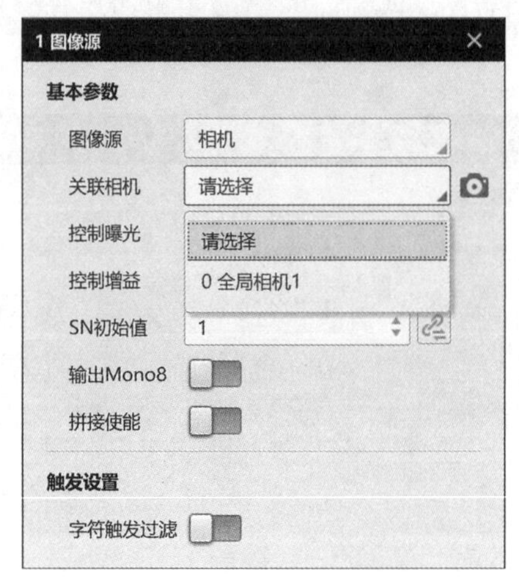

图 5-15 “图像源”对话框（3）

添加全局相机需要单击工具栏中的相机管理按钮，通过添加全局相机来完成工业相机和 VisionMaster 的连接，“触发源”可以选择“SOFTWARE”（软触发）或者“LINE0”（2 号线硬触发），如图 5-16 所示。

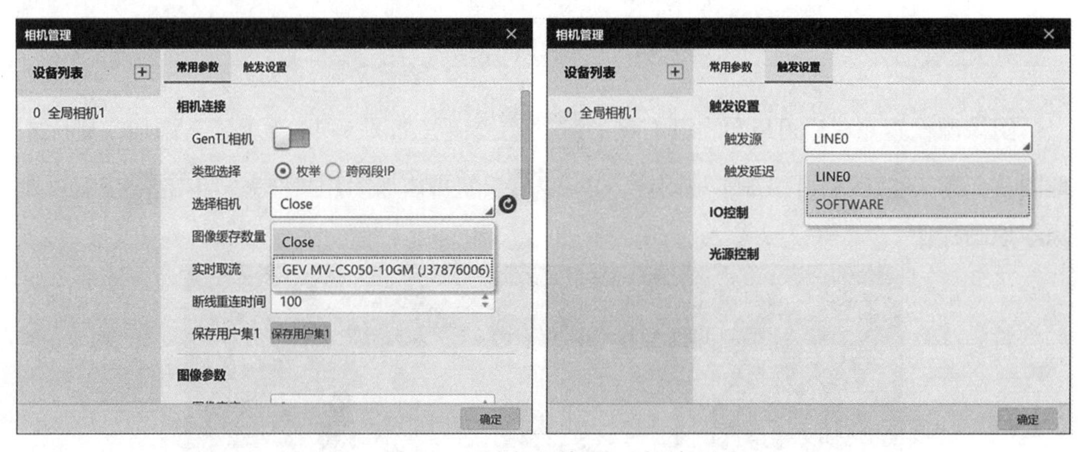

图 5-16 “相机管理”对话框

【任务实施】

1. 连接工业相机

完成工业相机接线，使工业相机可以正常工作。

2. 连接 MVS

完成工业相机和 MVS 的连接，调试成像，并且保存参数。

3. 连接 VisionMaster

断开 MVS 和工业相机的连接，打开 VisionMaster 创建全局相机，选择需要连接的工业相机。

4. 使用图像源模块调出图像

建立图像源模块，选择全局相机，执行一次，看是否会出现图像。

VM 连接相机

【任务考核】

（1）列举几个市面上常见的机器视觉软件。

（2）简述 VisionMaster 软件的特点。

【同步测试】

（1）VisionMaster 软件界面由哪几部分组成？简述对应的功能。

（2）VisionMaster 软件采用何种编辑方式？

模块二

应用篇

项目6 BLOB工具及应用

项目介绍

BLOB 工具也称作斑块（或斑点）工具，它是图像分析中非常有用的工具，其英文全称是 Binary Large Object，即二进制大对象。BLOB 工具先对图像进行二值化，得到非黑即白的图像，然后对所有黑色像素（白色像素也一样）进行聚集，形成一个斑块，再对这个斑块进行计算，算出它的几何参数，如面积、周长、外接矩形等，由此对图像进行分析，找出其中的几何特征、统计特征等。

BLOB 工具是机器视觉领域中的常用工具，广泛应用于缺陷检测及物体的定位、识别、测量。

知识目标

（1）了解 BLOB 工具的工作原理。

（2）掌握 BLOB 工具的使用方法。

技能目标

（1）能够使用 BLOB 工具对产品进行缺陷检测。

（2）能够使用 BLOB 工具对产品进行定位和识别。

素质目标

（1）培养学生的理解能力、观察能力、知识应用能力。

（2）培养学生投身机器视觉行业的自豪感、责任感和使命感。

案例引入 <<<

随着近年来产业结构的优化和现代化，工业自动化技术成为 21 世纪现代生产的重要技术之一。无论是快速量产企业还是寻求灵活性和适应性的企业，都必须依赖自动化技术。中国正处于工业建设的发展期，对工业生产设备的投资需求非常高。随着中国工经济结构和工业现代化发展，国内工业自动化产业迎来了前所未有的市场机遇。

目前，全球加工行业已启动“工业 4.0”。在这个过程中，中国也提出了“中国制造2025”。根据规划，工业自动化行业将在中国制造业未来发展中发挥关键作用，并保持快速发展。自动化设备制造业的发展水平影响着工业自动化的进程，也是衡量国家工业发展的重要标志之一。

在漫长的科学发展过程中，自动化所包含的技术理论从最早的机械控制不断扩展，形成了以控制理论为基础的学科，其中主要工具是电子技术、传感器技术、计算机技术和网络技术等。在西方控制自动化快速发展的时期，中国正在为国家生存而战。1961 年，钱学森、沈尚贤、钟世茂、陆元久、郎世钧等老一辈科学家正式成立了中国自动化协会，开启了中国自动化行业的起步与初步发展。与美国、德国和日本等工业发达国家相比，中国的自动化产业起步较晚，自动化设备的研发和生产水平相对较低，自改革开放以来，中国通过人口红利和政策迅速创造了一条相对完整的生产链，成为世界第二大经济体，极大地推动了自动化设备行业的快速发展。

BLOB 工具主要用于查找和分析图像中的各种形状，在自动化检测中起着重要的作用。

任务 6 BLOB 工具应用介绍

【任务描述】

金属垫圈是最简单、最常见的金属件，是垫在各种被连接件与螺母之间的零件。金属垫圈一般为扁平形的金属环，用来保护被连接件的表面不被螺母擦伤，分散螺母对被连接件的压力。传统的金属垫圈计数一般为人工计数，效率低，并且长时间的工作会使人产生视觉疲劳，容易出现视觉错误，最终导致漏计或者多计等问题。机器视觉计数很好地解决了这个问题。机器视觉不存在视觉疲劳，并且效率高，可以准确地对视野内的产品进行计数。

对图 6-1 所示单个视野内的完整银白色金属垫圈进行计数。

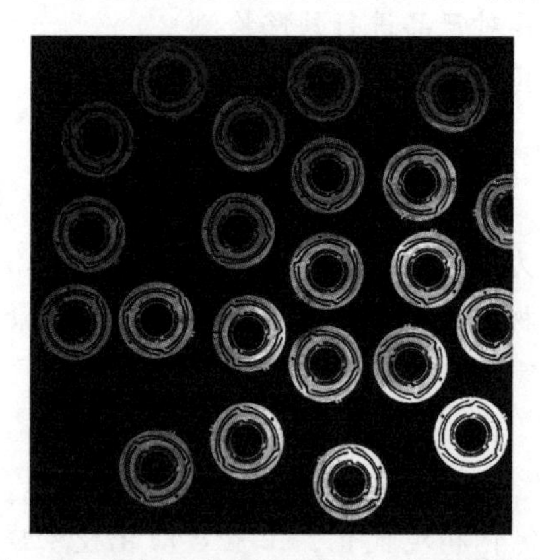

图 6-1　单个视野内的完整银白色金属垫圈

【任务分析】

(1) 检测需求初步分析：视野内不完整的金属垫圈不需要计数。通过 BLOB 工具，可以进行判断。

（2）检测内容可以通过两部分完成。

①通过 BLOB 功能模块大致找出全部金属垫圈。

②通过高级参数的设定进行不完整金属垫圈的剔除，只保留完整的金属垫圈。

【相关知识】

知识点 1：BLOB 分析模块

1. 灰度值

由于被拍摄物上各点的颜色及亮度不同，摄成的黑白照片上或电视接收机重现的黑白图像上各点呈现不同程度的灰色。把白色与黑色按对数关系分成若干级，称为“灰度等级”。其范围一般为 0~255，白色为 255，黑色为 0，故黑白图像也称灰度图像，它在医学、图像识别领域有广泛的用途（如图 6-2 所示）。

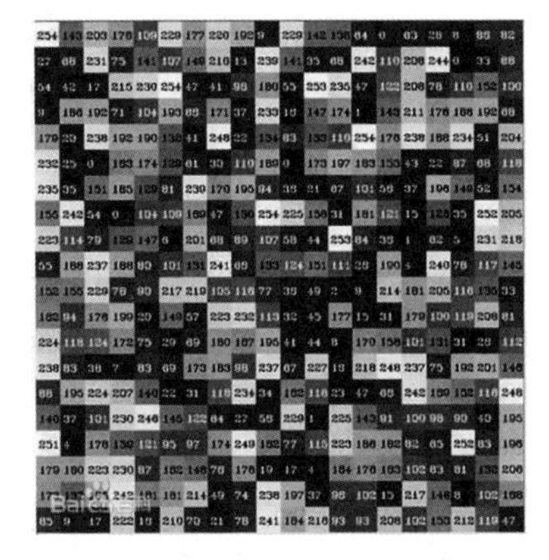

图 6-2　灰度图像

所谓灰度级，是指黑白显示器中显示像素点的亮暗差别，在彩色显示器中表现为颜色的不同，灰度级越高，图像越逼真。灰度级取决于每个像素对应的刷新存储单元的位数和显示器本身的性能。如每个像素的颜色用 16 位二进制数表示，就称之为 16 位图，它可以表达 2^{16} 即 65 536 种颜色。如每一个像素采用 24 位二进制数表示，就称之为 24 位图，它可以表达 2^{24} 即 16 777 216 种颜色。目前 VisionMaster 只能处理 8 位的灰度图片。

2. BLOB 分析

BLOB 分析，即在灰度级有限的图像区域中检测、定位或分析目标物体的过程。

BLOB 分析可以提供图像中目标物体的某些特征，如存在性、数量、位置、形状、方向以及拓扑关系等信息，如图 6-3 所示。

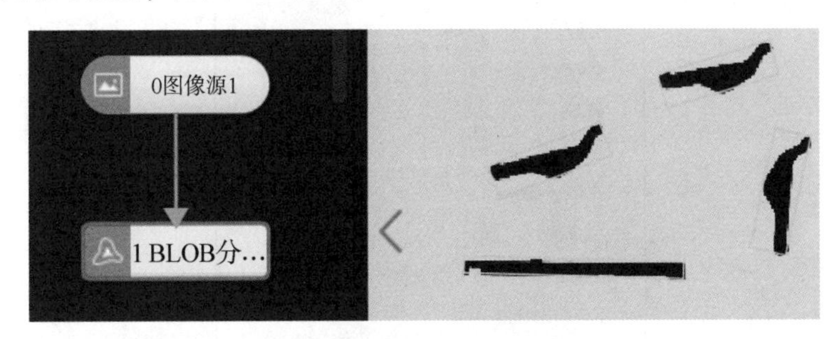

图 6-3　BLOB 分析工具

3. 基本参数

基本参数如图 6-4 所示。

（1）图像输入：选择本工具处理图像的输入源，可根据需求在下拉列表中进行选择。

ROI 区域：设置后，对应工具只会对 ROI 区域内的图像进行处理。ROI 区域有绘制和继承两种创建方式。

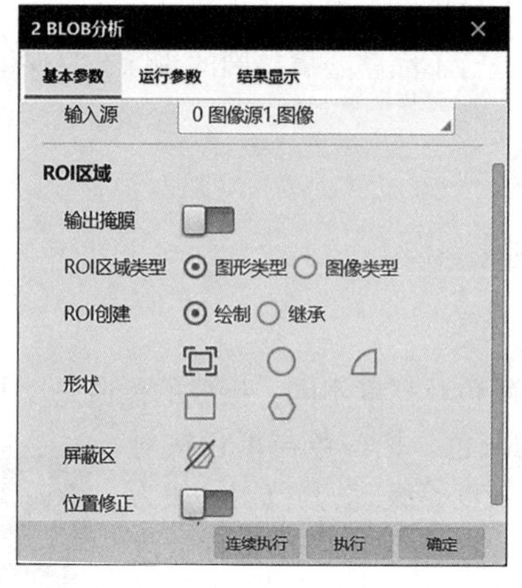

图 6-4　基本参数

绘制即绘制自己感兴趣的区域，从左到右依次是全选、框选圆形感兴趣区域、框选扇形感兴趣区域、框选矩形感兴趣区域、框选多边形感兴趣区域。

4. 运行参数

运行参数如图 6-5 所示。

（1）阈值方式：可选择不进行二值化、单阈值、双阈值、自动阈值、软阈值（固定）和软阈值（相对）等 6 种方式。

（2）低阈值：可配置阈值下限。

（3）高阈值：可配置阈值上限。

（4）软阈值柔和度：在软阈值低阈值和高阈值之间变化度的参数。

（5）软阈值低尾部：阈值的左尾部，可按百分比去掉。

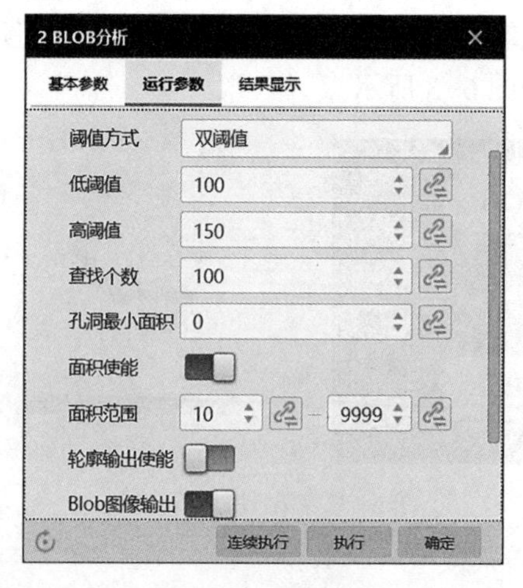

图 6-5　运行参数

（6）软阈值高尾部：阈值的右尾部，可按百分比去掉。

（7）低阈值比例：软阈值范围内低阈值比例。

（8）高阈值比例：软阈值范围内高阈值比例。

（9）极性：有暗于背景和亮于背景两种模式。

①暗于背景是特征图像像素值低于背景像素值。

②亮于背景是特征图像像素值高于背景像素值。

（10）阈值范围：设置阈值的下限和上限，边缘阈值介于阈值范围内的目标 BLOB 区域才可能被找到（如图 6-6 所示）。

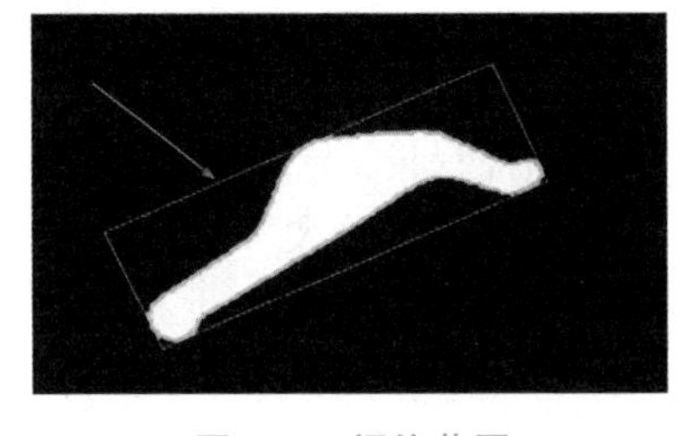

图 6-6　阈值范围

（11）查找个数：设置查找 BLOB 图形的个数。

（12）使能：该功能表示只有在参数设置范围内的特征图像才有可能被查找到。

（13）面积：目标图形的面积。

（14）轮廓长：特征图像的周长。

（15）长短轴：最小外接矩形的长和宽。

（16）圆形度、矩形度：与圆或者矩形的相似程度。

（17）质心偏移：质心偏移的像素点。

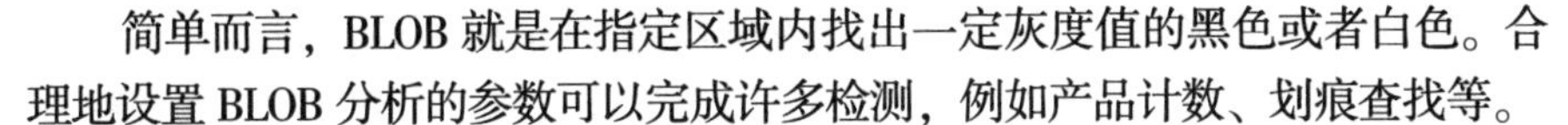

简单而言，BLOB 就是在指定区域内找出一定灰度值的黑色或者白色。合理地设置 BLOB 分析的参数可以完成许多检测，例如产品计数、划痕查找等。

BLOB 模块

知识点 2：格式化

通过格式化工具可以把数据整合并格式化成字符串输出，格式最大长度为 256 字节。在右侧处单击选择需要格式化的数据（如图 6-7 所示），可以选择多个需要的数据，在数据框中不同数据间设置合适的间隔符即可，在下方可以按照需要选择合适的输出结束符号。配置完成后可以使用格式校验按钮校验格式是否符合要求。

图 6-7　“格式化”对话框

格式化功能介绍

输入结束符为\r（回车）、\n（换行），\r\n（回车换行）。单击对应的输入结束符，然后在对应的位置单击，选择要输入的数据。

单击“保存”按钮可保存格式化配置。

【任务实施】

1. 图片导入

将案例图片导入 VisionMaster 软件的检测流程，以便后续进行计数检测。

计数实操

2. 检测流程

针对需求，调用对应的 BLOB 模块，设置参数并观察检测结果，通过不断地修改各个参数，完成金属垫圈的计数。

【任务考核】

瑕疵经常出现在各类物品上，其表现形式有多种，如金属件的划痕、手机膜的裂痕破损、塑料件的凹坑等，这些统称为产品的瑕疵。瑕疵不仅会影响产品的美观，还会影响产品的使用寿命。在制造业中，瑕疵是不被允许的。瑕疵一般采用人工检测，效率低，有些瑕疵肉眼不易观察，并且人工检测对瑕疵的大小没有固定的标准，很容易使不合格产品流入市场。机器视觉可以通过特定的打光方式将不易观察的瑕疵显示出来，并通过设定检测参数控制合格与不合格的分界值。检测图 6-8 所示产品表面划痕并且统计划痕面积及数量。

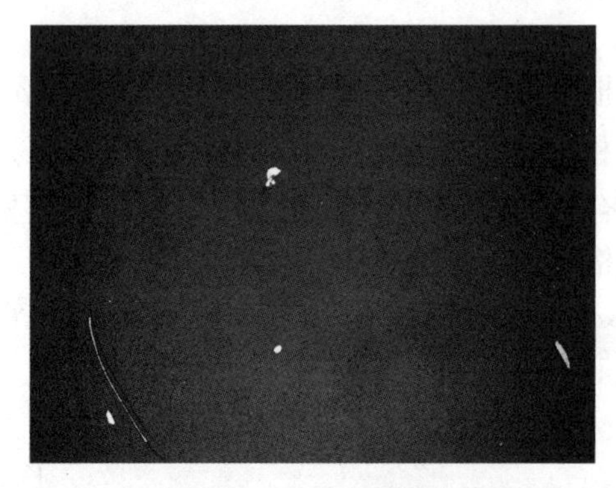

图 6-8　产品表面划痕

1. 分析

（1）检测内容：对产品表面的白色划痕进行面积测量并统计划痕个数。

（2）显示效果：使用格式化功能将划痕数量显示在视图上。

（3）检测需求初步分析：通过本项对 BLOB 工具的介绍，可以利用灰度值的不同区分划痕与背景，完成划痕的检测。

2. 实施

（1）图片导入：将案例图片导入 VisionMaster 软件的检测流程，以后续进行计数检测。

（2）划痕检测：为 BLOB 工具设置参数，将产品表面的划痕检测出来。

(3) 格式化：通过格式化功能将划痕数量显示在视图左上角。

瑕疵个数

3. 总结

合理运用 BLOB 工具，完成划痕检测实例，进一步了解面积参数的设置，以控制识别结果。

【同步测试】

(1) 列举一些 BLOB 工具可以实现的检测功能。对彩色图片是否可以使用 BLOB 工具？

答案：利用 BLOB 工具可以进行划痕检测，瑕疵的计数、定位、面积测量等。对彩色图片不能使用 BLOB 工具，需要将彩色图片转成黑白图片才可以使用 BLOB 工具。

(2) BLOB 工具的基本功能有哪些？其应用场景有哪些？列举一些典型案例。

答案：

BLOB 工具的功能：查找和分析图像中的各种形状。

BLOB 工具的应用场景如下。

①目标对象在尺寸、形状、方向上有很大差异。

②目标对象在背景中没有明显灰度阴影。

③目标对象没有重叠或者连接。

BLOB 工具的典型应用案例如下。

(1) 检测点胶的数量、尺寸、形状。

(2) 检测不良晶元上墨水点的位置和大小。

(3) 检测药片的破碎及大小。

(4) 根据目标对象的大小、形状和位置等对目标对象进行排序和分类。

项目 7 模板匹配工具及应用

项目介绍

模板匹配是指通过分析模板图像和目标图像的灰度、边缘、外形结构以及对应关系等特征的相似性和一致性，从目标图像中寻找与模板图像相同或相似区域的过程。匹配模板图像寻找目标物的方法可以大大减少计算量，提高工作效率。

例如，对于图 7-1，希望在图中的大图像“lena”内寻找左上角的“眼睛”图像。此时，大图像“lena”是目标图像，“眼睛”图像是模板图像。查找的方式是，将模板图像在目标图像内从左上角开始滑动，逐个像素遍历整个目标图像，以查找与其最匹配的部分。

图 7-1　模板匹配示例

知识目标

（1）掌握模板匹配工具的应用。

（2）掌握位置修正工具的应用。

技能目标

（1）能够进行产品定位、定位计数。

（2）能够对产品字符有无进行检测。

（3）能够对螺丝有无、密封圈有无进行检测。

素质目标

(1) 培养学生的理解能力、观察能力，提升归纳推理、探索思考和创新应用的素养。

(2) 激发学生学好专业知识，勇攀高峰，努力推进我国的智能制造发展。

案例引入 <<<

如今科技的发展日新月异，在许多生产线上都有机械手装置，通过机械手完成对产品的装配或者抓取。在机械手完成装配或者抓取的一系列动作当中，最重要的环节是确定产品的位置。

当视野内有多个相同产品，需要对视野内的完整产品进行计数的时候，可以修改最大匹配个数及分数，完成对完整产品数量的统计。通常在产品装配完成后，会在检测环节对产品装配程度进行检测，如产品上螺丝有无的检测。这些都可以通过模板匹配工具快速完成。

任务7 模板匹配工具应用介绍

【任务描述】

图 7-2 所示为金属卡簧。在安装金属卡簧时需要较高精度的位置定位以及角度定位。传统的安装方式是人工安装，其优点为可以保证装配位置准确，其缺点为效率低、位置可以保证但角度不能很精准地保证。同时，人工安装有时缺乏产品角度测量的专用工具，角度定位精度低。随着工业自动化的发展，产品的安装逐渐采用机械手，通过产品的坐标以及角度完成安装。机器视觉定位可以采用创建标准角度的产品模板，对产品进行定位，同时输出定位中心坐标及角度给机械手，完成自动化安装。

计算图 7-2 所示金属卡簧的位置坐标及旋转角度。

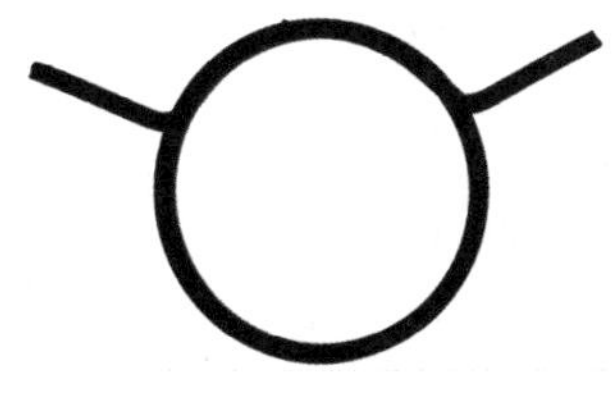

图 7-2 金属卡簧

【任务分析】

(1) 检测内容：精准地将金属卡簧定位坐标检测出来，并判断其旋转角度。

(2) 显示效果：在视图上分别显示坐标 X、Y 及旋转角度。

(3) 检测分析：通过本项目对模板匹配工具的参数设置及使用方法的介绍，对金属卡簧创建标准模板，检测视野中金属卡簧的位置坐标及旋转角度。

【相关知识】

知识点 1：模板匹配简介

模板匹配分为高精度匹配和快速匹配。模板匹配工具使用图像的边缘特征作为模板，按照预设的参数确定搜索空间，在图像中搜索与模板相似的目标，可用于定位、计数和判断有无等。双击“特征匹配”模块可进行参数设置，其中有基本参数、特征模板、运行参数和结果显示等几个参数设置模块。基本参数和结果显示见应用举例部分，此处仅对特征模板和运行参数进行说明。

高精度匹配比快速匹配耗时更长，但是设置的特征更精细，匹配精度更高，如图 7-3 所示。

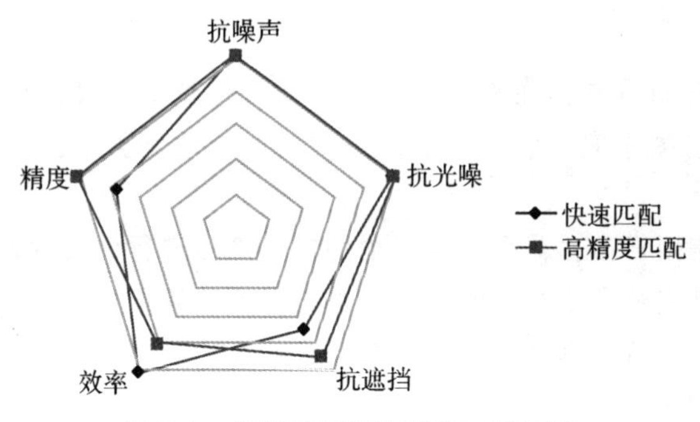

图 7-3　高精度匹配和快速匹配对比

知识点 2：模板匹配算法原理

根据已知模板在图像中寻找相应模板的处理方法叫作模板匹配。简而言之，模板就是一幅已知的小图像，模板匹配算法就是在一幅大图像中搜寻与已知小图像匹配的目标，如图 7-4 所示。

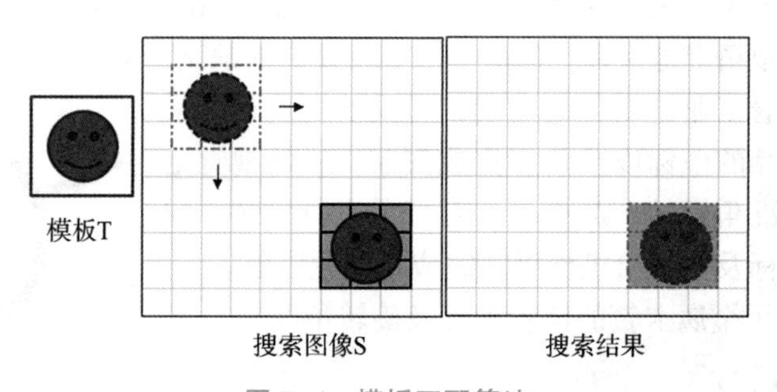

图 7-4　模板匹配算法

知识点 3：快速匹配的使用方法

通过模板图像的几何特征学习模型，对目标图像进行查找，高精度匹配和快速匹配的使用方法一样，如图 7-5 所示。

双击“快速匹配”模块可进行参数设置，其中基本参数和结果显示与 BLOB 模块设置相同，故下面仅对特征模板和运行参数进行说明。

1. 特征模板

快速匹配可以对图像特征进行提取，初次使用时需要编写模板，选中需要的模板区域，设置好参数后单击训练模型即可，如图 7-6 所示。

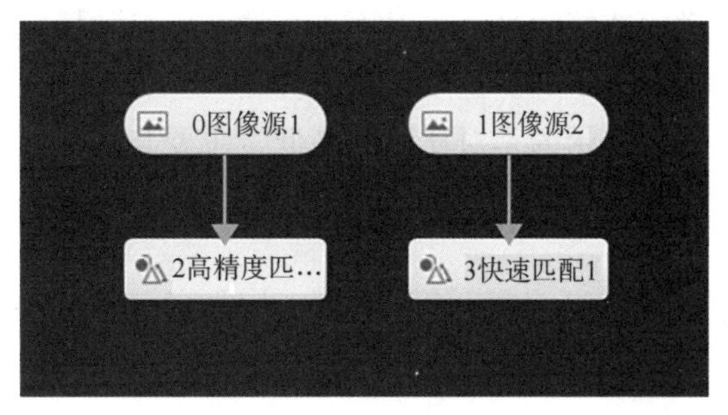

图 7-5　快速匹配

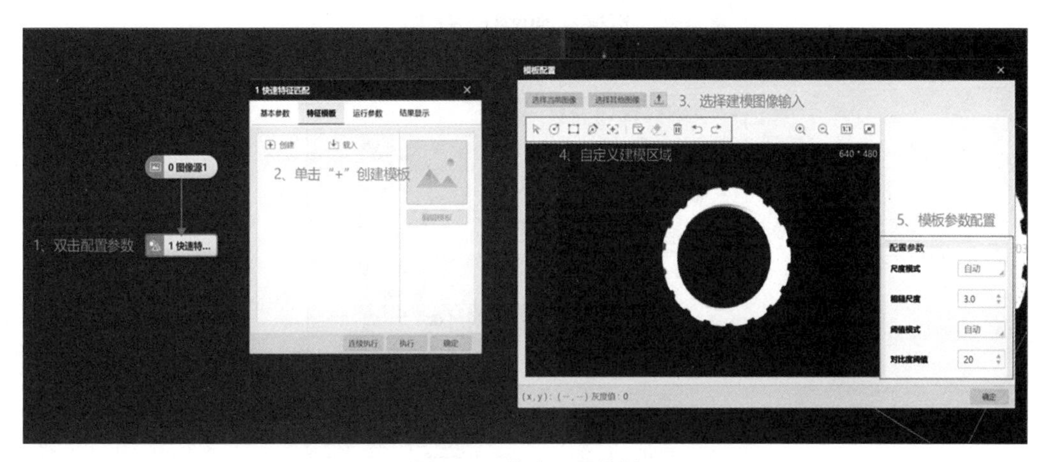

图 7-6　快速匹配模板

"模板配置"对话框的区域 4 中的快捷键从左到右依次表示移动图像、框选圆形建模区域、框选矩形建模区域、自定义最多 32 个顶点的多边形建模区域、选择模型匹配中心、生成模型、擦除轮廓点、清空所有建模区域、撤销、返回。

（1）匹配点：用于创建位置基准，可以先单击"选择模板匹配中心"按钮，再在图中自选匹配中心点。

（2）尺度模式：自动模式能满足需求时不进行调节，自动模式不能满足需求时切换至手动模式。

（3）粗糙尺度：为粗糙特征尺度参数，该值越大，表示特征尺度越大，相应的抽取边缘点越稀疏，但会加快特征匹配速度。

（4）精细尺度：为提取特征颗粒的精细程度，只能取整数而且不大于粗糙尺度，当取值为 1 时最精细，一般调节后会使轮廓点数量发生比较大的变化，如图 7-7 所示。

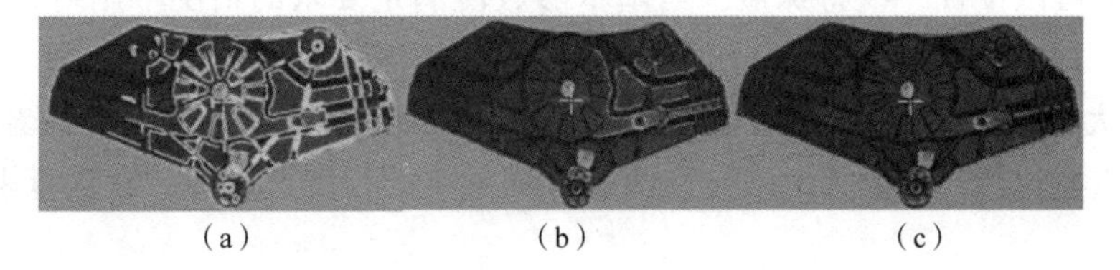

（a）　　（b）　　（c）

图 7-7　精细尺度

（a）精细尺度 = 1；（b）精细尺度 = 4；（c）精细尺度 = 8

（5）阈值模式：自动模式能满足需求时不进行调节，自动模式不能满足需求时切换至手动模式。

（6）对比度阈值：该值表示的是对比度的高低，主要与特征点和周围背景的灰度值差有关，该值越大被淘汰的特征点越多。

2. 运行参数

通过运行参数可以设置特征匹配的搜索空间，只有在给定搜索空间内的目标才会被搜索到，如图 7-8 所示。

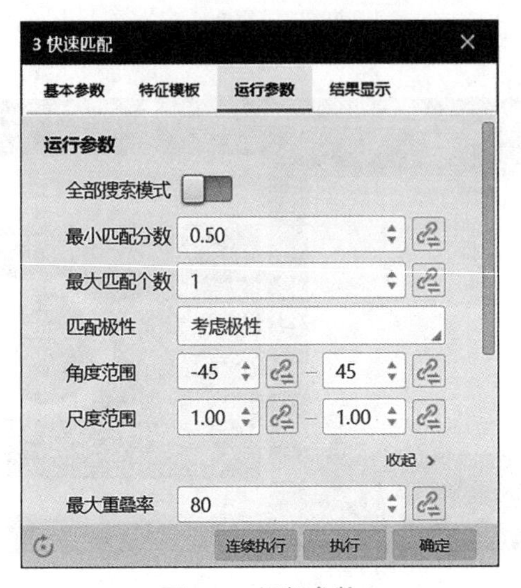

图 7-8　运行参数

（1）最小匹配分数：匹配分数值代表特征模板与搜索图像中目标的相似程度，即相似度阈值，搜索到的目标在相似度达到该阈值时才会被搜索到，最大值是 1，表示完全契合。

（2）最大匹配个数：允许查找的最大目标个数。

（3）匹配极性：表示特征图形到背景的颜色过渡情况，当查找目标的边缘极性和特征模板的极性不一致时，仍要保证目标被查找到，则匹配极性需设置成“不考虑极性”，如不需要则可设置成“考虑极性”，这能够缩短查找时间。

（4）角度范围：表示待匹配目标相对于已创建模板的角度变化范围，若要搜索有旋转变化的目标则需要对应设置，默认范围为-180°~180°。

（5）尺度范围：表示待匹配目标相对于已创建模板的一致性尺度变化范围，若要搜索有一致性尺度变化的目标则需要对应设置，默认范围为 1.0~1.0。

高级参数可以设置一些特殊值，当基本参数能满足要求的情况下则可以不设置高级参数。

（6）最大重叠率：当搜索多个目标，而两个被检测目标彼此重合时，两者匹配框所被允许的最大重叠比例，该值越大则允许两个目标重叠的程度就越大，默认范围为 0~100，如图 7-9 所示。

（7）排序类型：匹配完成以后会在当前结果中显示匹配到的图像信息，当匹配到的特征图形不止一个时则按照排序类型中的设置进行排序。

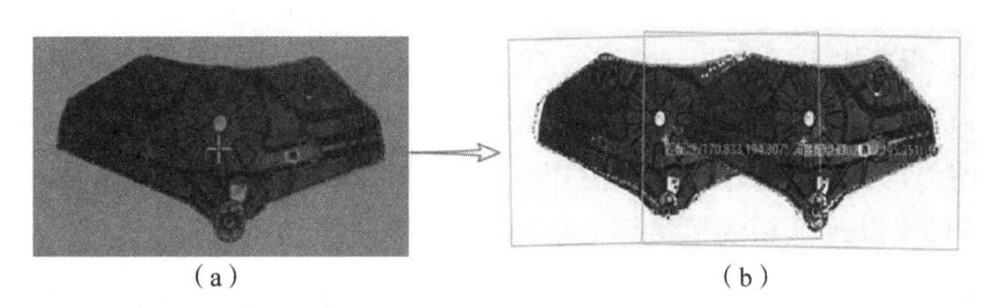

（a） （b）

图 7-9 最大重叠率

（a）匹配模板；（b）匹配结果

①按分数降序排序：按照特征匹配的得分降序排序。

②按角度降序排序：按照当前结果中相对角度偏移降序排序。

③按 X 由小到大排序：当前结果中有匹配框中心 X 坐标，按照 X 坐标，由小到大四舍五入取整排序，当 X 坐标相同时再按照 Y 从大到小排序，Y 轴与 X 轴操作方式相同，不再赘述。

此处以按角度降序排序进行说明，以图像 1 建立特征模板，将匹配点作为原点，当目标图像发生变化时，匹配点也会跟着发生变化，角度就是匹配到的目标图像相比于特征图像的旋转角度。需要强调的是，顺时针旋转后角度为正，逆时针旋转后角度为负。如图 7-10 所示，序号为 3 的目标图像相比于特征图像的角度变化为 110. 192°。

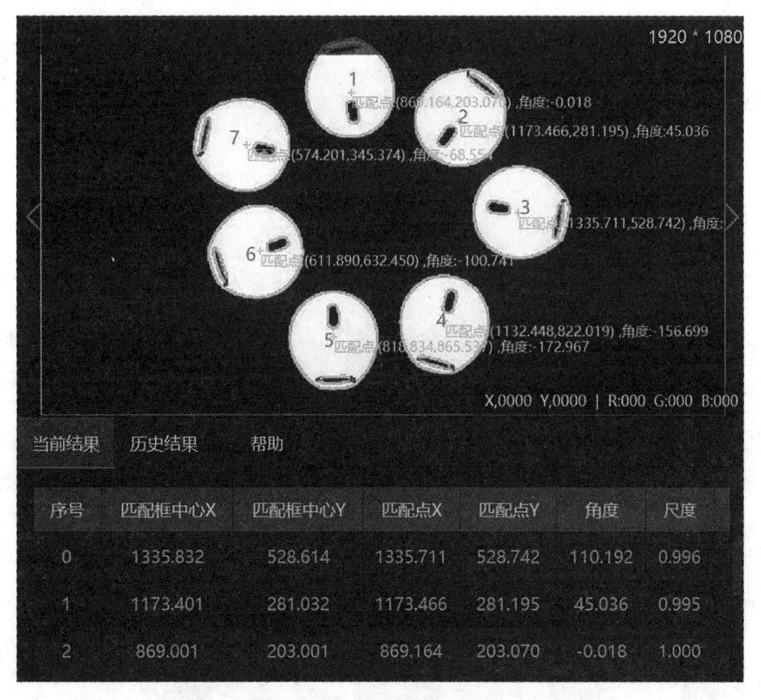

序号	匹配框中心X	匹配框中心Y	匹配点X	匹配点Y	角度	尺度
0	1335.832	528.614	1335.711	528.742	110.192	0.996
1	1173.401	281.032	1173.466	281.195	45.036	0.995
2	869.001	203.001	869.164	203.070	-0.018	1.000

图 7-10 建立特征模板

（8）阈值类型：表示匹配阶段对比度阈值模式，有以下 4 种。

①自动阈值：根据目标图像自动决定阈值参数，自动适应。

②模板阈值：以模板的对比度阈值作为匹配阶段的对比度阈值。

③手动阈值：以用户设定的阈值作为查找的阈值参数。

④延拓阈值：特征在图像边缘显示不全时，特征缺失的部分相对于完整的特征的比例。当被查找的目标出现在图像的边缘且显示不全时，延拓阈值可以保证图像被找到，如图 7-11 所示，只要设置延拓阈值大于 20 就可以保证最上边的目标图像被查找到。

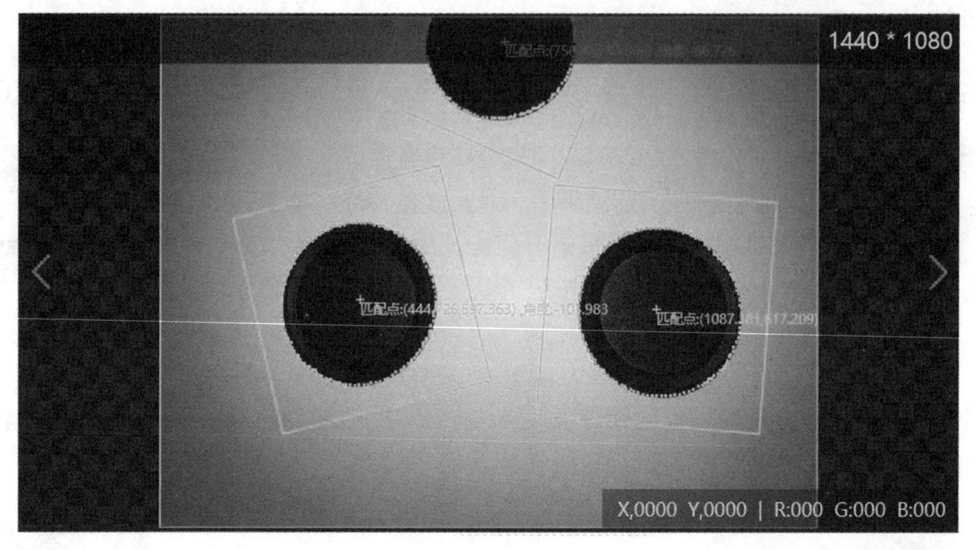

图 7-11 延拓阈值

(9) 轮廓使能：选择该选项后显示模板轮廓特征点，若不选择该选项则不显示特征点，只显示匹配框，它可以减少工具耗时。

模板匹配

知识点 4：位置修正

位置修正是一个辅助定位、修正目标运动偏移、辅助精准定位的工具。可以根据模板匹配结果中的匹配点和匹配框角度建立位置偏移的基准，然后根据特征匹配结果中的运行点和基准点的相对位置偏移实现 ROI 检测框的坐标旋转偏移，也就是让 ROI 区域能够跟上图像角度和像素的变化，如图 7-12 所示。

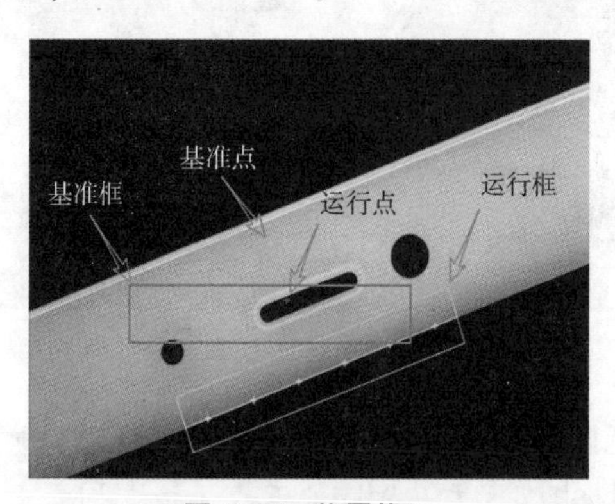

图 7-12 位置修正

基准点、基准框是创建基准时的特征匹配的匹配点、匹配框。运行点、运行框是目标图像进行特征匹配时的匹配点、匹配框。根据基准点与运行点可以确定图像的像素偏移，根据基准框与匹配框可以确定角度偏移，能让 ROI 区域跟上图像角度和像素的变化。

位置修正使用示意如图 7-13 所示。使用快速匹配定位到产品的位置及角度，匹配到相应的轮廓会产生一个中心点（快速匹配的匹配点）。在“位置修正”对话框中设置原点为快速匹配的匹配点，将角度设置为快速匹配的角度，单击“创建基准”按钮，当使用其他功能模块的时候，开启位置修正，就可以将 ROI 检测框与基准点进行绑定，无论产品位置怎么变化，ROI 检测框相对于产品的位置都是不变的。

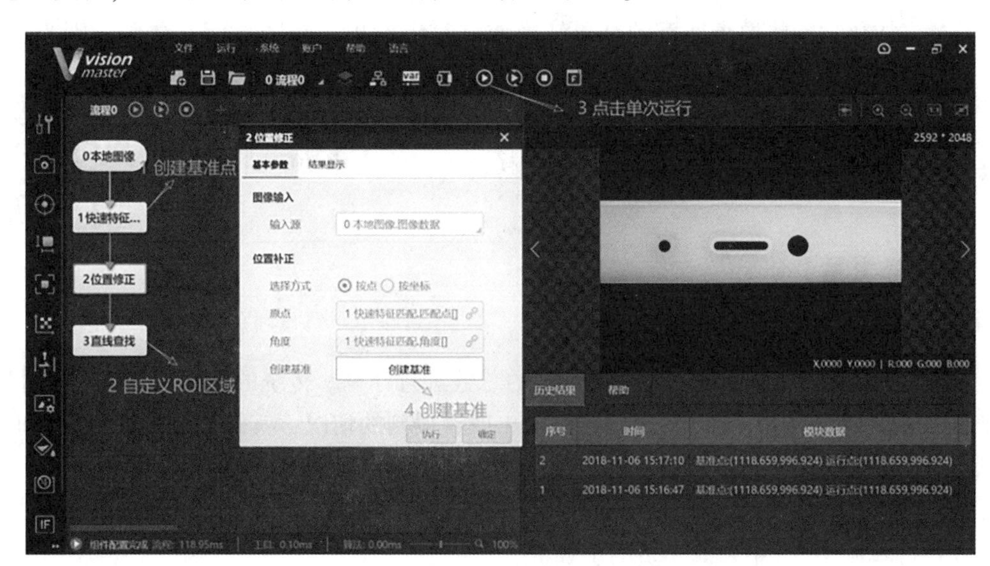

图 7-13　位置修正使用示意

位置修正有两种方式，分别是按点修正与按坐标修正。对于按点修正，点的位置已经确定；对于按坐标修正，用 X，Y 坐标来确定点的位置。需要注意的是，不论是点还是坐标，其位置信息都是从上一个模块传输过来的，它的作用是确定像素和角度的偏移。

位置修正的作用如图 7-14 所示。

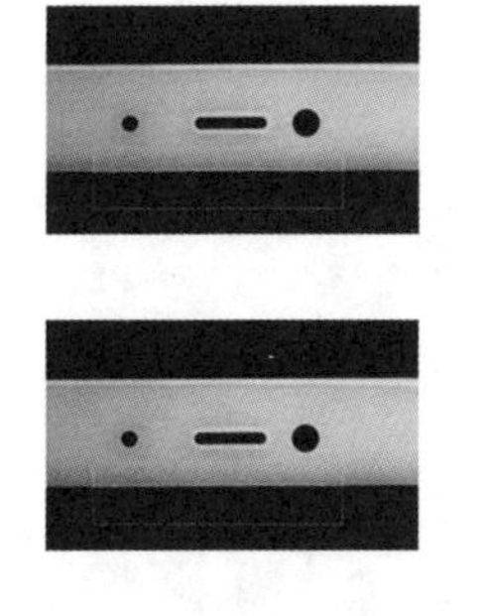
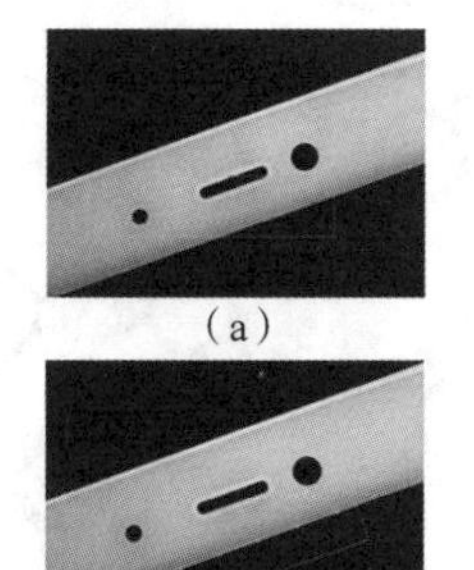
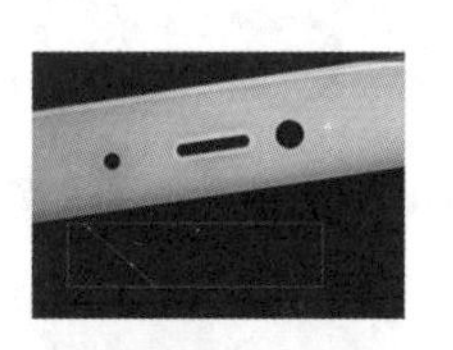

（a）

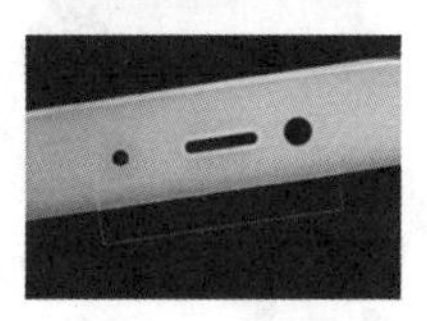

（b）

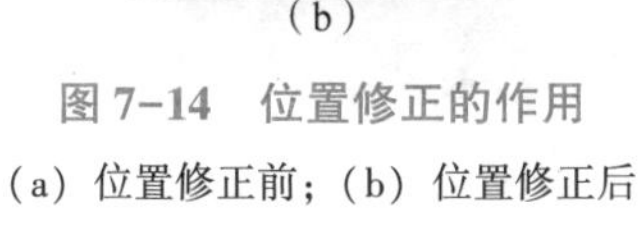

图 7-14　位置修正的作用

（a）位置修正前；（b）位置修正后

位置修正功能介绍

【任务实施】

1. 图片导入

将案例图片导入 VisionMaster 软件的检测流程。

2. 模板匹配

创建标准角度模板，设置匹配参数，调整最小匹配分数、最大匹配个数、角度范围等参数，完成对产品的定位。

3. 格式化

通过格式化功能将模板匹配的结果转换成字符串输出至视图界面，结果分别为 X 坐标、Y 坐标、角度。

总结：合理运用快速匹配和高精度匹配，完成产品定位的实操任务，同时运用格式化功能完成数值到字符串的转换，了解格式化功能的使用场景及作用。

产品定位实操

【任务考核】

(定位计数。)

金属卡簧如图 7-15 所示。对金属卡簧的总数进行计算。传统的计数方式是人工计数，其优点为可以保证产品重叠时不出现无法检出或者误判的情况，其缺点是效率低、长时间工作会视觉疲劳从而导致数量统计出现错误。机器视觉通过产品的特征进行匹配计数，可以精准地将视野内产品的数量计算出来，不会出现视觉疲劳，提高了效率和准确率。

（1）计算图 7-15 中金属卡簧的总数量。

（2）根据金属卡簧的朝向，按照 4 象限对其分类，单独统计计数。

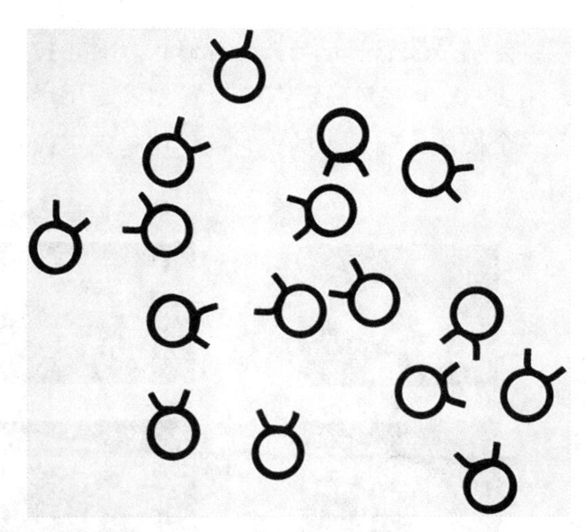

图 7-15　金属卡簧

实操步骤如下。

1. 任务分析

（1）检测内容：统计金属卡簧的个数。

(2) 显示效果：在视图中显示金属卡簧的个数。

(3) 检测需求初步分析：通过本项目对模板匹配工具的参数设置及使用方法介绍，对金属卡簧创建标准模板，完成视野内金属卡簧的数量统计。

2. 任务实施

1) 图片导入

将案例图片导入 VisionMaster 软件的检测流程，以便后续进行计数。

2) 模块匹配

通过快速匹配，创建模板并设置参数，检测出金属卡簧的总数。

3) 格式化

通过格式化功能对快速匹配的结果进行格式化输出，显示在视图左上角。

3. 任务评价

完成对视野内金属卡簧的计数，了解快速匹配各个参数的作用，更灵活地使用快速匹配的功能模块。

定位计数实操

【同步测试】

1. 字符有无检测

开关是可以控制电路通断、使电流中断或使其流到其他电路的电子元件，在日常生活中经常可以看到它的身影。开关上都会标示“ON”和“OFF”，以便控制电路。开关字符漏印可能会导致检修工作变得复杂。以人工方式进行字符有无检测，效率低，人力消耗大。

对旋钮开关字符有无进行检测，如图 7-16 所示。

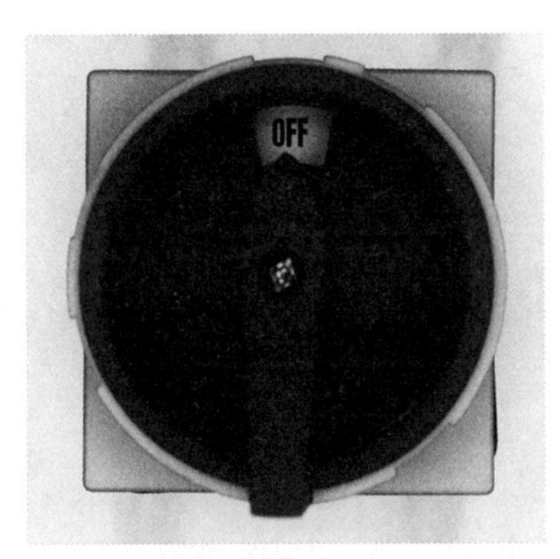

图 7-16 旋钮开关字符示意

字符有无案例实操

答案：

(1) 任务分析。

①检测内容：对旋钮开关字符有无进行检测

②检测需求初步分析：通过位置修正模块，对产品进行检测区域的修正，以此保证检测区域始终位于产品的字符区域。

(2) 任务实施。

①图片导入。将案例图片导入 VisionMaster 软件的检测流程，以便后续进行旋钮开关

字符有无检测。

②产品定位。通过快速匹配和位置修正模块对产品进行基准点的创建。

③字符有无检测。可用快速匹配创建两个模板（“ON”字符和“OFF”字符模板），然后在字符区域进行模板查找；或采用 BLOB 工具对字符区域进行灰度检测，通过找黑色原理判断有无字符。

2. 螺丝有无检测

螺丝是比较常见的器件，在工业中具有很重要的作用。螺丝有无检测一般为人工检测，效率低，并且不易观察螺丝是否装配到位，很容易出现螺丝未旋紧的情况，导致产品在使用时螺丝掉落。利用机器视觉技术检测螺丝有无，效率高，可实现自动化检测，并且可以通过螺丝大小来判断螺丝旋紧：螺丝距离工业相机越近，螺丝越大，就代表螺丝未旋紧。

检测产品的 5 个孔内有无螺丝，如图 7-17 所示。

图 7-17　螺丝示意

螺丝有无案例实操

答案：

(1) 任务分析。

①检测内容：产品螺丝有无检测。

②检测分析：通过位置修正，对产品进行检测区域的修正，通过 BLOB 工具或模板匹配工具对螺丝有无进行检测。

(2) 任务实施。

①图片导入。

将案例图片导入 VisionMaster 软件的检测流程，以便后续进行螺丝有无检测。

②产品定位。

通过快速匹配和位置修正模块对产品进行基准点的创建。

③螺丝有无检测。

可用快速匹配创建螺丝模板，然后在螺丝区域进行模板查找；或采用 BLOB 工具对螺丝区域进行灰度检测，通过找黑色原理判断有无螺丝。

项目 8 测量工具及应用

项目介绍

随着图像处理技术和视觉计算技术在工业自动化生产中的快速发展，基于机器视觉引导的测量技术已经在当今的工业生产中占据了举足轻重的位置。进入 21 世纪以来，传统的测量方法已经远远不能满足工业生产的需求。对于一些精度要求高同时具有特殊测量位置的产品，传统的测量方法显得束手无策。因此，基于机器视觉的测量技术受到研究者的广泛关注，同时得到了快速发展。本项目介绍机器视觉测量的相关基础知识。

知识目标

(1) 掌握点、线、面、弧工具的应用。
(2) 掌握标定及标定转换工具的应用。

技能目标

能够完成五金阀芯、磁环、针脚间距、pin 针尺寸检测。

素质目标

(1) 培养学生的知识应用能力。
(2) 激励学生积极学习和运用新技术解决工程问题。

案例引入 <<<

无论在产品的生产过程中，还是在产品生产完成后的质量检验过程中，尺寸测量都是必不可少的步骤。机器视觉在尺寸测量方面有其独特的优势，其广泛用于零部件的尺寸测量（如距离、角度、直径等）和零部件的形状匹配（如圆形、矩形等）。机器视觉测量方法不但速度快、非接触、易于自动化，而且精度高。例如，这种非接触测量方法既可以避免对被测对象的损坏，又适用于被测对象不可接触的情况，如高温、高压、流体、环境危险等场合；同时，机器视觉系统可以对多个尺寸进行同步测量，可使测量工作快速完成，适用于在线测量；对微小尺寸的测量是机器视觉系统的优势，它可以利用高倍镜头放大被测对象，使测量精度达到微米以上。

一般用于尺寸测量的机器视觉系统主要由监视器、照明系统、图像传感器、图像采集卡、控制器、计算机、后台图像处理程序、数据库等构成。在光源的照射下，被测工件的外形尺寸检测项目信息（如高度、宽度等）处于特定的背景中，其影像被光学系统获取，经透镜滤掉杂光后聚焦在图像传感器上，图像传感器将其接收的光学影像转换成视频信号输出给图像采集卡，图像采集卡再将数字信号转换成数字图像信息供计算机处理和显示器显示，计算机运用后台图像处理程序对图形数据进行处理运算，从而求得图像中需要测量的边界点的坐标，并求出被测工件的尺寸值，最后与预先设定的标准尺寸对比，从而判断工件是否合格。同时，计算机自动统计生成检测结果，保存到数据库中，也可以选择将测量结果通过报表系统打印输出。

任务 8 测量工具应用介绍

【任务描述】

阀芯是通过移动实现方向控制、压力控制或流量控制的阀零件。阀芯对尺寸有严格的要求，阀芯尺寸如果不合格，可能出现液体漏液的情况，如水龙头阀芯尺寸不合格会出现漏水的情况；另外，调压阀阀芯尺寸不合格，会导致压力不稳。阀芯有多种规格，不同规格的阀芯，其各项尺寸参数也不同。阀芯尺寸检测一般为人工检测，即使用游标卡尺测量零件。因为阀芯尺寸规格较多，所以人工检测耗时耗力，并且量具有时需要校正。利用机器视觉技术检测阀芯尺寸，可一次性对多个尺寸进行测量，还可以对不同规格的阀芯进行分类。

对图 8-1 所示五金阀芯尺寸进行检测。检测槽直径、槽宽度等尺寸，将尺寸反映在同一画面中。

图 8-1　五金阀芯

【任务分析】

(1) 检测内容：对五金阀芯的尺寸进行测量（阀身直径、阀顶直径、槽宽、槽直径）。

(2) 检测需求初步分析：通过本项目介绍的各种测量工具，对五金阀芯尺寸进行检测。

【相关知识】

知识点 1：几何查找

1. 直线查找

直线查找主要用于查找图像中具有某些特征的直线，利用已知特征点形成特征点集，然后拟合成直线，基本参数与结果显示如前所述，此处仅对运行参数进行说明，如图 8-2、图 8-3 所示。

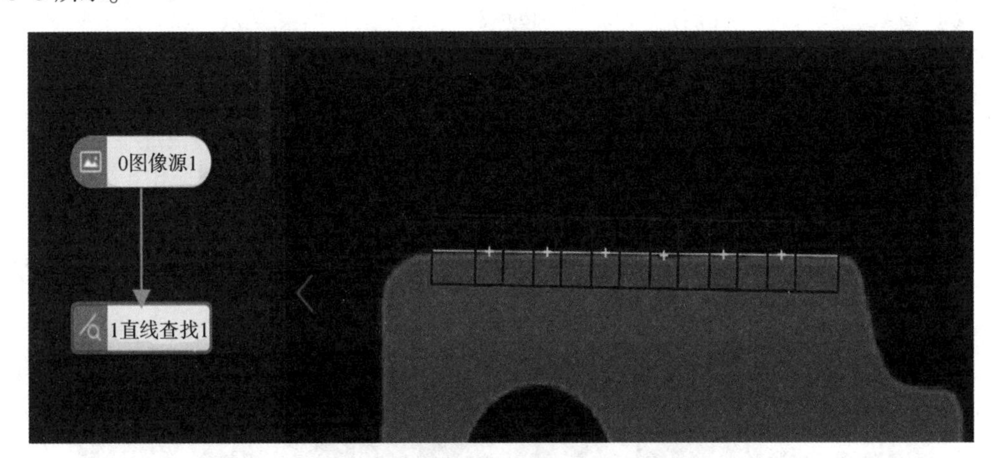

图 8-2　直线查找

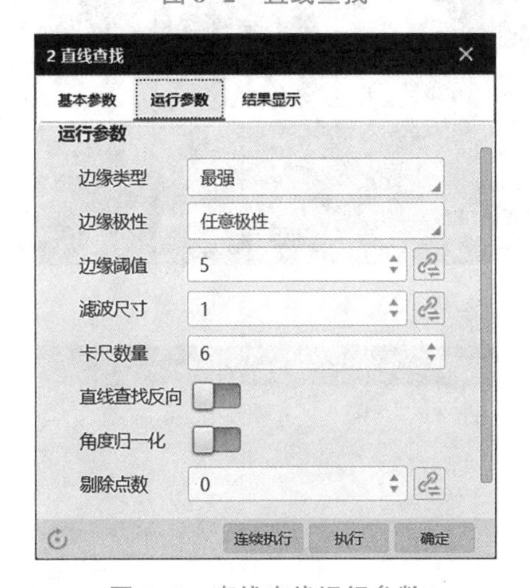

图 8-3　直线查找运行参数

(1) 边缘类型：共有 4 种模式，分别是“最强”“第一条”“最后一条”“接近中线”。

“最强”是指查找梯度阈值最大的边缘点，然后拟合成直线。

“第一条”“最后一条”“接近中线”是指查找满足条件的“第一条”“最后一条”“接近中线”的直线。

(2) 边缘极性：共有“黑到白”“白到黑”“任意极性”3 种模式。“黑到白”指的是按照框取区域的箭头方向由黑色变为白色的分界线，“白到黑”指的是按照框取区域的箭头方向由白色变为黑色的分界线。

（3）边缘阈值：即梯度阈值，范围为0~255，只有边缘梯度阈值大于该值的边缘点才会被检测到，数值越大，抗噪能力越强，得到的边缘点数量越少，甚至导致目标边缘点被筛除。

（4）滤波尺寸：对噪点起到滤波作用，数值越大，抗噪能力越强，得到的边缘点数量越少，同时也可能导致目标边缘点被筛除。

（5）卡尺数量：边缘点由多个卡尺卡出时，定义卡尺的数量。

（6）直线查找反向：开启后可将直线起点和终点的位置信息互换。

（7）角度归一化：开启后，输出的直线角度为-90°~90°；未开启时，输出的直线角度为-180°~180°。

（8）剔除点数：误差过大而被排除不参与拟合的最小点数量。一般情况下，离群点越多，该值应设置得越大，为了获取更佳查找效果，建议与剔除距离结合使用。

2. 圆查找

圆查找是先检测出多个边缘点然后拟合成圆形，可用于圆的定位与测量，如图8-4、图8-5所示。

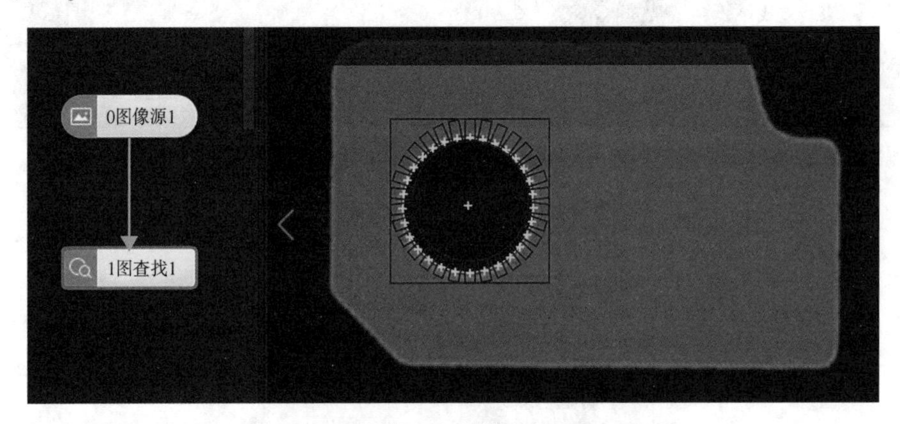

图8-4　圆查找

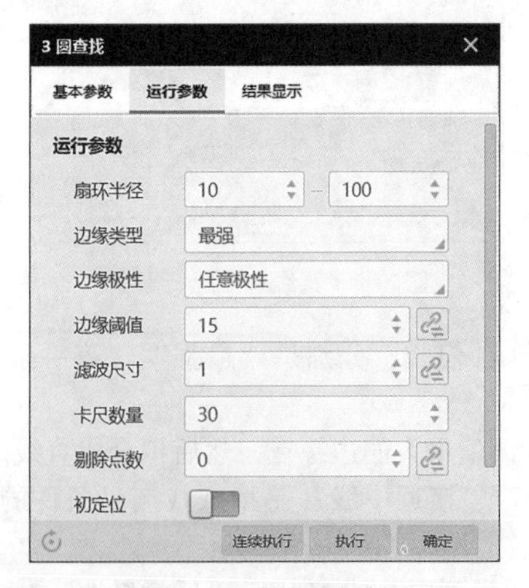

图8-5　圆查找运行参数

（1）扇环半径：圆环 ROI 的内、外圆半径。

（2）边缘极性：和直线查找原理一致，方向为从圆心开始，由内到外。

（3）初定位：若开启，则结合圆定位敏感度、下采样系数，大致判定 ROI 区域内更接近圆的区域中心并将其作为初始圆中心，以便于后续的精细圆查找；若关闭，则默认 ROI 区域中心为初始圆中心。在一般情况下，圆查找前一模块为位置修正，建议关闭初定位。

直线查找圆查找

其他参数与直线查找一致。

知识点 2：测量工具

测量工具如图 8-6 所示。

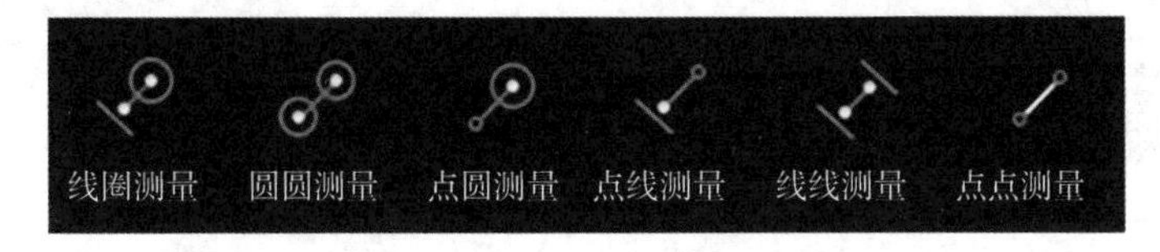

图 8-6　测量工具

1. 线圆测量/圆圆测量/点圆测量

模块数据来源分为订阅和绘制。订阅即首先使用圆查找模块和直线查找模块找到圆和直线，在线圆测量模块中选择订阅输入方式订阅相关信息。绘制即在线圆测量模块数据来源中选择绘制，通过绘制直线和圆 ROI 的方式进行数据输入。

2. 线线测量

两条直线一般不会绝对平行，因此线线测量距离按照线段 4 个端点到另一条直线的距离取平均值计算。线线测量的距离为绝对距离。

3. 点线测量/点点测量

参考线圆测量订阅输入部分，根据不同输入需求设置相应工具的输出结果即可，如图 8-7 所示。

图 8-7　点点测量基本参数

测量介绍

4. 间距测量

间距测量的原理和线线测量一样，唯一的不同是间距测量的两条线一定平行，如图 8-8 所示。

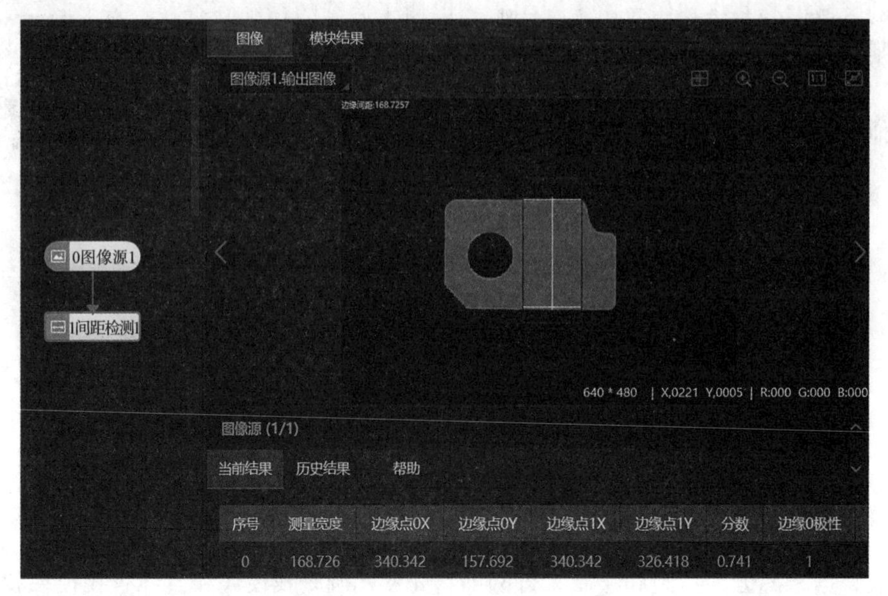

图 8-8 间距测量

知识点 3：标定板标定

标定板标定有棋盘格、圆、海康Ⅰ型、海康Ⅱ型 4 种模式。

这里以棋盘格模式为例讲解。输入棋盘格灰度图及棋盘格的规格尺寸参数，VisionMaster 软件将计算出图像坐标系与棋盘格物理坐标系之间的映射矩阵、标定误差、标定状态，单击“生成标定文件”按钮即可完成标定。此工具会生成一个标定文件，以供标定转换使用。单击“生成标定文件”按钮可以选择生成的标定文件保存路径，如图 8-9、图 8-10 所示。

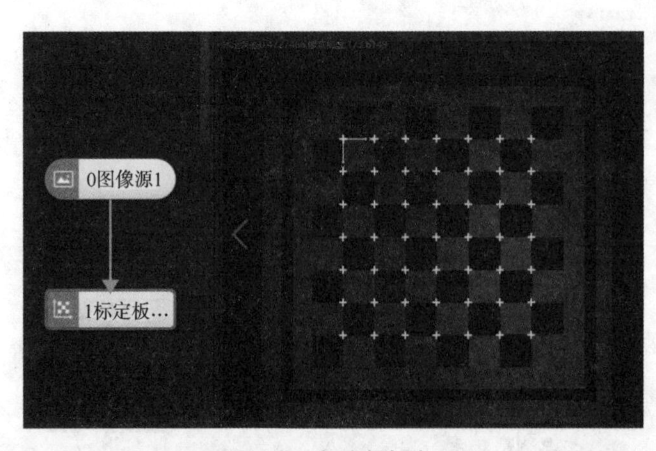

图 8-9 标定板标定

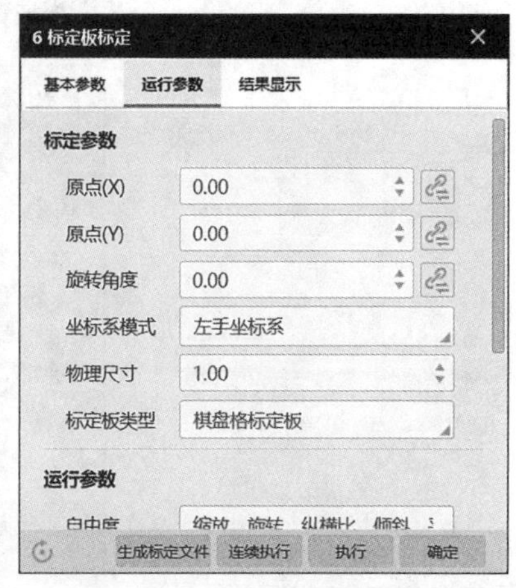

图 8-10 标定板标定运行参数

(1) 生成标定文件：选择生成的标定文件存放路径。

原点（X）、原点（Y）：可以设置原点的坐标，即图中 X 轴和 Y 轴的原点位置。

(2) 旋转角度：标定板的旋转角度。

(3) 坐标系模式：选择左手坐标系或右手坐标系。

(4) 物理尺寸：棋盘格每个黑白格的边长或圆板两个相邻圆心的圆心距。

(5) 标定板类型：分为棋盘格标定板和圆标定板。

(6) 自由度：分为缩放、旋转、纵横比、倾斜、平移及透射。缩放、旋转、平移 3 种参数设置分别对应透视变换、放射变换和相似性变换。

(7) 阈值处理方法：分为局部阈值和全局阈值，图像打光均匀时用全局阈值，打光不均匀时用局部阈值。

(8) 点圆度：圆检测阈值，值越大，则要求目标越圆越能被检测到。

(9) 边缘低阈值：用于提取边缘的低阈值。

(10) 边缘高阈值：用于提取边缘的高阈值。只有边缘梯度阈值在边缘低阈值和边缘高阈值之间的边缘点才被检测到。

(11) 权重函数：可选最小二乘法、Huber、Tukey 算法函数。建议使用默认参数设置。

(12) 权重系数：选择 Tukey 或 Huber 算法函数时的参数设置项，权重系数为对应方法的削波因子，建议使用默认值（主要设置物理尺寸及标定板类型）。

(13) 单位转换：可转换距离、宽度等像素单位为物理单位，具体使用时只需要加载标定文件，设置需要转换的距离即可，如图 8-11 所示。

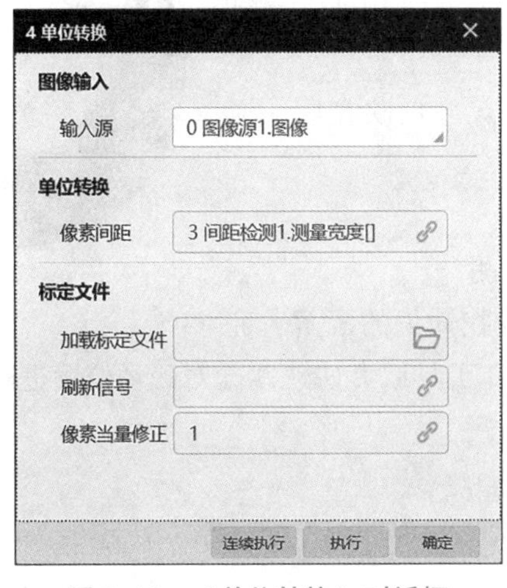

图 8-11 “单位转换”对话框

标定及标定转换功能介绍

在“像素间距”下拉列表中选择需要转换的尺寸，加载标定好的文件，在“像素当量修正”框中默认输入 1。

【任务实施】

1. 图片导入

将案例图片导入 VisionMaster 软件的检测流程。

2. 产品定位

观察五金阀芯位置是否固定，若不固定则需要进行位置修正。

3. 尺寸测量

对五金阀芯的阀身直径、阀顶直径、槽宽、槽直径 4 个尺寸进行测量。

4. 尺寸标定

使用标定板进行尺寸标定，生成标定文件。

5. 标定转换

使用标定文件对测量出的像素尺寸进行尺寸转换，转换为实际的毫米值。

总结：在五金阀芯尺寸检测实操中，可通过线线测量或者间距测量两种方法进行尺寸检测，同时进行尺寸标定功能测试，熟练掌握如何进行尺寸转换。另外，因为产品不固定，且规格不一，所以需要不断尝试，选择共有的特征轮廓进行定位。

阀芯尺寸检测实操

【任务考核】

(磁环尺寸检测。)

磁环是电子电路中常用的抗干扰元件，对于高频噪声有很好的抑制作用。磁环广泛应用于大小家电产品、功放、音响、舞台灯光、LED 显示屏、各种线材、各类电源等。人工检测磁环尺寸，容易出现外径测量不准、精度低等问题，并且在检测过程中容易产生细小凹坑和划痕。机器视觉检测效率高、精度高，可一次性检测多个尺寸，并且采用非接触式测量方式。

检测图 8-12 所示磁环内、外径，将尺寸反映在同一画面中。

图 8-12　磁环

1. 分析

（1）检测内容：对磁环内、外径进行测量。

（2）检测需求初步分析：通过对圆查找知识的了解，完成磁环尺寸检测，在检测前可以通过 BLOB 工具或者快速匹配对磁环位置进行修正。

2. 实施

1）图片导入

将案例图片导入 VisionMaster 软件的检测流程。

2）产品定位

观察磁环位置是否固定，如果不固定则需要创建模板轮廓，完成产品定位。

3）尺寸测量

使用圆查找模块，并设置合理的参数，对磁环内、外径进行测量。

4）尺寸标定

使用标定板进行尺寸标定，生成标定文件。

5）标定尺寸

使用标定文件对测量出的像素尺寸进行尺寸转换，转换为实际的毫米值。

总结：在磁环尺寸检测案例实操中，虽然只运用了圆查找功能，但涉及较多参数设置的知识，如设置卡尺数量、设置卡尺大小、设置圆查找的极性顺序（按照由圆心内部到外部）、设置边缘类型等。

磁环尺寸检测实操

【同步测试】

1. 针脚间距检测

针脚在生活中很常见，如 CPU 针脚、VGA 接口针脚、电源针脚。针脚很容易弯曲，因此在一般情况下通过针脚间距来判断针脚是否弯曲。针脚间距检测的精度要求较高。一般的人工检测采用卡尺进行操作，精度不高，而且检测时操作不当会导致合格的针脚因受力过大而产生弯曲。机器视觉无接触式检测完美地解决了这个问题，同时可以满足精度要求。

检测图 8-13 所示 3 只针脚的间距，判断该产品是否为不合格产品（针脚是否弯曲），将结果反映在同一画面中。

图 8-13　3 只针脚

针脚间距尺寸检测实操

2. pin 针尺寸检测

pin 针又称为插针，是连接器中用来完成电（信号）的导电（传输）的一种金属物质。它主要存在于电子连接器中，尺寸不合格会导致电子连接器无法完成电路的连通，从而导致电路断路或者接触不良。人工检测烦琐，效率低，而且因为 pin 针尺寸多，所以要记住每个尺寸的公差范围，导致更换规格时公差范围很容易弄混。机器视觉系统可以采用多个程序分别检测不同规格 pin 针的尺寸，或者在一个程序内建立多个模板，识别对应的尺寸规格，完成对应的检测。

检测图 8-14 所示 pin 针各尺寸，将尺寸反映在同一画面中。

图 8-14　pin 针

pin 针尺寸检测实操

项目9 变量工具、逻辑工具及条形码/二维码识别工具应用

项目介绍

在制造业中，人们通常比较在意生产量和合格率，这两个指标都会随着检测数量的变化而变化，它们不是定值，属于可变的量。机器视觉系统不只具备检测功能，还能够记录合格产品的数量和合格率。通过这些直观的数据，工厂在生产时可以做一些调整，从而提高产品的总体质量。

检测必然涉及判断，在软件中需要设置指定的逻辑来判断产品是否合格。逻辑工具的作用是对产品检测结果进行判断。

随着科技的发展，很多数据都被数码化，如生产日期、商品名称、制造厂家都以条形码表示；付款方式、网站地址、视频都以二维码代替。条码和二维码在生活中随处可见，便捷了人们的生活。机器视觉系统集多功能为一体，读码功能是必不可少的。

本项目对变量、逻辑工具、条形码/二维码识别工具进行介绍。

知识目标

(1) 掌握变量工具的应用。

(2) 掌握逻辑工具的应用。

(3) 掌握条形码/二维码识别工具的应用。

技能目标

(1) 能够对计数结果进行判断。

(2) 能够对二维码进行读取和识别。

素质目标

(1) 培养学生的团队协作能力和克服困难的意志。

(2) 提高学生分析问题、解决问题的能力。

案例引入 <<<

在制造业中，会在流水线中对某些产品进行角度判断，满足一定角度的产品才算合格产品，同时要对检测结果进行统计，如统计合格产品、不合格产品的数量以及合格率。人

工检测会出现许多问题，例如跟不上流水线速度、角度不好测量、总数很难统计。机器视觉检测可以保证速度完全满足流水线要求，同时采用非接触式检测方式，不会出现像人工检测那样出现触碰导致产品结果发生变化的情况，从而完成所有合格产品、不合格产品、产品总数的统计。

任务 9.1 变量工具、逻辑工具应用

【任务描述】

对图 9-1 中的 OK 数、NG 数、总数分别进行统计（OK 角度范围为-90°~+90°，其余角度为 NG）。

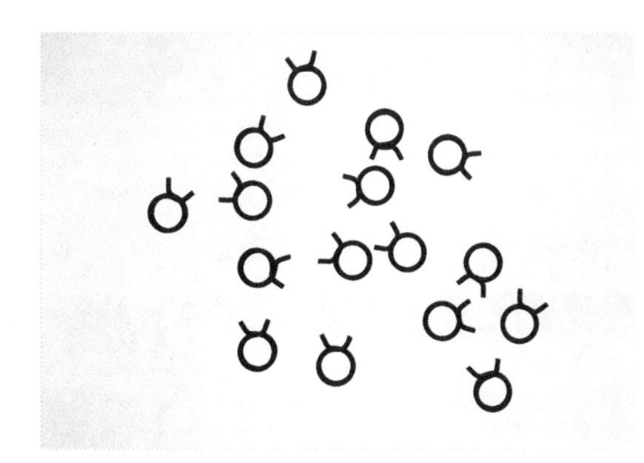

图 9-1 计数示意金属卡簧

【任务分析】

检测需求初步分析：检测内容分为两部分。第一部分为结果判断，对产品角度进行测量，判断产品是否合格，第二步为计数，分别统计 OK 数、NG 数、总数。

【知识准备】

知识点 1：变量的概念

变量来源于数学，是计算机语言中存储计算结果或表示数值的抽象概念，也是微积分的基础。在一些编程语言中，变量被明确为能表示可变状态、具有存储空间的抽象（如在 Java 和 Visual Basic 中）；另外一些编程语言使用其他概念（如 C 的对象）来指称这种抽象，而不严格地定义“变量”的准确外延。

简而言之，变量是一个状态可变的数据。

在 VisionMaster 中有许多变量，如图 9-2 中线线测量的夹角、绝对距离、快速匹配的中心点坐标都是变量，这些值并不是固定的，而是可变的。

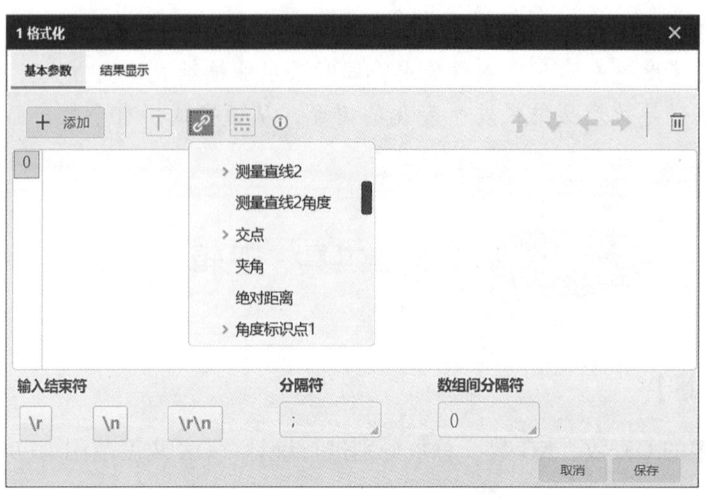

图 9-2 Vision Master 中的变量

知识点 2：变量计算

“变量计算”模块支持多个输入混合运算，可以自定义参数，也可以选择模块数据进行计算，如图 9-3 所示。

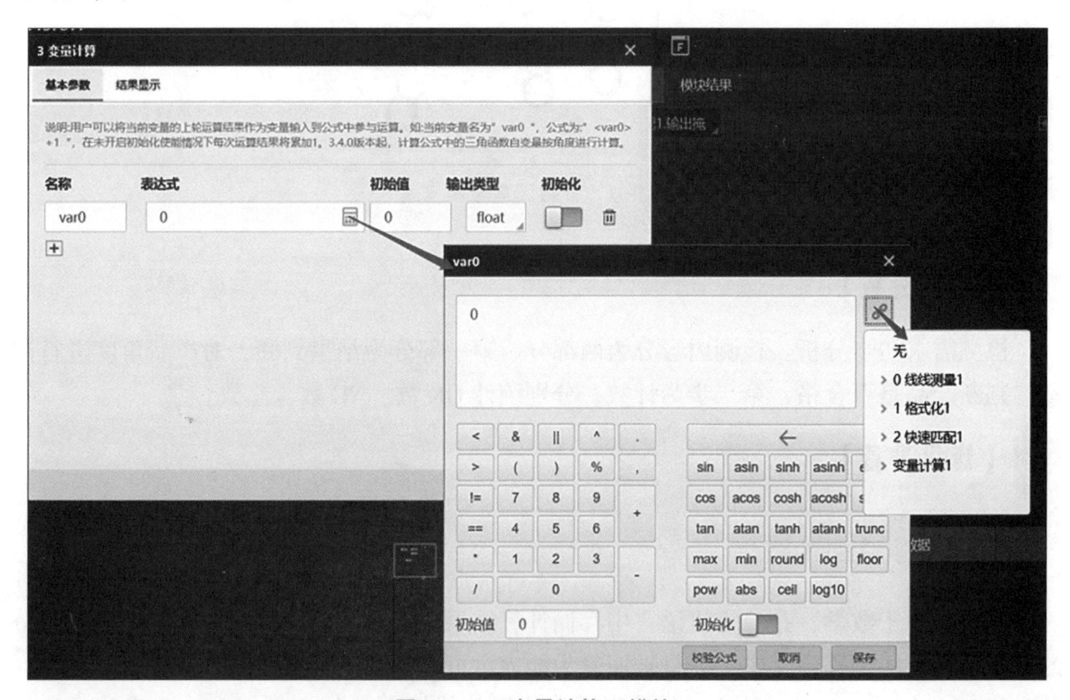

图 9-3 “变量计算”模块

参数设置如下。

（1）重置：将变量计算恢复到初始状态，单击单次生效。

（2）执行：执行一次变量计算。

(3) 确定：保存配置并退出变量计算。

(4) 初始值/初始化使能：设置变量计算默认变量的初始值，开启时，每次流程执行均会重置变量至设置的初始值。

(5) 校验公式：校验配置的公式是否正确。

(6) 保存：保存变量计算公式。

(7) 名称：设置变量的名称。

(8) 表达式：编辑变量运算的表达式。

(9) 输出类型：可设置为 int 和 float 类型。

变量计算工具介绍

(10) 变量间计算：添加需要计算的变量并按照需要配置公式。

(11) 数组计算："计算器"模块支持获取数组变量中的单个值参与运算，格式为 <filter> [index]，其中 index 需要替换为具体数组下标，该下标支持变量订阅，下标超出数组实际范围将导致计算失败。

(12) 累积计算："计算器"模块公式中 var0 代表当前系统的计算值，初次运行时为用户设定的初始值。在初始化使能开启时，每次流程执行开始都会将 var0 值重置为设定初始值，否则 var0 值为上次运算结果。用户可以通过该使能对 var0 值进行累加、累乘等累积运算。

知识点 3：全局变量

全局变量是在所有的函数外部定义的变量，是可以被本方案中所有流程调用或修改的变量。可以自定义全局变量的名称、类型和当前值。它在整个工程文件中都有效。在 VisionMaster界面中可进行全局变量的配置，启用"通信初始化"后，可以通过发送固定格式的字符串（前缀：变量名称 = 数值），实现对全局变量初始值的设置（如变量 var0，发送 SetGlobalValue：var0=0，可以将该全局变量初始值设为 0），单击"保存变量"按钮后，即使不保存方案，关闭方案后全局变量设置也能够被保存，如图 9-4 所示。

图 9-4 "全局变量"模块

在"模块结果"界面中，可以将对应类型的结果数据绑定为全局变量的输入来源，如图 9-5 所示。

全局变量采用覆盖更新机制，当新数据传输进来时旧数据就会被覆盖，且全局变量对目标参数绑定时，可支持多选，即一次可绑定多个目标参数，并且全局变量支持通信一次初始化多个全局变量，如图 9-6 所示。

也可以通过"发送数据"模块将指定的数据发送给全局变量，如图 9-7 所示。

图 9-5 “模块结果”界面

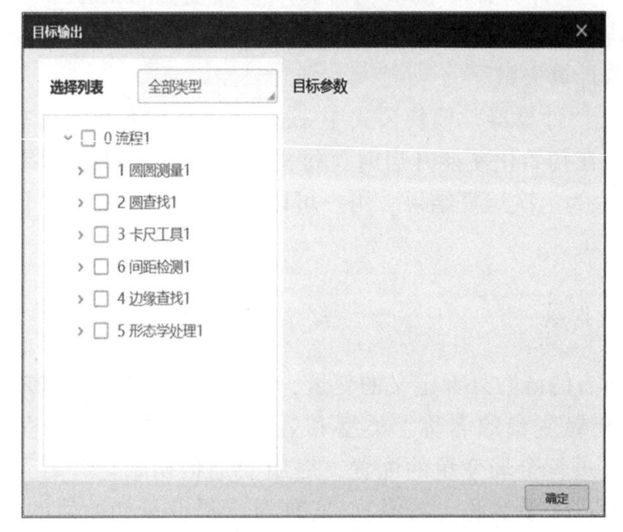

图 9-6 目标输出

图 9-7 “发送数据”模块

知识点 4：逻辑判断

1. 条件检测

“条件检测”模块判断输入数据是否满足条件，若满足，显示“OK”字符；否则，显示“NG”字符，如图 9-8 所示。

（1）判断方式：选择符合全部条件或任意条件，判断结果为 OK。

（2）条件：选择添加一条 int 类型或 float 类型的判断数据，并设置有效值范围，若选择结果在最小值至最大值范围内，则判定为 OK，否则判定为 NG。

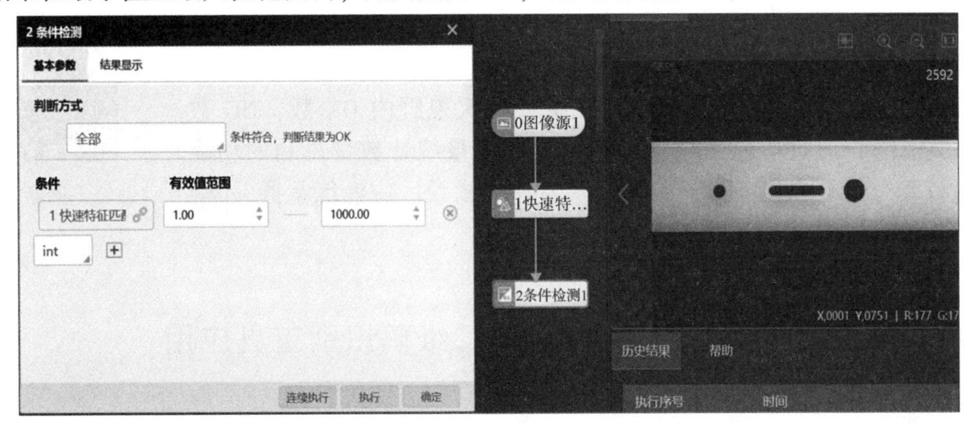

图 9-8 “条件检测”模块

2. 分支模块

分支模块工具可以配置输入条件，并根据方案的实际需求，对不同的分支模块配置不同的条件输入值。当输入条件为该值时，即执行该分支模块。

输入值仅支持整数，不支持字符串。若需要输入字符串格式，则需用字符分支或者字符识别配合分支模块。当需要根据模板匹配状态来决定后续分支工作时，可以将输入条件配置为模板匹配状态，并配置分支模块的条件值。

逻辑分支判断

如图 9-9 所示，逻辑为当快速匹配个数为 1 个时，走模块 4 路线，做直线查找；当快速匹配个数为 0 个时，走模块 3 路线，做圆查找。

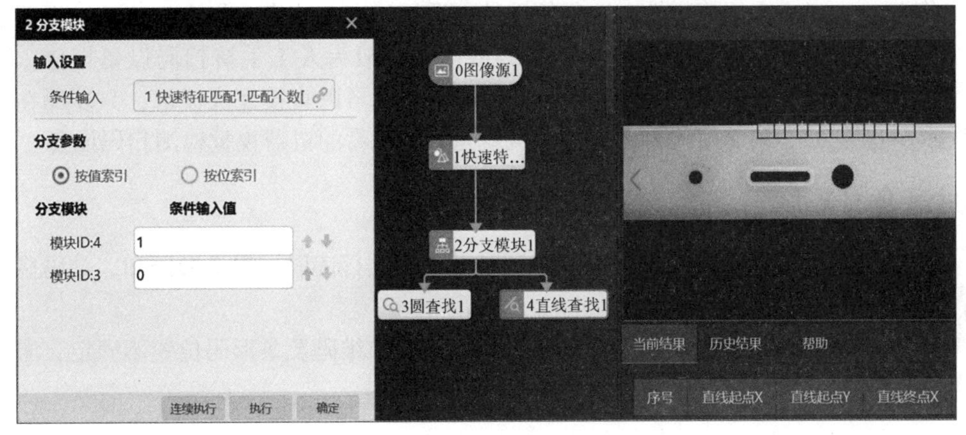

图 9-9 分支模块

【任务实施】

1. 图片导入

将案例图片导入 VisionMaster 软件的检测流程。

2. OK 计数

通过快速匹配的参数设置统计合格产品的数量。

3. 总数计数

通过快速匹配的角度范围设置识别出全部产品。

4. NG 计数

通过变量计算公式“总数-OK 数”得出 NG 数。

计数结果判断实操

总结：本任务完成了变量计算（统计单次视野内 OK 数、NG 数、总数的统计），通过本任务应掌握利用全局变量统计数量总和的功能。“变量计算”和“全局变量”为两个最常用的模块，应熟练掌握并学会灵活使用。

任务 9.2 条形码/二维码识别工具应用

【任务描述】

条形码和二维码是生活中经常见到的。条形码是将宽度不等的多个黑条和白条，按照一定的编码规则排列，用以表达一组信息的图形标识符。常见的条形码是由反射率相差很大的黑条（简称“条”）和白条（简称“空”）排成的平行线图案。条形码可以标示商品的生产地、制造厂家、名称、生产日期，图书分类号，邮件起止地点等许多信息，因此在商品流通、图书管理、邮政管理、银行系统等许多领域都得到广泛的应用。

二维码是在一维条码的基础上扩展出的具有可读性的条码，它使用黑白矩形图案表示二进制数据，用设备扫描二维码后可获取其中所包含的信息。二维码比传统的条形码能存储更多信息，也能表示更多数据类型。二维码具有存储量大、保密性高、追踪性高、抗损性强、备援性大、成本低等特性，这些特性特别适用于表单、安全保密、追踪、证照、存货盘点、资料备援等方面。条形码和二维码的读取一般为人工手持扫码设备操作，效率低，而且要对准码。机器视觉检测扫码不需要对准码就可以直接完成读取，只要码在视野范围内即可。例如，快递站的自动取快递机就是一个简易的机器视觉检测扫码设备。

【任务分析】

（1）检测内容：对快递标签上的二维码及条形码进行读取。将条形码和二维码显示在检测框旁边。

（2）检测需求初步分析：本任务的主要难点在于二维码及条形码位置不固定，需要找到特征点对读取框进行定位，同时还要设置读码的参数。

【相关知识】

知识点 1：条形码识别工具

该工具用于定位和识别指定区域内的条形码，容忍目标条形码以任意角度旋转以及具有一定角度的倾斜，支持 CODE128 码、库得巴码、EAN 码、交替 25 码以及 CODE93 码，如图 9-10 所示。

图 9-10　条形码识别

条形码识别运行参数如图 9-11 所示。

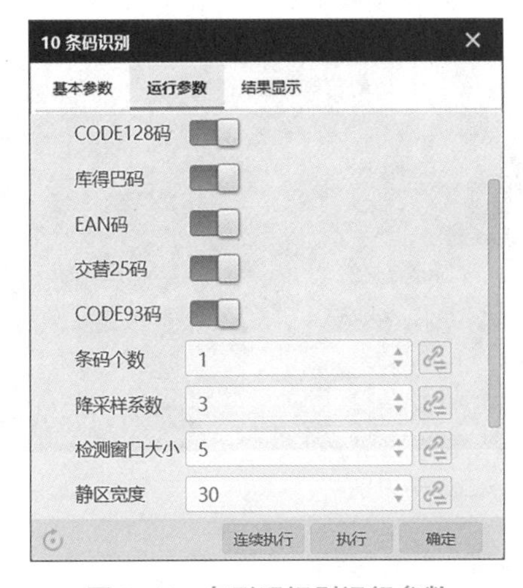

图 9-11　条形码识别运行参数

条形码识别工具介绍

（1）码类型开关：支持 CODE128 码、库得巴码、EAN 码、交替 25 码以及 CODE93 码，根据条形码类型开启相应开关。

（2）条码①个数：期望查找并输出的条形码最大数量，若实际查找到的条形码个数小于该参数，则输出实际数量的条形码。

（3）检测窗口大小：条形码区域定位窗口大小。该参数的默认值为 4，当条形码中空白间隔比较大时，可以将该参数设置得更大，比如 8，但一般要保证条形码高度大于窗口大小的 6 倍左右。该参数的取值范围为 4~65。

（4）静区宽度：静区指条形码左、右两侧空白区域宽度，默认值为 30，稀疏时可尝试设置为 50。

（5）去伪过滤尺寸：算法支持识别的最小条形码宽度和最大条形码宽度，默认值为 30~2 400。

（6）超时退出时间：算法运行时间超出该值，则直接退出，当设置为 0 时以实际所需算法耗时为准，单位为 ms。

知识点 2：二维码识别工具

该工具用于识别目标图像中的二维码，将读取的二维码信息以字符的形式输出。该工具一次可以高效准确地识别多个二维码，目前只支持 QR 码和 DataMatrix 码，如图 9-12 所示。

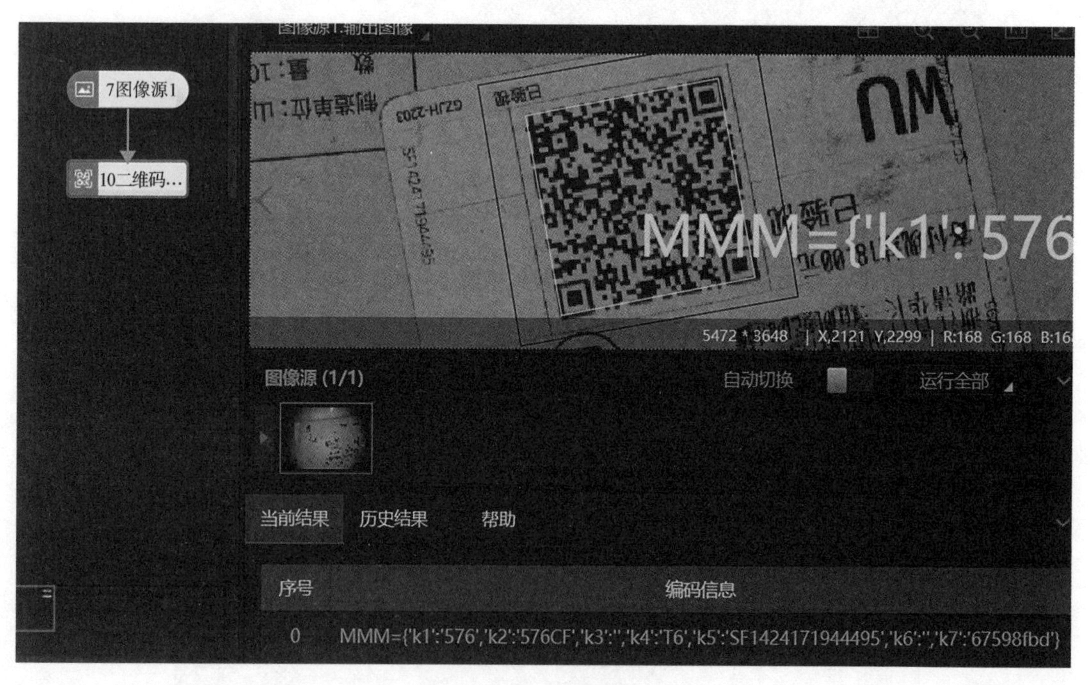

图 9-12　二维码识别

二维码识别运行参数如图 9-13 所示。

① 条形码简称条码。

图 9-13　二维码识别运行参数

（1）码类型开关：开启相应开关后可以识别该类型的二维码，当不确定码类型时建议都打开。

（2）二维码个数：期望查找并输出的二维码最大数量，若实际查找到的二维码个数小于该参数值，则输出实际数量的二维码。有时场景中的二维码个数不定，若要识别所有出现的二维码，则该参数以场景中二维码个数最大值作为配置。在部分应用中，背景纹理较复杂，该参数可以适当大于要识别的二维码个数，但这会牺牲一些效率。

（3）极性：有任意、白底黑码和黑底白码 3 种形式，可以根据要识别的二维码的极性进行选择。

（4）边缘类型：有连续性和离散性 2 种形式，左边表示连续型，右边表示离散型。

（5）降采样倍数：图像降采样系数，数值越大，算法效率越高，但二维码的识别率降低。算法库支持的二维码最小模块占像素数的最大值是 16，所以当场景中最小模块占像素数超过 16 时一定要设置该参数或者更改图像采集方案，例如 2 倍下采样。当场景中最小模块占像素数没有超过 16 时，要根据现场效果进行调节。

（6）码宽范围：二维码所占的像素宽度，包含最大、最小码的像素宽度。

（7）镜像模式：镜像模式启用开关，指的是图像 X 方向镜像，包括镜像和非镜像 2 种形式。当图像是从反射的镜子中等情况下采集到的时，设置该参数开启，否则不设置该参数。

（8）QR 畸变：当要识别的二维码打印在瓶体上或者类似物流的软包上有褶皱时需要设置该参数。

（9）超时退出时间：算法运行时间超出该值，则直接退出，单位为 ms。该参数设置为 0 时，实际所需的算法时间即运行时间。

（10）应用模式：正常场景下采用普通模式，专家模式预留给较难识别的二维码，当应用场景简单、二维码为单码、二维码清晰、静区大且干净时，可根据需要采用极速模式。

【任务实施】

读码实操

1. 图片导入

将案例图片导入 VisionMaster 软件的检测流程。

2. 产品定位

使用产品特征点完成产品定位。

3. 二维码和条形码读取

使用二维码识别工具和条形码识别工具，对图中的二维码和条形进行读取。

总结：通过本任务，可以掌握二维码识别工具和条形码识别工具的参数设置方法，应了解二维码和条形码读取方向需固定，否则会读不出来。

【任务考核】

使用机器视觉软件进行条形码识别时应注意哪些事项？

答案：

①读码方向尽量和条形码方向一致；②读取框不要太大，最好略微大于条形码；③可以适当去除其他码的类型，以提高读码速度和精度。

【同步测试】

机器视觉读码与人工读码相比有什么优点？

答案：

①读码速度快；②方便，不需要对准码，只需要码在视野内就可以完成读取；③可以实现数据传输，不需要人工手动输入，可直接将数据发送给其他设备。

项目 10 通信介绍

项目介绍

通信就是信息的传递，是指由一地向另一地进行信息的传输与交换，其目的是传输信息。随着社会生产力的发展，人们对通信的要求越来越高。在各种各样的通信方式中，利用"电"的通信方法称为电信（telecommunication），这种通信方式具有迅速、准确、可靠等特点，且几乎不受时间、地点、空间、距离的限制，因此得到了飞速发展和广泛应用。在工业中，通信的应用无处不在。一个完整的通信系统包括信息收发器以及通信协议（如图 10-1 所示）。

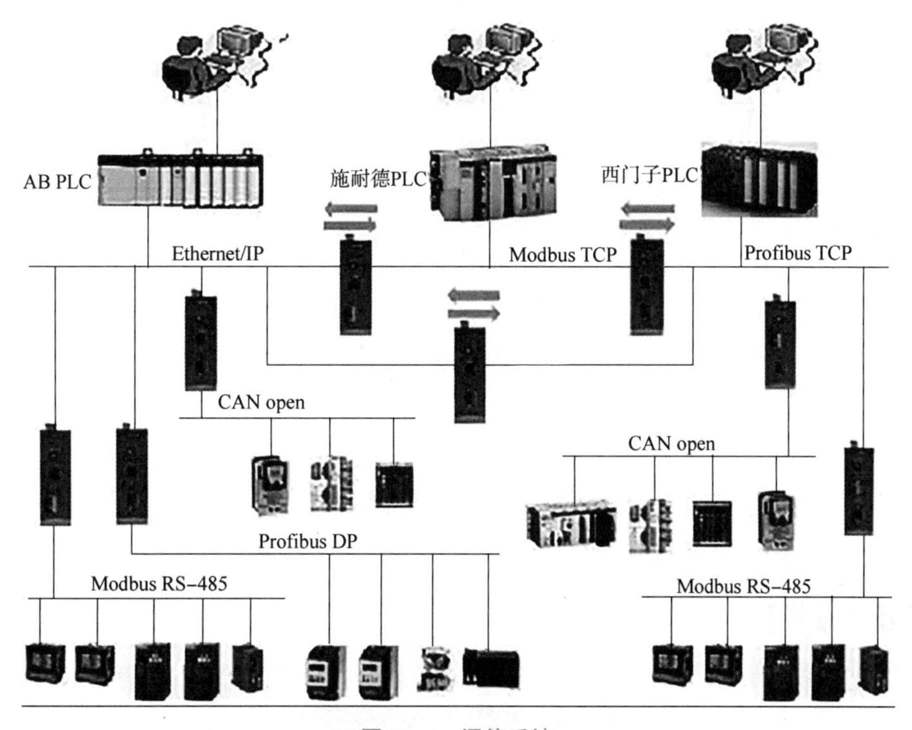

图 10-1 通信系统

信息收发器的形式较多，例如以太网 TCP 接口、RS 232 接口、RS 485 接口、USB 接口、无线收发模块等，其实它就是设备的物理接口，信息的传送与收发都通过这个物理接口进行。

通信协议即一种约定好的机器语言，可以理解为人们之间交流的语言，不同的协议（即不同的语言）自然无法正常交流，机器之间的语言即为通信协议，只有统一的通信协议才能正常传送信息。

知识目标

(1) 了解通信接口、通信协议。
(2) 掌握 Modbus 协议报文格式及参数设置。

技能目标

(1) 能够完成串口通信调试。
(2) 能够完成网口通信调试。

素质目标

(1) 培养学生理解、应用知识的能力，培养学生认真严谨的工作态度和团队协作的职业精神。
(2) 激发学生积极学习和运用新技术、新工艺的热情。

案例引入 <<<

随着工业自动化的发展，设备与设备之间的数据交互成为不可避免的问题，这种数据交互也称为通信。在工业中通信无处不在。一个完整的通信系统包括信息收发器以及通信协议。

机器视觉系统也有通信协议，以便于把数据发送给其他设备，如 PLC。工业通信中经常用到串口，有自由协议串口和 Modbus 串口，它们的应用非常广泛。通信协议还可以用作触发源，发送指定字符触发工业相机拍照。

除了串口连接方式，VisionMaster 和 PLC 还可以通过网口进行连接。网口通信适应了世界范围内的通信需要。它独立于网络硬件系统，可以运行在广域网，更适合互联网。网口通信具有高层协议标准化的特点，可以提供多种多样的可靠网络服务。本任务读取骰子点数并发送点数数据，完成网口数据交互。

任务 10 通信原理认知

【任务描述】

判断图 10-2 所示骰子的点数，并且通过虚拟网口把点数发给调试助手。

图 10-2 骰子

【任务分析】

（1）检测内容：读取骰子点数，并通过虚拟网口进行数据发送。

（2）检测需求初步分析：通过对理论知识内容的了解，可以判断，检测内容可以分两部分，一部分为对骰子点数进行读取，另一部分为建立通信连接，发送数据。

【相关知识】

知识点 1：通信接口原理

通信接口的形式较多，例如以太网 TCP 接口、RS 232 接口、RS 485 接口、USB 接口等。

1. RS 232 接口

RS-232 总线可以实现全双工通信，通常使用的是主通道，而副通道使用较少。在一般应用中，使用 3~9 条信号线就可以实现全双工通信，采用 3 条信号线（接收线、发送线和信号线）能实现简单的全双工通信过程。

RS-232 接口如图 10-3 所示。RS-232 引脚定义见表 10-1。

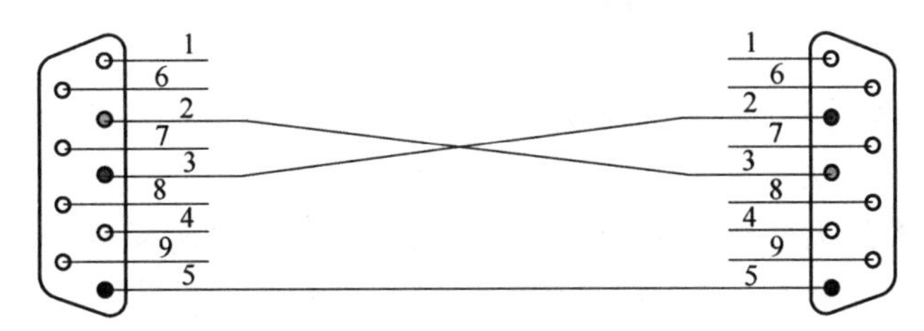

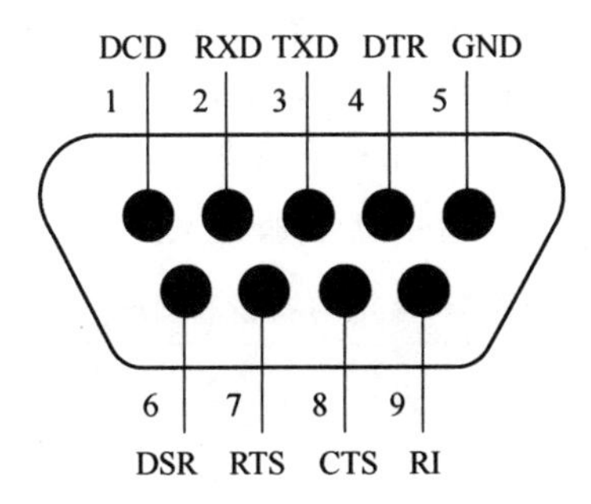

图 10-3　RS-232 接口

表 10-1 RS-232 引脚定义

引脚	定义	说明
1	DCD	数据载波检测
2	RXD	接收数据
3	TXD	发送数据
4	DTR	数据终端准备好
5	GND	信号地线
6	DSR	数据准备好
7	RTS	请求发送
8	CTS	清除发送
9	RI	响铃指示

2. RS 485 接口

RS 485 接口组成的半双工网络，一般是两线制接法（以前有四线制接法，只能实现点对点的通信方式，现很少采用)，多采用屏蔽双绞线传输。这种接线方式为总线式拓扑结构，在同一总线上最多可以挂接 32 个节点。在 RS 485 通信网络中一般采用主从通信方式，即一个主机带多个从机。在很多情况下，连接 RS-485 通信链路时只是简单地用一对双绞线将各个接口的 A、B 端连接起来。RS 485 接口连接器采用 DB-9 的 9 芯插头座，与智能终端 RS 485 接口采用 DB-9（孔)，与键盘 RS 485 接口采用 DB-9（针)。

RS-485 接口的电气特性为，采用差分信号负逻辑，逻辑“1”以 RS-485 两线间的电压差为+(2~6) V 表示；逻辑“0”以两线间的电压差为-(2~6) V 表示。RS-485 接口信号电平比 RS-232 接口低，不易损坏电路芯片，且该电平与 TTL 电平兼容，可方便与 TTL 电路连接。

RS-485 接口的数据最高传输速率为 10 Mb/s。RS-485 接口采用平衡驱动器和差分接收器的组合，抗共模干扰能力增强，即抗噪声干扰性好。

RS-485 接口的最大传输距离约为 1 219 m，数据传输速率与传输距离成反比，在 100 kb/s的数据传输速率下，才可以达到最大的传输距离，如果需要更大的传输距离，需要加 RS-485 中继器。RS-485 总线一般最大支持 32 个节点，如果使用特制的 RS-485 芯片，可以支持 128 个或者 256 个节点，最多可以支持 400 个节点。

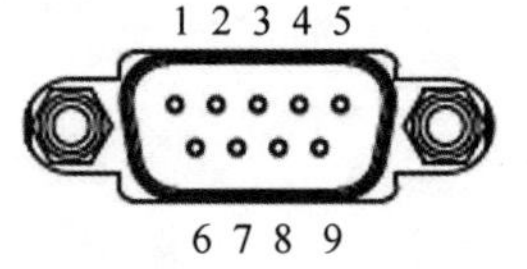

图 10-4 RS-485 接口

RS-485 接口如图 10-4 所示。RS-485 引脚定义见表 10-2。

表 10-2 RS-485 引脚定义

引脚	1	2	5
含义	D-	D+	GND

3. 以太网 TCP 接口

以太网技术具有价格低、稳定可靠、通信速率高、软/硬件产品丰富、应用广泛以及支持技术成熟等优点，已成为最受欢迎的通信网络技术之一。近些年来，随着网络技术的发展，以太网进入工业控制领域，形成了新型的以太网控制网络技术。这主要是由于工业自动化系统向分布化、智能化控制方面发展，引入开放的、透明的通信协议是必然的要求。以太网技术进入工业控制领域，其技术优势非常明显。

网线 RJ-45 接头排线示意如图 10-5 所示。

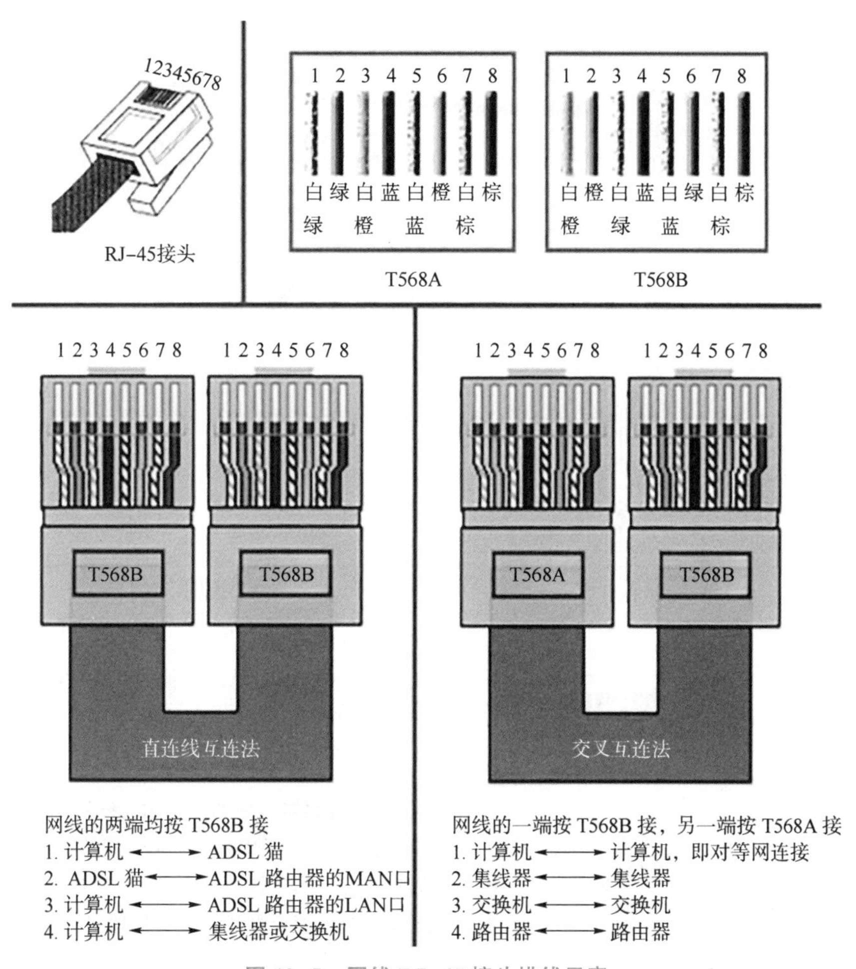

图 10-5　网线 RJ-45 接头排线示意

知识点 2：通信协议

1. 原理介绍

通信协议是指双方实体完成通信或服务所必须遵循的规则和约定。通信协议定义了数据单元使用的格式、信息单元应该包含的信息与含义、连接方式、信息发送和接收的时序，从而确保网络中的数据顺利地到达指定的目的地。

在计算机通信中，通信协议用于实现计算机与网络连接之间的标准，网络如果没有统一的通信协议，计算机之间的信息就无法传递。通信协议是指通信各方事前约定的通信规则，可以简单地理解为各计算机之间进行相互会话所使用的共同语言。两台计算机在进行通信时，必须使用通信协议，如图 10-6 所示。

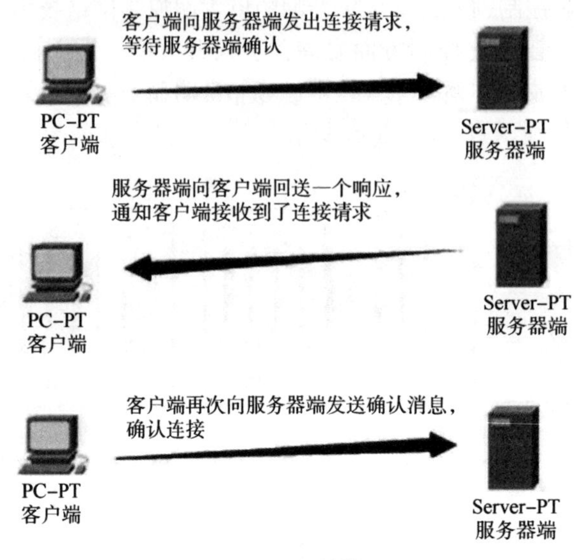

图 10-6　通信协议

常见的通信协议见表 10-3。

表 10-3　常见的通信协议

通信协议	标志	说明
Modbus	Modbus	开放式现场总线： Modbus 是一种基于主/从站结构的开放式串行通信协议。由于该协议可以非常轻松地在所有类型的串行接口上执行，所以得到了广泛认可
CANopen	CANopen	用于执行器/传感器领域的多主站总线： 对总线带宽的有效利用使 CANopen 能够在数据传输速率相对较低的情况下实现较短的系统响应时间。CAN 总线的主要优点有：数据安全性高，能够保留多主站能力
CC-Link	CC-Link	主要针对亚洲市场的现场总线： CC-Link（Control & Communication Link，控制与通信链路）是一种开放式总线系统，用于控制级和现场总线级之间的通信，应用范围主要为亚洲地区
RS-232/RS-48S	RS 232 RS 485	最经济的解决方案网络： RS-232 和 RS-485 是“传统的”串行接口，一直都被广泛应用。Beckhoff 的 RS5485/RS232 I/O 模块采用的是一种简单、易于实现的串行通信协议

续表

通信协议	标志	说明
EtherCAT = = 高速实时以太网现场总线	EtherCAT	EtherCAT（Ethernet Control Automation Technology. 用于控制和自动化技术的以太网）是用于工业自动化的以太网解决方案，具有性能优异和操作简单等特点
Profinet	PROFI NET	来自 PNO 的工业以太网解决方案： Profinet 是由 PNO（Profibus 用户组织）制定的开放式工业以太网标准，诸如 TCP/IP 这些国际公认的 IT 标准则用于实现通信

2. TCP/IP

TCP/IP，即传输控制/网际协议，也叫作网络通信协议。它是网络使用中最基本的通信协议。TCP/IP 对互联网中各部分进行通信的标准和方法进行了规定。TCP/IP 是保证网络数据信息及时、完整传输的两个重要的协议。TCP/IP 严格来说是一个 4 层的体系结构，包括应用层、传输层、网络层和数据链路层，如图 10-7 所示。

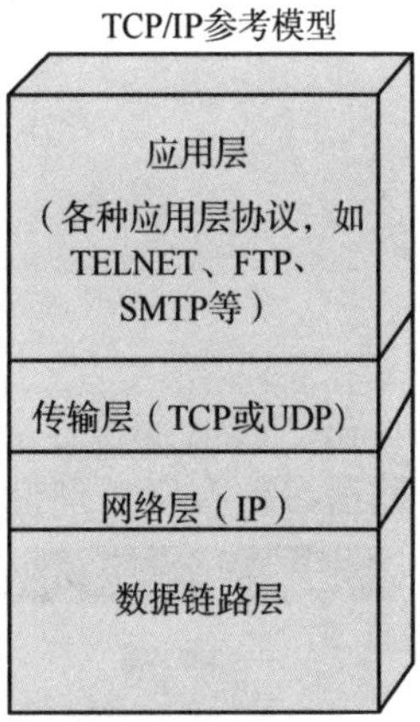

TCP/IP参考模型

应用层
（各种应用层协议，如TELNET、FTP、SMTP等）

传输层（TCP或UDP）

网络层（IP）

数据链路层

图 10-7 TCP/IP 参考模型

TCP/IP 能够迅速发展并成为事实上的标准，是因为它恰好适应了世界范围内数据通信的需要。它有以下特点。

（1）协议标准是完全开放的，可以供用户免费使用，并且独立于特定的计算机硬件与操作系统。

（2）独立于网络硬件系统，可以运行在广域网中，更适用于互联网。

（3）网络地址统一分配，网络中每一台设备和终端都有一个唯一的地址。

（4）高层协议标准化，可以提供多种多样可靠的网络服务。

知识点 3：Modbus 协议

1. Modbus 原理

Modbus 是一种串行通信协议，是 Modicon 公司（现在的施耐德电气有限公司）于 1979 年为使用 PLC 通信而发表。Modbus 协议已经成为工业领域通信协议的业界标准，并且现在是工业电子设备之间常用的连接方式。

Modbus 协议比其他通信协议应用更广泛的主要原因是它公开发表并且无版权要求，易于部署和维护。

Modbus 协议允许多个（大约 240 个）设备连接在同一个网络中进行通信。在数据采集与监视控制系统（SCADA）中，Modbus 协议通常用来连接监控计算机和远程终端控制系统（RTU）。

2. VisionMaster 通信原理

VisionMaster 可以设置通信协议以及通信参数，支持 TCP、UDP、Modbus 协议等，具体配置如图 10-8 所示。

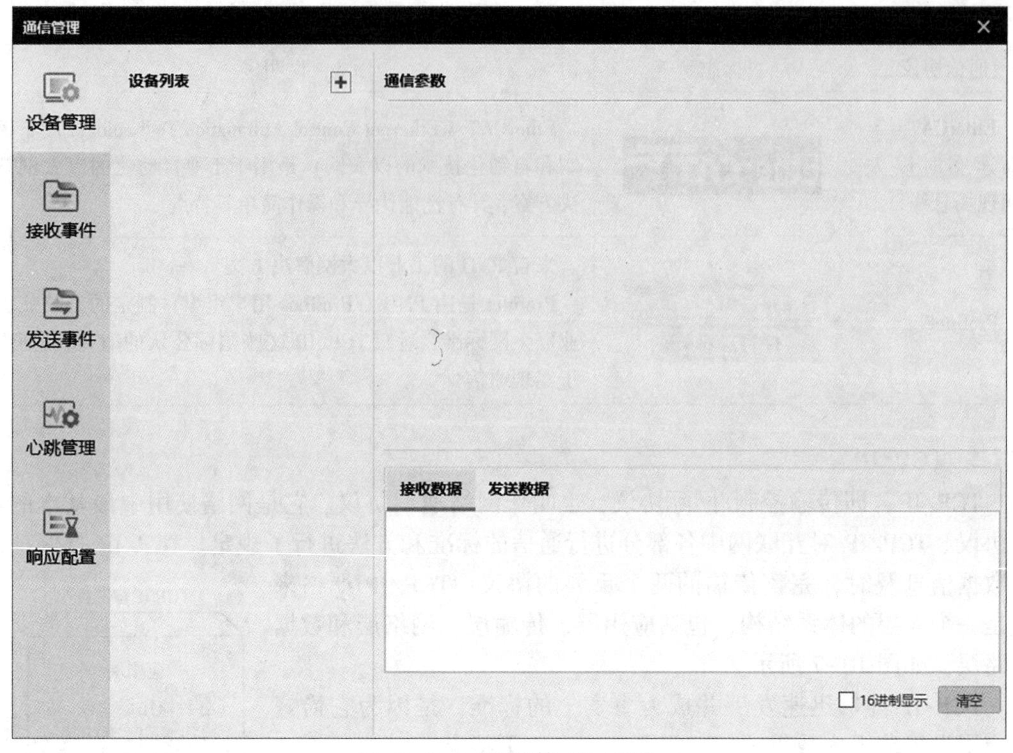

图 10-8　“通信管理”界面

在“通信方式”下拉列表中有“Tcp Client”和“串口”选项。不同通信方式需设置的通信参数有所差别，如图 10-9 所示。

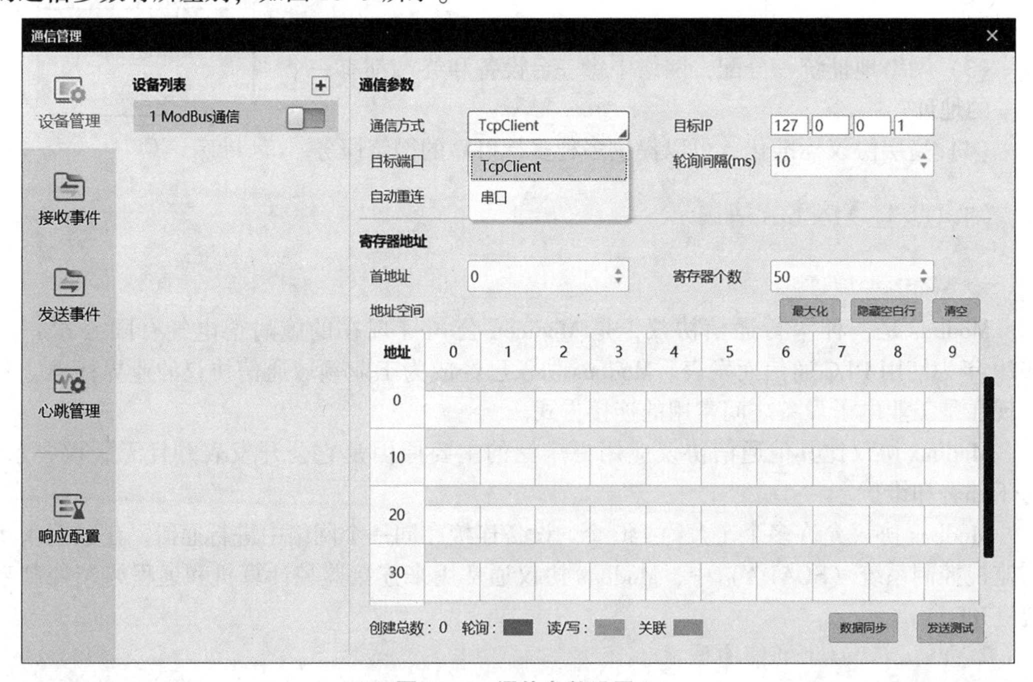

图 10-9　通信参数设置

Modbus TCP 的参数设置主要有目标 IP 和目标端口号，主要根据被连接的设备参数进行设置，如图 10-10 所示。

图 10-10　Modbus TCP 参数设置

Modbus 串口的参数设置主要有串口号、波特率、数据位和停止位，如图 10-11 所示。

图 10-11　Modbus 串口的参数设置

3. 全局触发

通过设置触发字符能够执行流程、执行模块、执行模块动作等。执行流程即触发流程运行，执行模块即单独执行订阅模块，执行模块动作目前仅支持 N 点标定模块的清空标定点动作。字符串触发的参数设置如图 10-12 所示。

VM 软件通讯设置

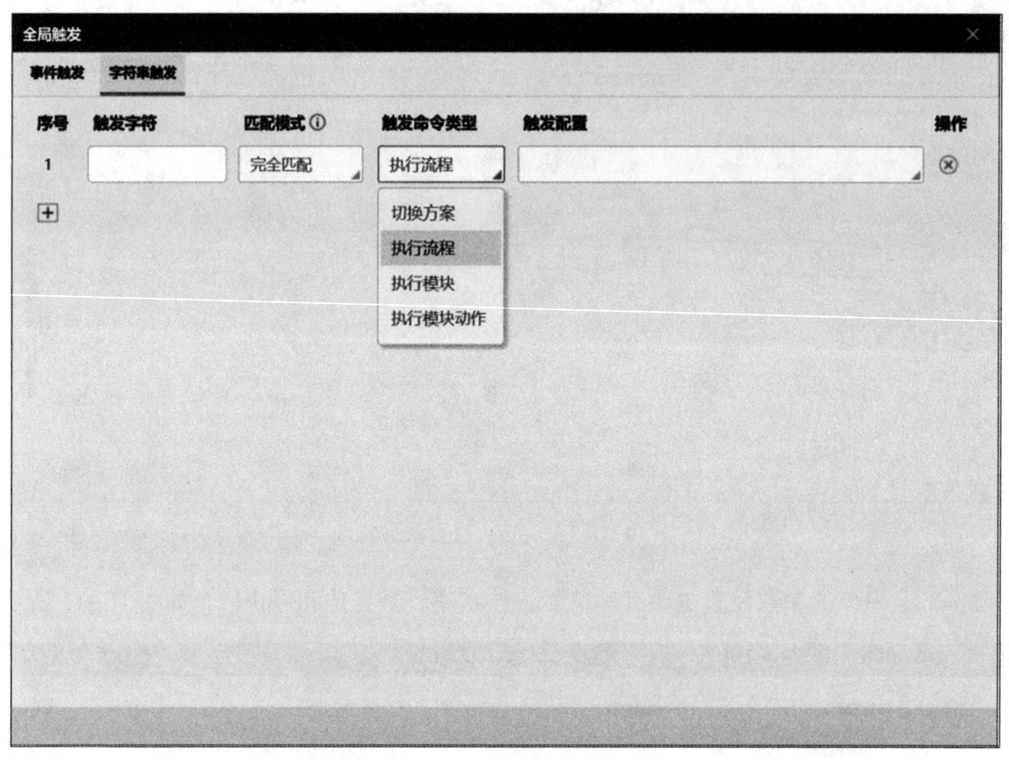

图 10-12 字符串触发的参数设置

【任务实施】

1. 硬件需求

选择满足检测需求的工业相机、工业镜头、光源等硬件。

2. 软件检测流程

针对需求，调用对应的 VisionMaster 软件工具，通过对 VisionMaster 软件的设置，完成对骰子点数的检测。本任务中机器视觉系统检测流程主要分为 3 步：图像采集→图像处理→数据输出。

1）图像采集

通过面扫描相机、图像采集工具对产品图像进行采集。调用图像源功能模块。

2）图像处理

使用快速匹配+位置修正进行定位，然后对骰子顶部点数进行读取，将点数转换成指定格式，发送给调试助手。

3）数据输出

建立虚拟网口和 VisionMaster 进行连接，完成数据传输。

总结：通过完成本任务的实操，了解网口通信的知识，并对前面快速匹配、位置修正、BLOB 工具的相关知识进行巩固。

网口通讯实操

【任务考核】

通过调试助手，建立虚拟串口 发送字符串"paizhao"触发工业相机拍照，如图 10-13 所示。

串口通信实操

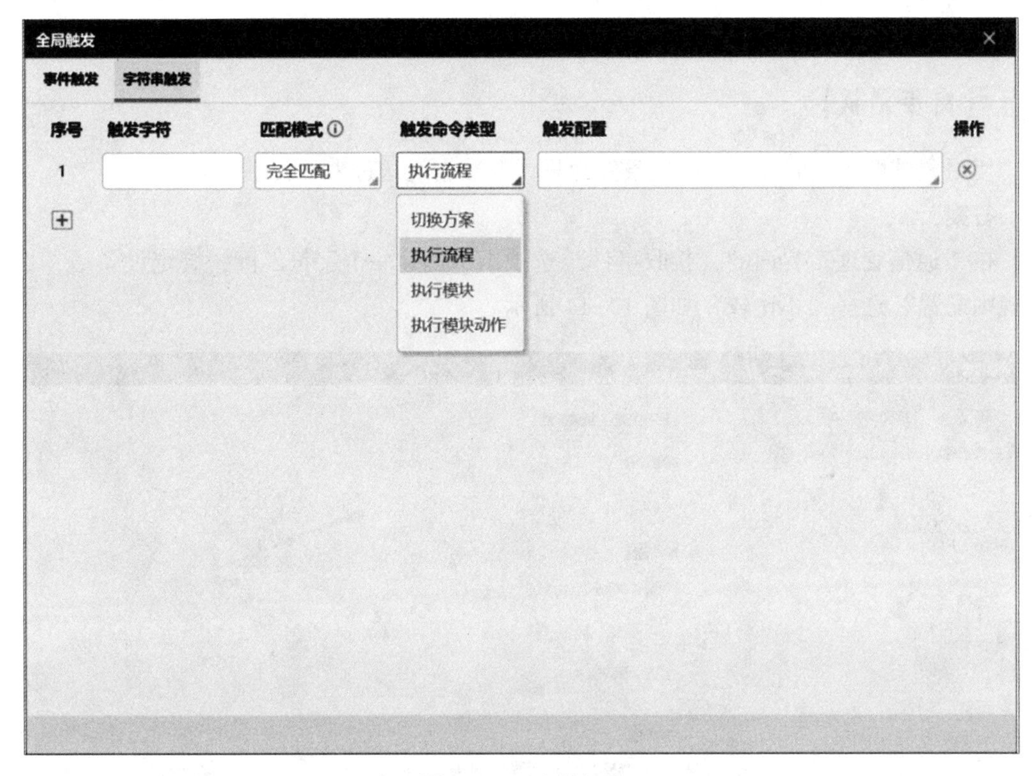

图 10-13　字符触发

1. 分析

（1）任务内容：分别采用自由协议串口和 Modbus 串口完成触发拍照。

（2）任务初步分析：通过对串口协议的学习，完成调试助手和 VisionMaster 的连接，进行数据的交互，完成字符串触发拍照。

2. 实施

1）建立虚拟串口

使用调试助手完成虚拟串口的建立。

2）设置参数

在 VisionMaster 的“通信管理”界面创建自由协议串口或者 Modbus 串口，将调试助手和创建的串口进行参数设置，保证参数一致。

3）完成连接

测试通信是否连接，可通过收发数据进行验证，最后完成连接。

4）发送信号

在“全局触发”界面设置触发字符串及触发流程，使用调试助手发送指定字符串触发工业相机拍照。

3. 总结

通过完成任务考核，了解串口通信的参数设置、自由协议串口和 Modbus 串口的区别以及可发送和接收的数据格式；熟练地掌握字符串触发和事件触发的参数设置。

【同步测试】

使用调试助手完成触发，触发条件为只要有数据发送过来，就触发流程。

答案：

在“通信管理”界面的“接收事件”选项卡中创建一个字符匹配，绑定设备后，“比较规则配置”选择“不比较”如图 10-14 所示。

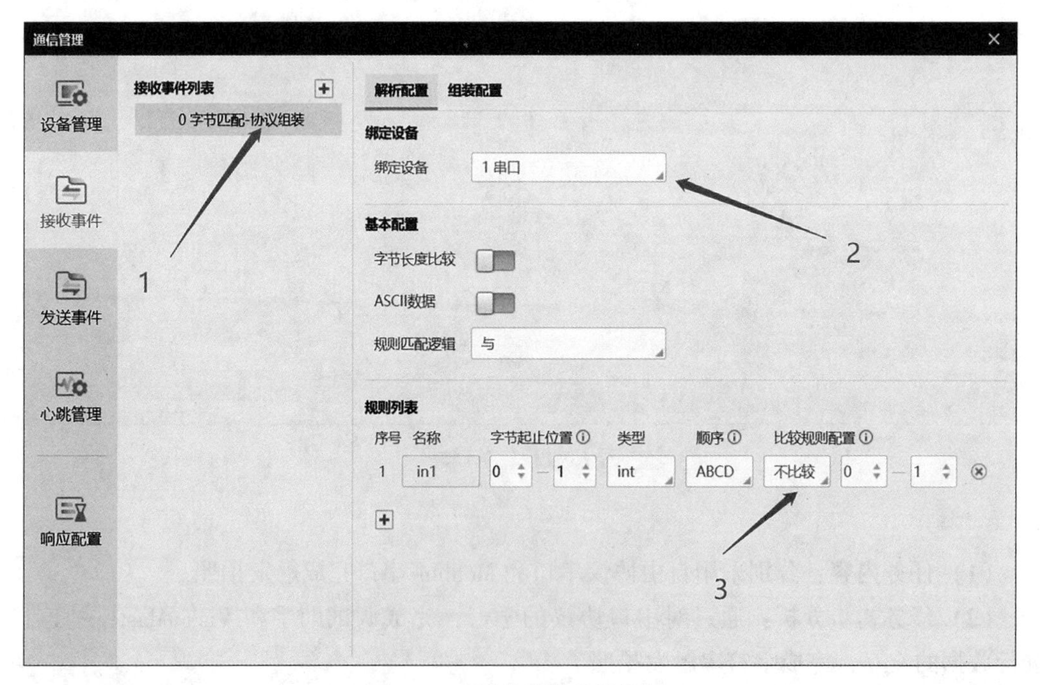

图 10-14　接收事件参数设置

在“全局触发”界面创建一个事件触发，选择之前创建的事件。因为“比较规则配置”选择为“不比较”，所以 VisionMaster 软件接收任何数据都满足触发流程条件，如图 10-15所示。

图 10-15　事件触发设置

项目 11 N点标定工具及应用

项目介绍

标定主要用于确定工业相机坐标系和机械手物理坐标系之间的转换关系。N点标定是通过N点像素坐标和物理坐标，实现工业相机坐标系和执行机构物理坐标系之间的转换，并生成标定文件，N需要大于等于4。

知识目标

掌握N点标定工具的应用。

技能目标

能够完成完成9点标定、12点标定调试。

素质目标

(1) 通过对N点标定工具的介绍，培养学生分析问题与实践动手的能力，增强学思结合、知行统一的素养，养成勇于探索的创新精神。

(2) 鼓励学生主动了解并掌握新技术、新工艺，积极投身于祖国的现代化建设。

案例引入 <<<

在自动化工业生产中，机器视觉系统将产品定位坐标发给机械手，然后由机械手完成抓取产品的工作流程。但是，机器视觉系统的坐标系和机械手的坐标系不一致。以VisionMaster为例，定位基本采用快速匹配，将视野中产品的角度及坐标识别出来，但这个坐标的原点为视野的左上角顶点，X正方向为视野由左到右，Y正方向为视野由上到下。机械手的坐标系一般为笛卡儿坐标系，和VisionMaster默认的坐标系有很大不同，并且单位坐标的距离也不一样。因此，需要通过9点标定的方式，将VisionMaster的坐标系转换成机械手的坐标系。否则，坐标系不一致，机械手无法完成产品的抓取。

任务 11 N 点标定工具应用介绍

【任务描述】

实际坐标系如图 11-1 所示。

(1) 通过 9 点标定确定产品的位置，右上角为第一象限，左上角为第二象限，左下角为第三象限，右下角为第四象限。

(2) 用标定好的坐标显示产品的实时位置。

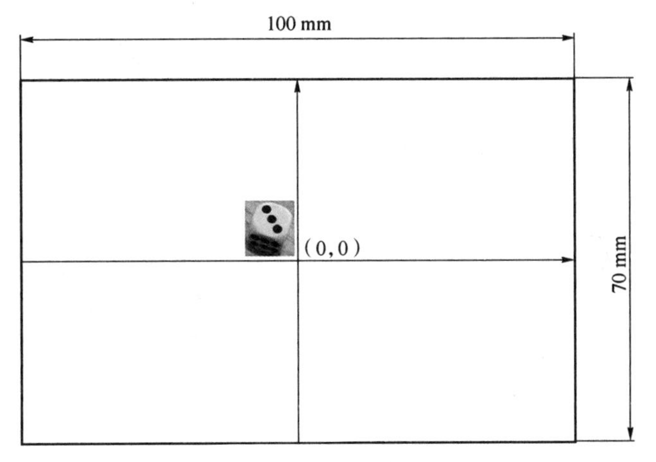

图 11-1 实际坐标系

【任务分析】

(1) 检测内容：使用骰子进行定位，然后通过 9 点标定将骰子的坐标转换成机械手的坐标（右上角为第一象限，左上角为第二象限，左下角为第三象限，右下角为第四象限），在视图左上角显示产品的实时位置。

(2) 检测需求初步分析：根据前文所述有关标定的内容，完成产品的标定。检测分为两部分，一部分为骰子定位，另一部分为坐标转换。

【相关知识】

知识点 1：2D 视觉引导系统简介

2D 视觉引导系统用于某一参考平面上零件的定位，通常定位零件的 *X*、*Y* 轴方向的位置以及绕 *Z* 轴方向的角度。通过工业相机对被测零件进行拍照，结合图像处理（特征匹配）技术，精确提取零件的轮廓和特征，实现零件识别及零件在参考平面的位置与角度定位，基于零件位置信息引导机械手或其他机构对零件进行抓取（如图 11-2 所示）。

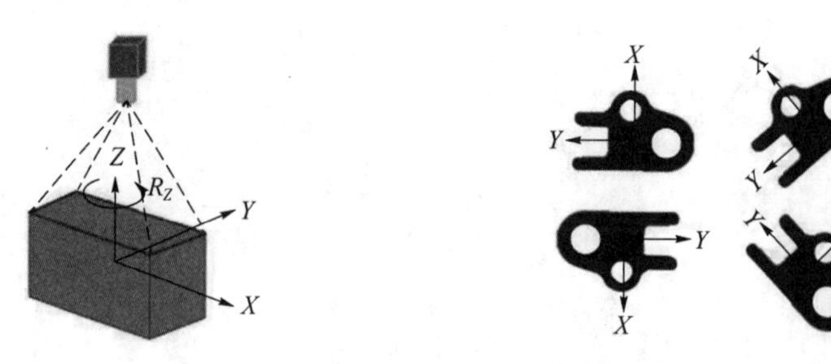

图 11-2　2D 视觉引导系统

在实际的使用过程中，标定主要有上相机抓取和下相机对位两种方式，如图 11-3 所示。

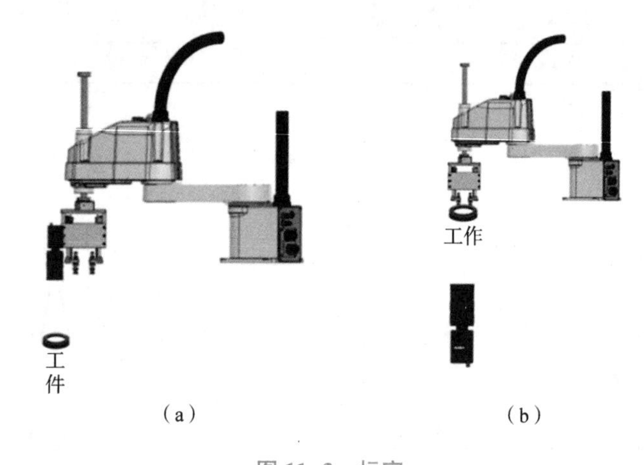

图 11-3　标定

(a) 上相机抓取；(b) 下相机对位

标定的整个过程可以分为 3 个步骤。

(1) 建立像素值与实际尺寸值之间的比例换算关系（与标定板标定原理类似，该过程在 *N* 点标定中完成）。

(2) 与机械手的 *X*/*Y*/*C* 的方向统一（该过程在 *N* 点标定中完成）。

(3) 机器视觉系统坐标系与机械手坐标系原点完全重合（该过程通常通过变量计算补偿完成）系统。

标定流程如图 11-4 所示。

图 11-4　标定流程

知识点 2：*N* 点标定参数简介

N 点标定参数见表 11-1。

表 11-1　*N* 点标定参数

<table>
<tr><td>N 点标定基本参数</td><td colspan="2">说明</td></tr>
<tr><td>标定点获取</td><td colspan="2">选择“触发获取”或“手动输入”，通常选择“触发获取”。当选择“手动输入”时支持“N 点标定”模块单独运行</td></tr>
<tr><td>标定点输入</td><td colspan="2">可选择按点或按坐标输入</td></tr>
<tr><td>圆像点</td><td colspan="2">N 点标定的标定点，通常直接连接特征匹配里面的特征点，可订阅前置模块圆像处理的结果</td></tr>
<tr><td>物理点</td><td colspan="2">机械臂的坐标点，VisionMaster 图像上的一个图像点对应一个机械臂的物理点（建议不订阅，自动生成）</td></tr>
<tr><td>旋转角度</td><td colspan="2">可通过调整旋转角度调整物理坐标系的方向</td></tr>
<tr><td>平移次数</td><td colspan="2">平移获取标定点的次数，只针对 X/Y 方向的平移，一般设置成 9 点</td></tr>
<tr><td>旋转次数</td><td colspan="2">旋转轴与图像中心不共轴时需设置旋转次数，一般设置成 3 次，且旋转是在第 5 个点的位置进行</td></tr>
<tr><td>更新文件</td><td colspan="2">一轮标定完成后，如果开启了更新文件控件，新一轮标定会将标定结果更新到标定文件中</td></tr>
<tr><td>标定文件路径</td><td colspan="2">标定文件的绝对路径，该路径下若存在文件就加载，若不存在则加戴失败，运行时报错</td></tr>
<tr><td>基准点 X 基准点 Y</td><td colspan="2">标定原点的物理坐标，通常设置成（0，0）即可，单位为 mm</td></tr>
<tr><td>偏移 X 偏移 Y</td><td colspan="2">机械臂每次运动向 X 或 Y 方向的物理偏移量，可正可负，单位为 mm</td></tr>
<tr><td>移动优先</td><td colspan="2">设置结构的运动方向</td></tr>
<tr><td>换向移动次数</td><td colspan="2">机械臂移动多少次转换一次方向</td></tr>
<tr><td>基准角度/
角度偏移</td><td colspan="2">旋转的初始角度和每次随转的角度。如果旋转 3 次，旋转角度为从-10°到 0°，再到+10°，则基准角度为-10°，角度偏移为 10° 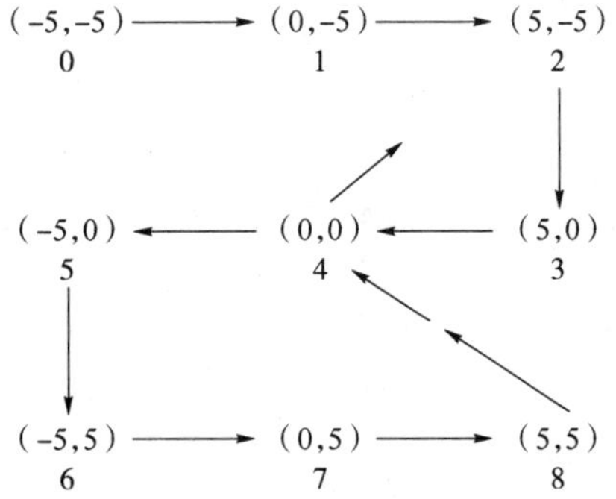
(-5,-5) 0 → (0,-5) 1 → (5,-5) 2
(-5,0) 5 ← (0,0) 4 ← (5,0) 3
(-5,5) 6 → (0,5) 7 → (5,5) 8</td></tr>
<tr><td colspan="3">N 点标定运行参数</td></tr>
<tr><td rowspan="3">工业相机模式</td><td>工业相机静止于上相机位</td><td>工业相机固定不动，且在拍摄工件上方</td></tr>
<tr><td>工业相机静止于下相机位</td><td>工业相机固定不动，且在拍摄工件下方</td></tr>
<tr><td>工业相机运动</td><td>工业相机随机械臂运动</td></tr>
</table>

续表

N点标定基本参数	说明
自由度	可根据具体需求选择，有缩放、旋转、纵横比、倾斜、平移及透射，缩放、旋转及平移这3个参数分别对应透视变换、仿射变换和相似性变换
权重函数	可选最小二乘法，Huber、Tukey和Ransac算法函数，建议使用默认参数设置
权重系数	选择Tukey或Huber时的参数设置项，权重系数为对应方法的消波因子，建议使用默认值
距离阈值	选择Ransac时的参数设置项，表示剔除错误点的距离阈值，值越小，点集选取越严格。当点集精度不高时，可适当增加此阈值。建议使用默认值
采样率	选择Ransac时的参数设置项，当点集精度不高时可适当降低采样率，建议使用默认值

知识点3：9点标定

参数设置："图像点"默认选择"匹配框中心"，平移次数为9，旋转次数为0，偏移为每次移动的实际距离（mm），换向次数默认为3，如图11-5所示。

图11-5　9点标定参数设置

1. 偏移X、偏移Y为10，移动优先为X优先

移动次数与坐标见11-2。

表11-2　移动次数与坐标

移动次数	1	2	3	4	5	6	7	8	9
坐标（X，Y）	−10，−10	0，−10	10，−10	10，0	0，0	−10，0	−10，10	0，10	10，10

偏移X、Y为10，每次移动的距离就是10，坐标每次变化也是10。

移动优先为 X 优先，就是移动两次 X，之后移动一次 Y，再移动两次 X，重复这种移动顺序。

2. 移动优先为 Y 优先

移动次数与坐标见表 11-3。

表 11-3 移动次数与坐标

移动次数	1	2	3	4	5	6	7	8	9
坐标（X，Y）	-10，-10	-10，0	10，10	0，10	0，0	0，-10	10，-10	10，0	10，10

移动优先为 Y，就是移动两次 Y，之后移动一次 X，再移动两次 Y，重复这种移动顺序。

例如要标定一个直角坐标系，可以选择 X 优先，标定顺序为倒着写的“5”。

标定完成后，右侧颜色会变成绿色，单击生成标定文件，完成标定文件的生成。

标定参数如图 11-6 所示。

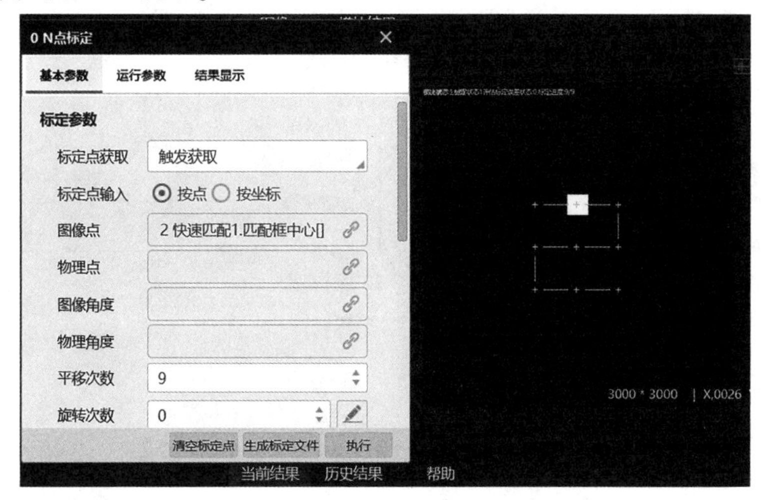

图 11-6 标定参数

用标定转换模块对坐标进行转换，坐标点选择需要转换的点，加载标定文件选择之前生成的标定文件，如图 11-7 所示。

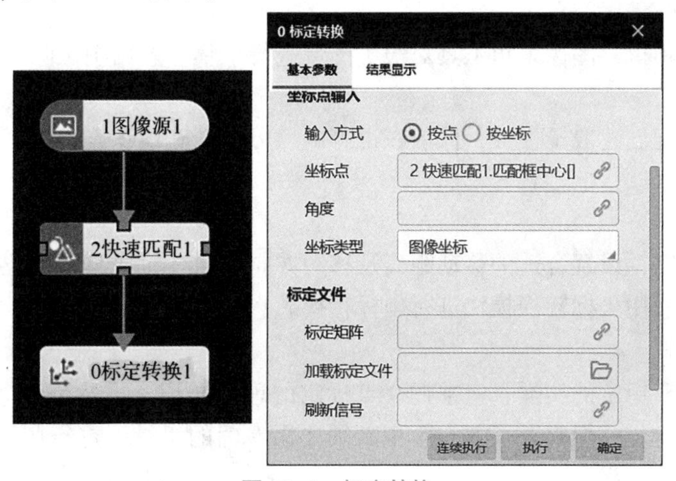

图 11-7 标定转换

知识点 4：12 点标定

12 点标定在参数设置上和 9 点标定一样，但额外增加了图像角度和旋转次数。

N 点标定

12 点中的前 9 个点的标定方法和 9 点标定一样，第 10、11、12 点需要回到第 5 个点的位置，最后 3 点用于标定角度，标定转换的输入也要增加一个角度，如图 11-8 所示。

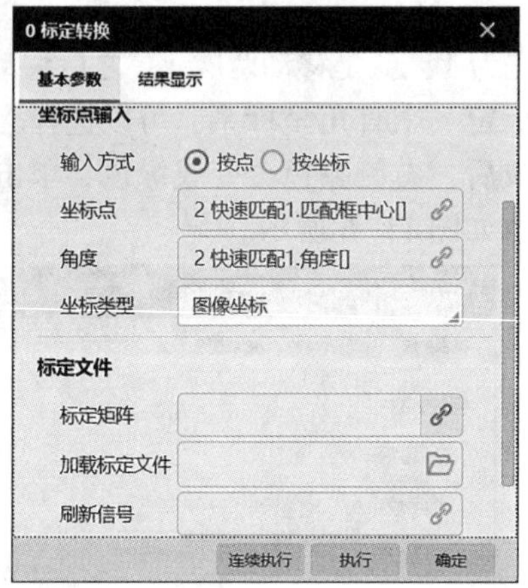

图 11-8　12 点标定

【任务实施】

1. 硬件需求

选择满足检测需求的工业相机、工业镜头、光源等硬件。

2. VisionMaster 软件检测流程

针对需求，调用对应的机器视觉软件工具，通过对机器视觉软件的设置，完成骰子的定位。机器视觉系统检测流程主要分为 3 步：图像采集→图像处理→坐标转换。

1）图像采集

通过面扫描相机、图像采集工具对骰子图像进行采集。调用图像源功能模块。

2）图像处理

使用快速匹配创建骰子模板，保证在视野内，可以准确地识别出骰子的位置，并且给出坐标。

3）坐标转换

使用 9 点标定，设置合适的移动距离及移动方向，通过每次移动的位置变化，完成标定文件的生成，使用坐标转换模块进行坐标转换。

3. 总结

通过完成 9 点标定的实操，应掌握 9 点标定的理论知识，虽然是手动移动产品模拟定位，但应该了解实际中必须要用专门的机械手进行产品的移动。

9 点标定

【任务考核】

12 点标定是在 9 点标定的基础上增加了 3 个点，也就是在第 9 个点标定完成后增加 3 个原点标定，这 3 个原点标定需要旋转角度。标定完成后可生成一个标定文件，用于坐标转换。9 点标定和 12 点标定的区别在于 12 点标定生成的标定文件可转换角度，而 9 点标定只能标定坐标，在一般情况下 9 点标定的应用场合较多，因为快速匹配模块可以自动识别产品旋转角度，直接调用即可。

将本任务通过 12 点标定的方法完成。

1. 分析

（1）检测内容：对骰子进行定位，然后通过 12 点标定将骰子的坐标和角度转换成机械手的坐标和角度（右上角为第一象限，左上角为第二象限，左下角为第三象限，右下角为第四象限），在视图左上角显示骰子的实时位置。

（2）检测需求初步分析：根据 N 点标定的知识，在 9 点标定的基础上增加 3 个旋转角度点，完成骰子的坐标及角度标定。检测分为两部分，一部分为骰子定位，另一部分为坐标转换。

2. 实施

1）硬件需求

选择满足检测需求的工业相机、工业镜头、光源等硬件。

2）VisionMaster 软件检测流程

针对需求，调用对应的机器视觉软件工具，通过对机器视觉软件的设置，完成骰子的定位。机器视觉系统检测流程主要分为 3 步：图像采集→图像处理→坐标转换。

（1）图像采集。

通过面扫描相机、图像采集工具对骰子图像进行采集。调用图像源功能模块。

（2）图像处理。

使用快速匹配创建骰子模板，保证在视野内，可以准确地识别出骰子的位置，并且给出坐标。

（3）坐标转换。

使用 12 点标定，设置合适的移动距离、移动方向、移动次数及旋转次数，通过每次移动和旋转位置变化，完成标定文件的生成，使用坐标转换模块进行坐标转换。

3. 总结

12 点标定以 9 点标定为基础，添加一个旋转角度的标定，应了解如果不使用 12 点标定，用 9 点标定应该采用何种办法获得产品角度。掌握不同参数的设置，了解如何采用不同路径的标定顺序标定需要的坐标系。

12 点标定

【同步测试】

（1）在同一个视野内的产品，是否只需要一次标定？如果不是，简述原因。

（2）N 点标定是否一定需要机械手？能否以人手移动代替？

答案：

（1）不一定，如果视野内有高低差不同的产品或者产品所在平面不是同一个，则需要建立多个标定坐标。原因是高度不同的产品不共用坐标系。

（2）一定需要机械手，因为人工移动距离精度很低。

项目12 图像处理及工具应用

项目介绍

在图像的形成、传输或变换的过程中，由于受到多种因素的影响，图像与原始景物之间往往产生某种差异。这种差异称为降质或退化。在对图像进行研究处理前，必须对降质的图像进行一些可以改善图像质量的处理工作。图像处理的目的是使目标物的特征增强，同时抑制非目标物。

常见的图像处理工具有图像形态学工具、图像滤波工具、图像增强工具。

知识目标

(1) 掌握图像形态学工具的应用。

(2) 掌握图像滤波工具的应用。

(3) 掌握图像增强工具的应用。

技能目标

(1) 能够完成字符识别。

(2) 能够完成瑕疵检测。

素质目标

(1) 培养学生的理解能力、观察能力、知识应用能力。

(2) 引导学生提高自身专业水平，提高思辨能力，培养创新意识。

案例引入 <<<

字符存在于工作生活的各领域，如产品上的数字标签、生产日期。这些字符通常采用打印或者镭雕的方式印在产品上，很容易出现字符重叠或者字符漏印的情况。有时需要读取产品编号然后将其输出至其他设备。一般人工读取字符时容易发生错位，如果需要输入至其他设备，还需要人工手动输入。机器视觉检测中的字符识别功能可以快速识别出字符，还可以通过多种通信协议完成字符的传输。

任务 12 图形处理工具应用介绍

【任务描述】

如图 12-1 所示，光源的影响导致产品亮度不均匀，中间的条码亮度刚好达到可以检测的上限（即再亮会检测不出来）。试过图像处理工具将右侧标签的背景纹路去掉，以提高字符检测的稳定性。

图 12-1 进网试用标签

【任务分析】

（1）检测内容：通过合适的图像处理工具完成字符识别。

（2）检测需求初步分析：检测内容可以分为两个步骤完成——第一步对图像进行预处理，第二步对指定字符进行读取。

【相关知识】

知识点 1：图像形态学处理

图像形态学处理是指一系列处理图像形状特征的技术。

图像形态学处理的基本思想是利用一种特殊的结构元来测量或提取输入图像中相应的形状或特征，以便进一步进行图像分析和目标识别。

图像形态学处理主要用来从图像中提取对表达和描绘区域形状有意义的图像分量，使后续的识别工作能够抓住目标对象最为本质的形状特征，如边界和连通区域等。图像形态学处理是针对图片中的白色像素点进行操作的。其运算类型包括膨胀运算、腐蚀运算、开运算和闭运算。

1. 腐蚀运算

每当在目标图像中找到一个与结构元素相同的子图像时，就把该子图像中与结构元素的原点位置对应的那个像素位置标注为 1，目标图像上标注出的所有这样的像素组成的集合，即腐蚀运算结果，如图 12-2 所示。

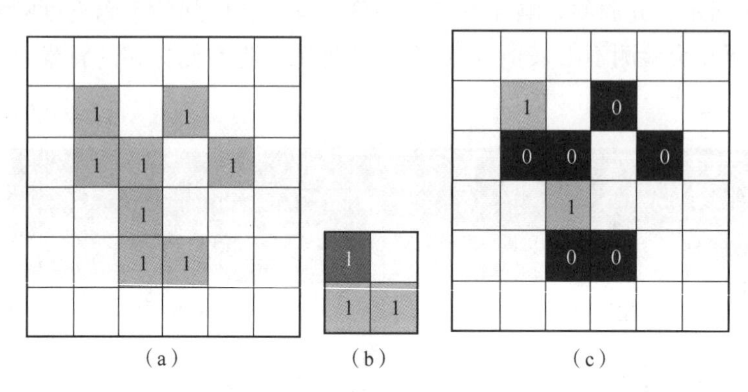

图 12-2 腐蚀运算

（a）目标图像 A；（b）结构元素 B；（c）腐蚀运算结果图像

简而言之，腐蚀运算会使目标图像中的元素 1 损失掉。当目标图像中背景灰度低，前景灰度高时，前景会被腐蚀，如图 12-3 所示。

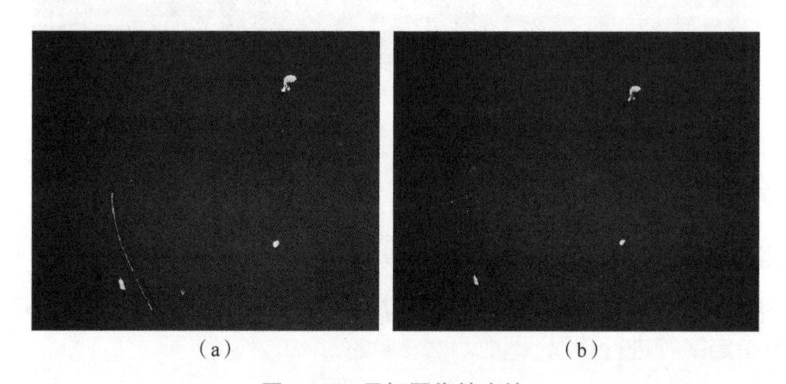

图 12-3 目标图像被腐蚀

（a）原图；（b）腐蚀后

2. 膨胀运算

先对结构元素做关于其原点的反射得到反射集合，然后在目标图像上将反射集合平移，则那些反射集合平移后与目标图像至少有 1 个非零公共元素相交时对应的反射集合的原点位置所组成的集合，就是膨胀运算的结果，如图 12-4 所示。

简而言之，膨胀运算会在目标图像中填充更多元素 1。当目标图像中背景灰度低，前景灰度高时，前景会被膨胀，如图 12-5 所示。

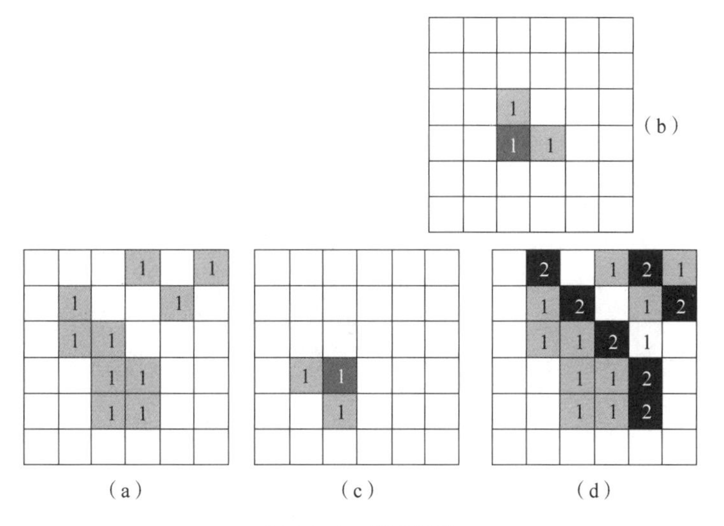

图 12-4　膨胀运算

(a) 目标图像 A；(b) 结构元素 B；(c) 膨胀运算结果图像

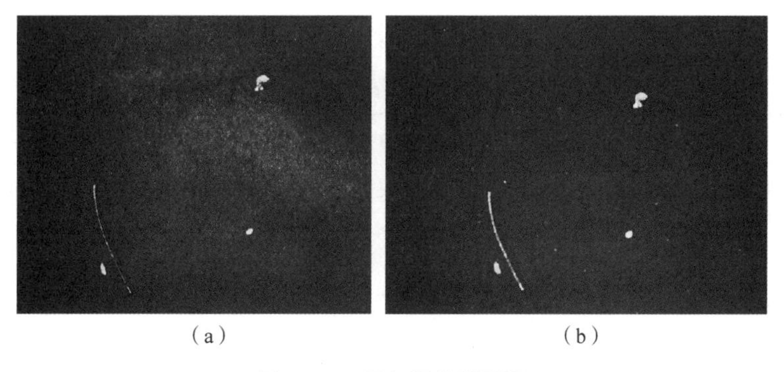

(a)　(b)

图 12-5　目标图像被膨胀

(a) 原图；(b) 膨胀后

3. 开运算

使用同一个结构元素对目标图像先进行腐蚀运算，然后进行膨胀运算，称为开运算。开运算具有磨光图像外边界的作用，如图 12-6 所示。

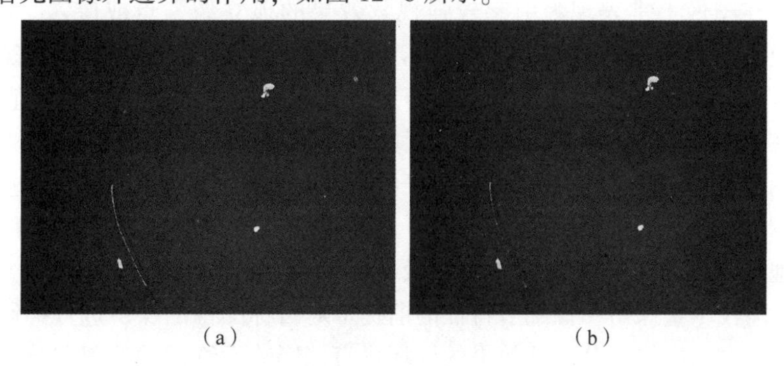

(a)　(b)

图 12-6　开运算

(a) 原图；(b) 开运算后

4. 闭运算

使用同一个结构元素对目标图像先进行膨胀运算，然后进行腐蚀运算，称为闭运算。闭运算具有磨光物体内边界的作用，如图 12-7 所示。

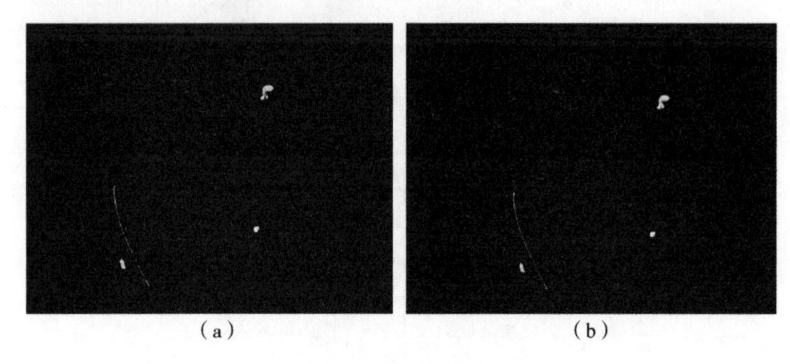

（a）　　　　（b）

图 12-7　闭运算

（a）原图；（b）闭运算后

5. 其他参数

图像形态学处理的其他参数见表 12-1。

表 12-1　图像形态学处理的其他参数

参数	说明
形态学形状	结构元素的形状，运算结果的图像轮廓和图像形态学形状比较相似
迭代次数	重复图像形态学处理操作的次数，次数越大处理效果越明显
核宽/高度	结构元素的宽度和高度，加大该值会使图像形态学处理的效果更明显

知识点 2：图像滤波

形态学处理

由于成像系统、传输介质和记录设备等的不完善，数字图像在其形成、传输、记录过程中往往会受到多种噪声的污染。另外，在图像处理的某些环节，当输入的图像对象不如预想时也会在结果图像中引入噪声。这些噪声在图像上常表现为引起较强视觉效果的孤立像素点或像素块。一般来说，噪声信号与要研究的对象不相关，它以无用的信息形式出现，扰乱图像中的可观测信息。对于数字图像信号，噪声表为或大或小的极值，这些极值以加减作用的方式叠加在图像像素的真实灰度值上，对图像造成亮、暗点干扰，极大地降低了图像质量，影响图像复原、图像分割、图像特征提取、图像识别等后继工作的进行。要构造一种有效抑制噪声的滤波器，必须考虑两个基本问题：能有效地去除目标和背景中的噪声；能很好地保护图像目标的形状、大小及特定的几何和拓扑结构特征。

图像滤波即在尽量保留图像细节特征的前提下对目标图像的噪声进行抑制，它是图像预处理中不可缺少的操作，其处理效果的好坏将直接影响后续图像处理和分析的有效性和可靠性。

图像滤波效果如图 12-8 所示。

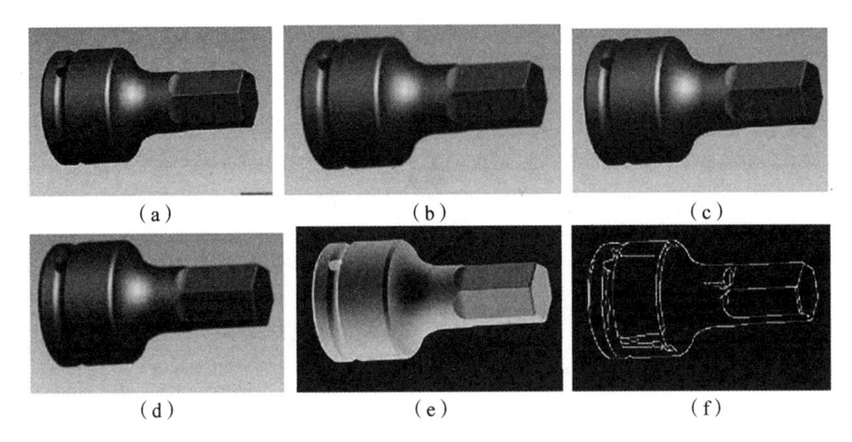

图 12-8 图像滤波效果

(a) 原图；(b) 高斯滤波；(c) 中值滤波；(d) 均值滤波；(e) 取反；(f) 边缘提取

(1) 图像滤波类型：包括高斯滤波、中值滤波、均值滤波、取反、边缘提取，用户可根据实际需求选择。

(2) 高斯滤波核：增大高斯滤波核数会使图像画面更加平滑。

(3) 滤波核宽度：中值/均值滤波核的宽度，增大该值会使图像画面横向平滑程度提高。

(4) 滤波核高度：中值/均值滤波核的高度，增大该值会使图像画面纵向平滑程度提高。

(5) 边缘阈值范围：进行边缘提取时设置的阈值范围，决定边缘提取的明显度范围，进行边缘提取后得到边缘的二值图像，边缘点用白色表示，背景点用黑色表示。

图像滤波

知识点 3：图像增强

图像增强是运用计算机或者光学设备改善图像视觉效果的处理方法，以增强图像中的有用信息。它可以是一个失真的过程，其目的是改善图像的视觉效果，使图像更能够针对其应用场合。

图像增强是有目的地强调图像的整体或局部特性，将原来不清晰的图像变得清晰或强调某些感兴趣的特征，扩大图像中不同物体特征之间的差别，抑制不感兴趣的特征，从而改善图像质量、丰富信息量，加强图像判读和识别效果，满足某些特殊分析的需要。

图像增强包括锐化、对比度调节、Gamma 校正和亮度校正，如图 12-9 所示。

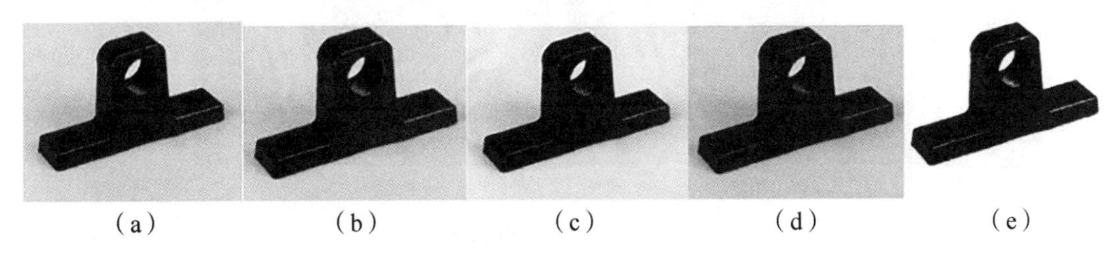

图 12-9 图像增强

(a) 原图；(b) 锐化；(c) 对比度调节；(d) Gamma 校正；(e) 亮度校正

1. 锐化

锐化是为了突出图像中物体的边缘、轮廓，或某些线性目标要素的特征。这种滤波方法提高了地物边缘与周围像元之间的反差，因此也被称为边缘增强。

应用锐化工具可以快速聚焦模糊边缘，提高图像中某一部位的清晰度或者焦距程度，使图像特定区域的色彩更加鲜明。锐化一定要适度，因为锐化不是万能的，很容易使目标变得不真实。如图 12-10 所示。

锐化参数如

(1) 锐化强度：锐化系数，1 000 表示系数为 1；0 表示不进行锐化处理；该值越大，锐化越多。

(2) 锐化核大小：范围为 1~51，决定锐化局部区域的大小。

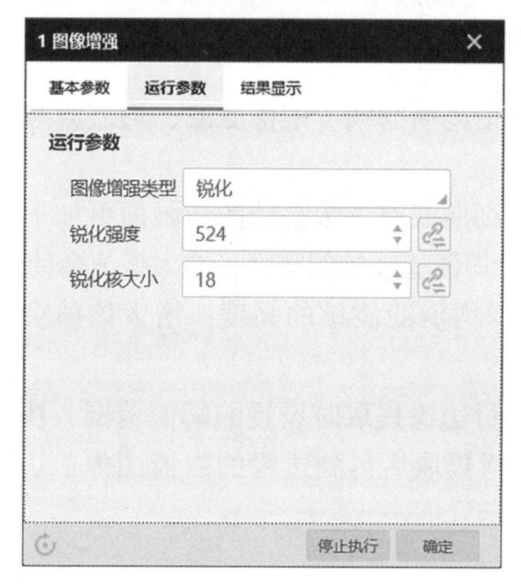

图 12-10 锐化参数

可以通过更改锐化参数中的锐化强度和锐化核大小来凸显物体的轮廓，如图 12-11 所示。

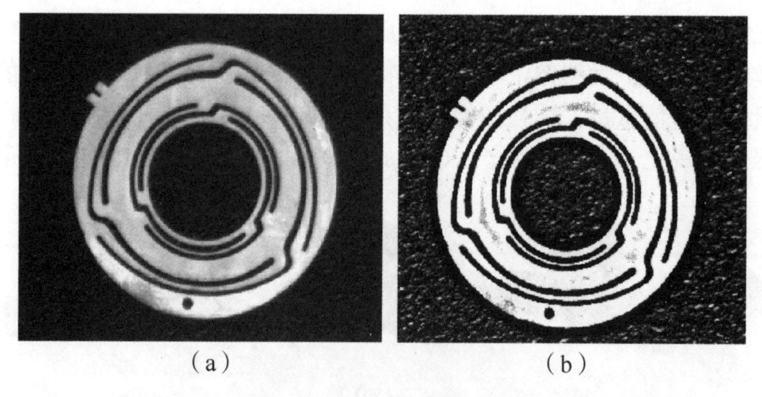

(a)　　(b)

图 12-11 锐化参数改变对比

(a) 原图；(b) 锐化后

2. 对比度调节

对比度就是图像颜色和亮度的差异感知，对比度越高，图像中的对象与背景差异就越大，反之亦然。

对比度系数是控制对比度的调节系数，100 表示不进行调节；大于 100 对比度提高，小于 100 对比度降低，如图 12-12 所示。

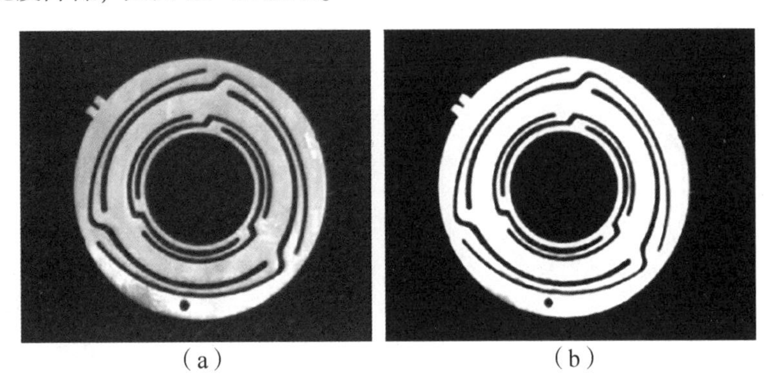

（a）　　　　（b）

图 12-12　对比度系数改变对比

（a）原图；（b）对比度处理后

3. Gamma 校正

Gamma 校正是一种对图像的 Gamma 曲线进行编辑以达到对图像进行非线性色调编辑的方法，即检出图像信号中的深色部分和浅色部分，并使两者比例增大，也就是使黑的更黑，使白的更白，从而提高图像对比度。Gamma 值为 1 时，表示不进行 Gamma 校正。

Gamma 值为 0~1 时，图像暗度提升；Gamma 值为 1~4 时，图像暗处亮度下降，如图 12-13所示。

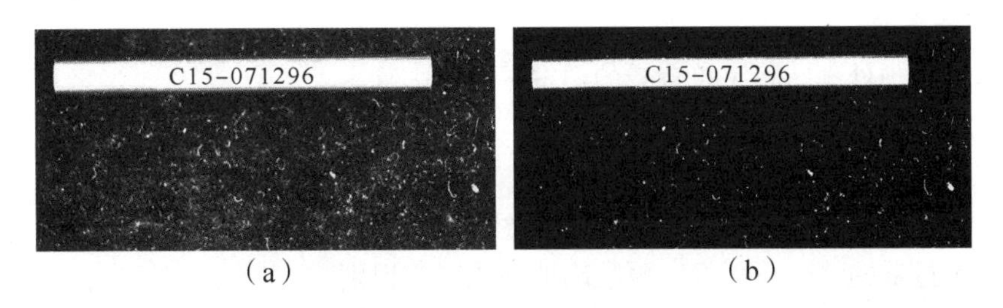

（a）　　　　（b）

图 12-13　Gamma 值改变对比

（a）原图；（b）Gamma 值为 3

4. 亮度校正

若图像被过度曝光而显得很白，或者因光线不足而显得很暗，则可以进行亮度校正。

校正公式为

$$curdst[i]=offset+cursrc[i]*gain$$

其中：

cursrc ［i］ 表示输入图像当前灰度值；

curdst ［i］ 表示输出图像当前灰度值，curdst ［i］ 计算结果均被限定在 ［0，255］ 范围内；

gain 表示亮度校正增益；

offset 表示亮度校正补偿。

亮度校正参数如图 12-14 所示。

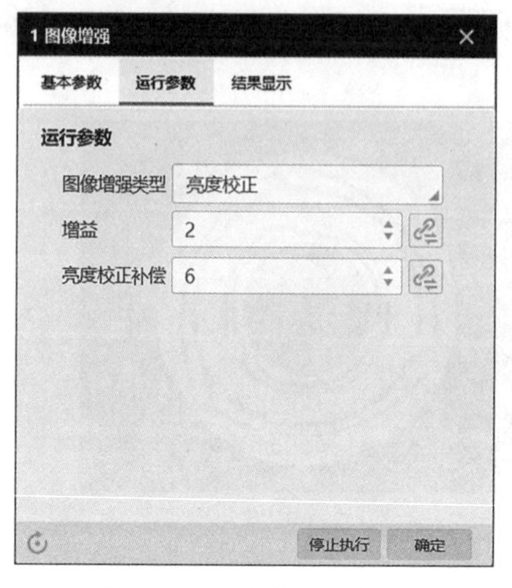

图 12-14　亮度校正参数

图像增强工具介绍

【任务实施】

1. 图片导入

将案例图片导入 VisionMaster 软件的检测流程。

2. 产品定位

观察产品位置是否固定，如果不固定则需要创建模板轮廓，完成产品定位。

3. 图像预处理

对图像进行预处理，将字符背景的图案尽可能去除。

4. 字符读取

对指定区域中的字符进行读取。

总结：通过本任务，可以更清楚地了解图像预处理的方法，以及如何去除多余背景，在保证视野不过曝的情况下更好、更准确地完成字符识别。

【任务考核】(瑕疵检测。)

字符识别实操

通常有瑕疵的产品会在质检环节直接被剔除或者进行返工。采用人工检测时，有些瑕疵不易观察，并且会受外界光线的影响，例如白天外界光线亮，瑕疵明显，晚上外界光线暗，瑕疵不明显。采用机器视觉系统搭配合适的光源进行补光，照亮瑕疵，可以很准确地识别出瑕疵。有部分瑕疵需要经过图像处理才可以准确地被识别出来，合适的图像处理对瑕疵检测有很大帮助。

使用图像处理工具，将图 12-15 所示产品表面的白色瑕疵处理成最理想状态（即背景纯黑，白色瑕疵纯白），然后完成瑕疵检测。

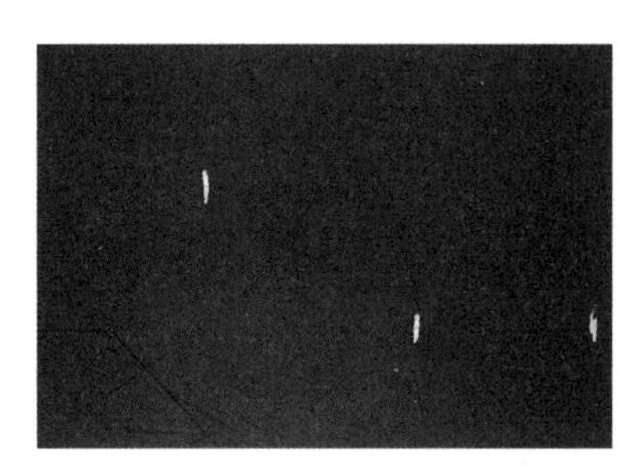

图 12-15 瑕疵检测

1. 分析

（1）检测内容：通过合适的图像处理工具完成瑕疵检测。

（2）显示效果：使用格式化方式将瑕疵个数显示在视图中。

（3）检测需求分析：检测可以分为两个步骤完成——第一步对图像进行预处理，第二步对瑕疵进行检测。

2. 实施

（1）图片导入：将案例图片导入 VisionMaster 软件的检测流程。

（2）图像预处理：对图像进行预处理，使瑕疵明显化。

（3）瑕疵检测：对视野内的瑕疵进行 BLOB 检测。

3. 总结

通过瑕疵检测案例实操，可以了解图像处理工具的功能和使用方法。

瑕疵检测案例实操

【同步测试】

图像处理的目的是什么？简述其操作内容。

答案：

图像处理的目的是使目标物的特征增强，同时抑制非目标物。图像特征提取是抽取目标物的特征；分类器根据目标物的特征对要识别的物体分类，完成物体的识别；通过机器视觉目标定位功能提取目标物的位置信息，实现目标定位。

项目 13 颜色识别工具及应用

项目介绍

随着机器视觉技术的发展，越来越多的行业都应用了机器视觉技术。颜色识别成为机器视觉软件的重要功能。人们通常会通过颜色区分物品的类别，如饮料外包装的不同颜色代表着不同口味、电路中经常出现红正黑负的情况，产品有无霉变也可以通过颜色进行判断。

知识目标

（1）掌握颜色识别工具的应用；

（2）掌握 VisionMaster 运行界面各工具的应用；

技能目标

（1）能够完成线序颜色检测、纸张颜色识别。

（2）能够完成端子颜色分类。

素质目标

（1）培养学生的创新实践能力、知识应用能力和自主学习能力；

（2）激发学生将专业理论知识应用到我国工业发展中的责任感。

案例引入 <<<

人们在日常生活中经常会用到电，电是通过电线进行传输的，电线有许多种颜色。电线区分颜色的最主要的原因是为了保证用电安全，避免接线时出现错误，让人们可以更好地分清各个线路的位置，降低误操作概率，提高接线的安全性。同时也为了方便电路维修，让维修人员能在短时间内找到故障部位。一些产品的接线为了防止出现问题，通常采用固定颜色排序。人工检测电线颜色时，需要逐根检测，效率不高，准确率也较低。机器视觉系统对产品拍照一次，即可一次性地将所有的线序颜色识别出来，解决了人工检测效率不高，准确率低的问题。

任务13 颜色识别工具应用介绍

【任务描述】

对图 13-1 所示接线盒线序颜色进行检测，对是否出现漏接进行判断。

图 13-1　接线盒（附彩插）

【任务分析】

本任务的检测可以分两个步骤完成。

（1）对线序颜色进行检测。

（2）对是否出现漏接进行判断。

【相关知识】

知识点 1：黑白相机和彩色相机

输出图像是黑白的相机是黑白相机，输出图像是彩色的相机是彩色相机。

1. 黑白相机原理

当光线照射到感光芯片时，光子信号会转换成电子信号。由于光子的数目与电子的数目成比例，统计出电子数目就能形成反应光线强弱的黑白图像。经过相机内部的微处理器处理，黑白相机输出一张黑白数字图像。在黑白相机中，光的颜色信息没有被保留。

2. 彩色相机原理

无论是 CCD 图像传感器还是 CMOS 图像传感器，其原理都是将光子转换为电子，其中光子数目与电子数目成比例。对于每个像素，统计其电子数目就形成反映光线强弱的灰度图像，也就是说，CCD 图像传感器和 CMOS 图像传感器是“色盲”，不具备辨色的能力，只能形成黑白图像。

那么彩色相机如何记录不同的颜色信息呢？如图 13-2 所示，在图像传感器前添加一个 RGB 滤波阵列，使每个滤光点只能透射一种颜色，并使各个颜色的滤光点与下层像素点一一对应。

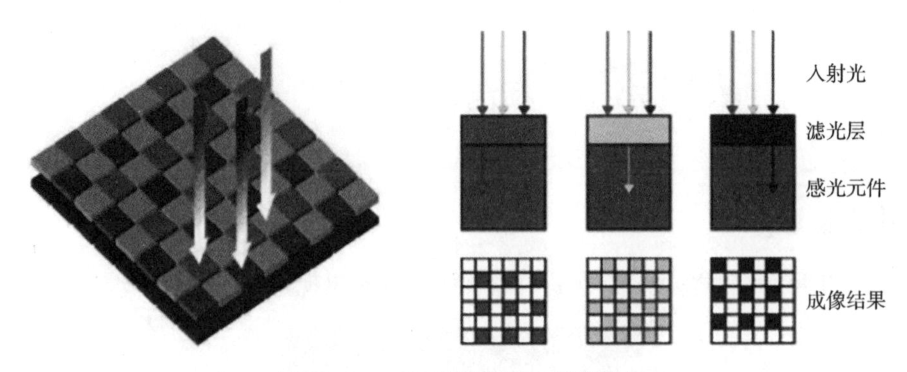

图 13-2　RGB 滤波阵列（附彩插）

感光芯片上有 1/2 的区域获得了绿色的强度信息（只是光照强度，或者说光子数量，在此强调：像元并不能识别颜色），有 1/4 的区域获得了红色和蓝色的强度信息。但是，这样还是不能得到人们想要的图像，接下来以不同的算法进行“猜色”过程，也就是根据一个像素点及其周围的红、绿、蓝各自的灰度值，经插值算出该像素点的 RGB 值。插值算法有很多，最简单的就是将临近像素点的色彩值赋给该像素点，也可以将领域的该颜色灰度值平均后赋给该像素点，如图 13-3所示。

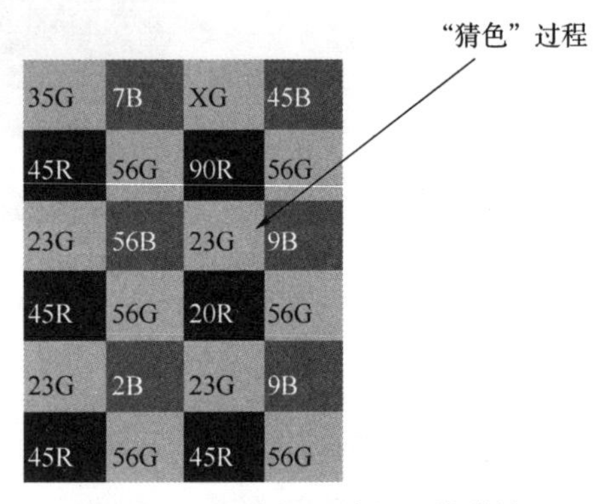

图 13-3　“猜色”过程（附彩插）

3. 黑白相机和彩色相机的优、缺点

一般产品只要没有颜色检测需求，都使用黑白相机，只有在产品有颜色检测需求的时候，才使用彩色相机。

相比于同型号的黑白相机，彩色相机的传输速度只有黑白相机的 1/3，而且黑白相机的精度也比彩色相机高，特别是检测图像边缘时，黑白相机的效果更好。在进行图像处理时，黑白相机得到的是灰度信息，可直接处理。彩色相机输出的彩色图像需要转换成黑白图像才能进行快速匹配，从而获得定位。因此，在一般情况下不选择彩色相机。

彩色图像与黑白图像对比如图 13-4 所示。

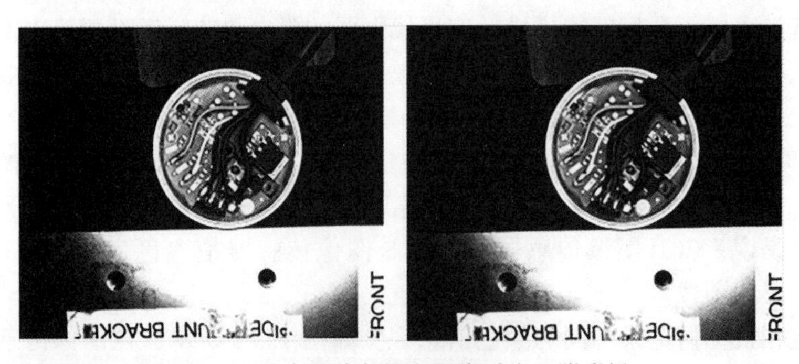

图 13-4　彩色图像与黑白图像对比（附彩插）

知识点 2：颜色识别工具

颜色识别工具（）以颜色为模板进行分类识别，当不同类物体有比较明显的颜色差异时，颜色识别工具可实现精准的物体分类并输出相关的分类信息，在进行颜色识别前需要进行模板匹配，如图 13-5 所示。

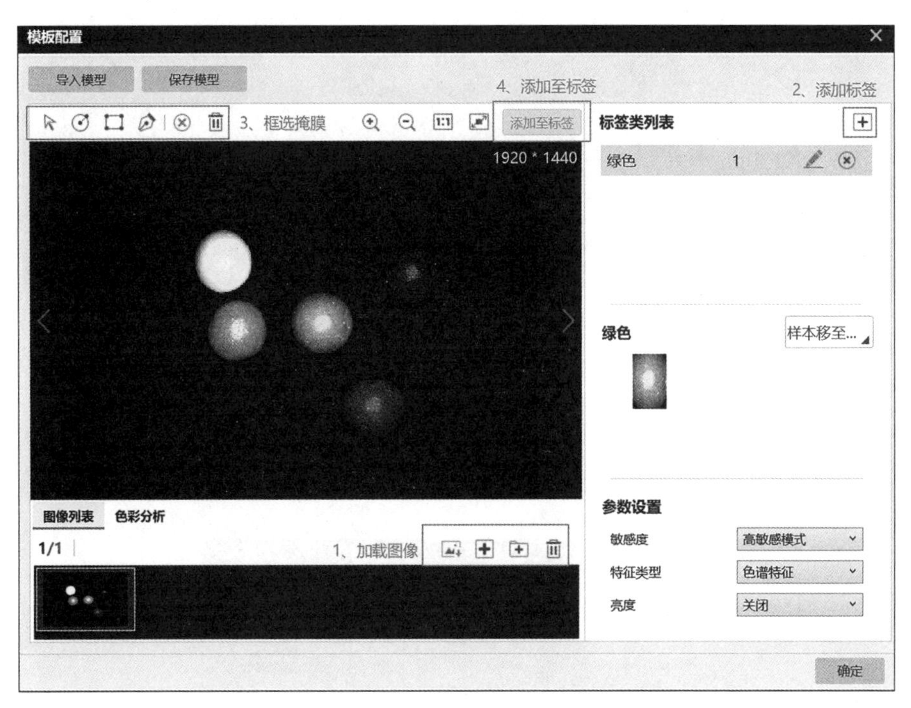

图 13-5　颜色模板设置（附彩插）

一类物体可以被放入一个标签，当样本打标错误时可将样本移动至正确的标签列表中。在完成建模以后可以调节模板参数，见表 13-1。

表 13-1　颜色识别模板参数

敏感度	有高，中，低 3 种敏感模式，当图像对类似光照变化等外界环境比较敏感时建议选择高敏感模式
特征类型	有色谱特征和直方图类型，相较而言直方图类型更为敏感
亮度	亮度特征反映光照对图像的影响，若需要在光照变化的情况下使识别结果更加稳定，可关闭亮度特征。只可在直方图类型中选择开启或关闭亮度特征，色谱特征始终开启亮度特征

建立模板后加载图像并设定 ROI 限定目标区域，单次运行时会输出每个类对应的识别得分，以及根据参数 K 值所得到的最佳识别效果，如图 13-6 所示。在输出结果的右侧会显示得分最高的模型和当前图像的色相、饱和度、亮度对比图表。

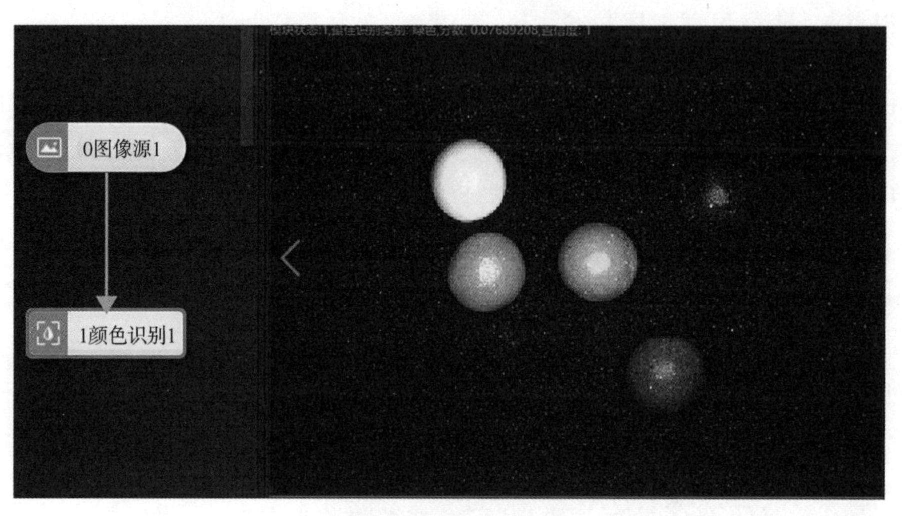

图 13-6　颜色识别（附彩插）

颜色识别工具的使用方法如下。

（1）双击颜色识别工具，打开“颜色识别”对话框，单击“+”按钮创建模型，如图 13-7所示。

图 13-7　创建模型（附彩插）

（2）添加当前图片，如图 13-8 所示。

（3）先创建颜色标签，然后选取模板颜色，并添加至颜色标签，如图 13-9 所示。

（4）被检测的产品会显示一个分数，分数最高的那个类别会被认为是最佳识别类别，如图 13-10 所示。

图 13-8　添加当前图片（附彩插）

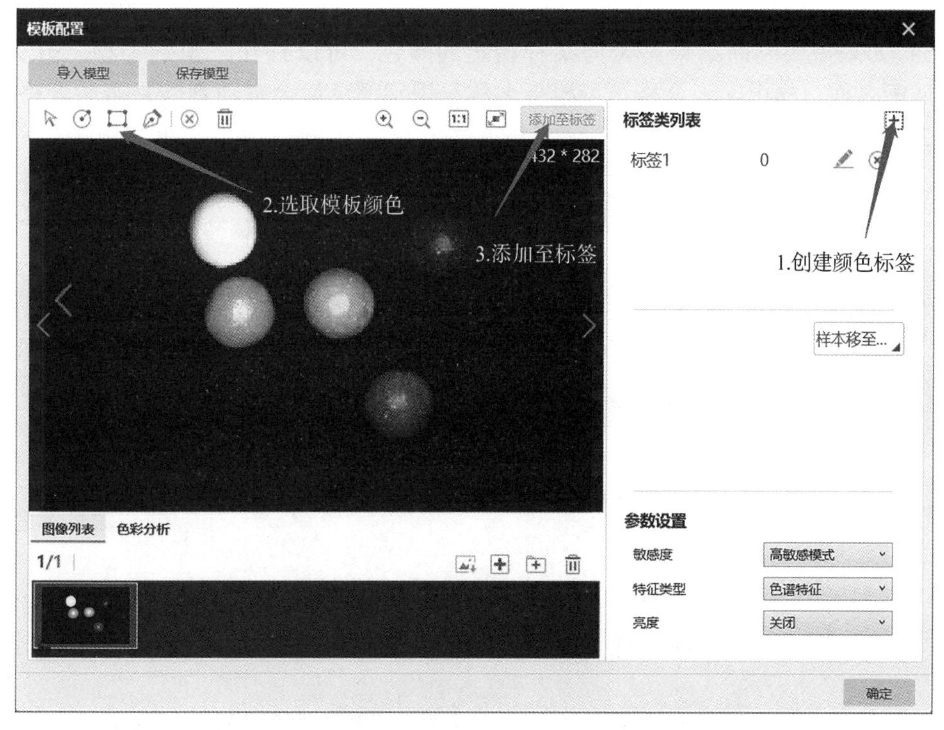

图 13-9　创建颜色标签，选取模板颜色，并添加至颜色标签（附彩插）

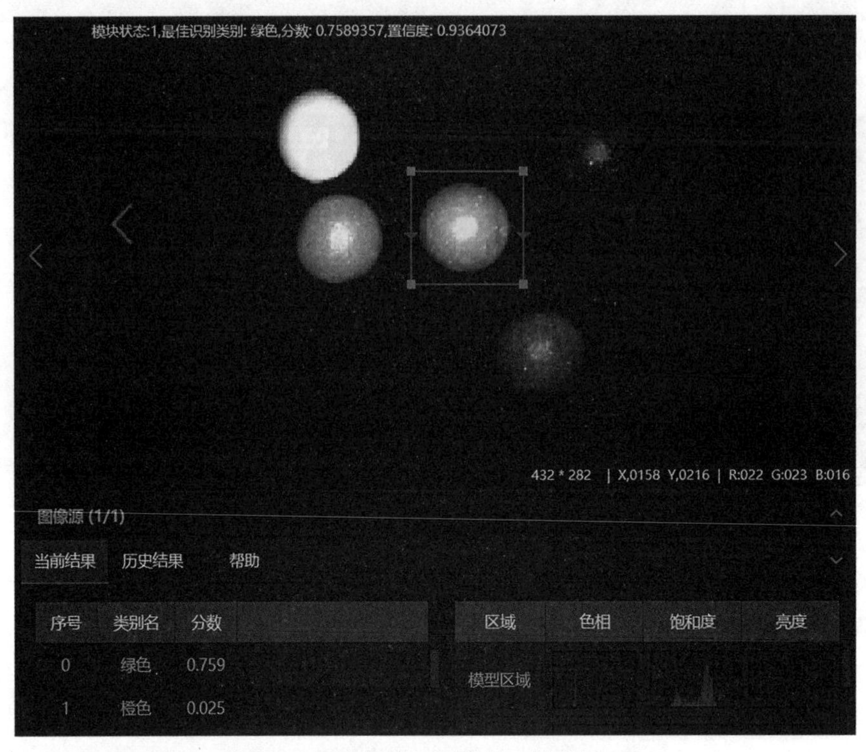

图 13-10 最佳识别类别（附彩插）

（5）如果需要判断结果是否为某种指定的颜色，可以打开“识别类型”开关，在“最佳匹配名称”框中输入合格结果模板名称，识别颜色后会自动判断是否为合格颜色，如图 13-11 所示。

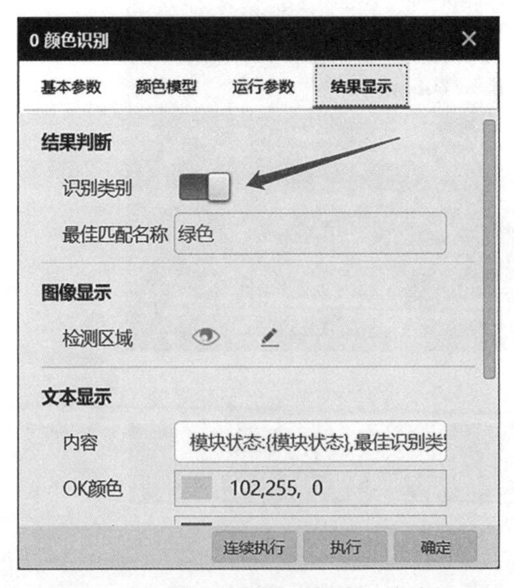

图 13-11 设置结果显示条件（附彩插）

知识点3：颜色抽取

颜色抽取是将目标区域从彩色图像中分割出来的，最终得到只包含目标区域的二值图，如图13-12所示。主颜色空间支持RGB颜色空间、HSI颜色空间和HSV颜色空间。三通道阈值可通过建模自动生成，也可手动设置。

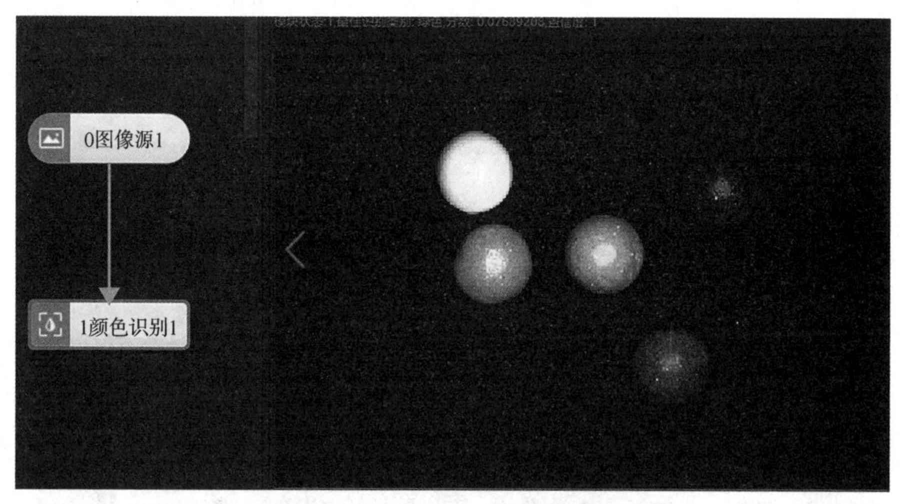

图13-12　颜色抽取（附彩插）

例如，从彩色图像中抽取出红色区域，需要先创建颜色抽取列表。首先进行颜色测量，测量出三通道的大致数值，再手动设置三通道抽取阈值，如图13-13所示。

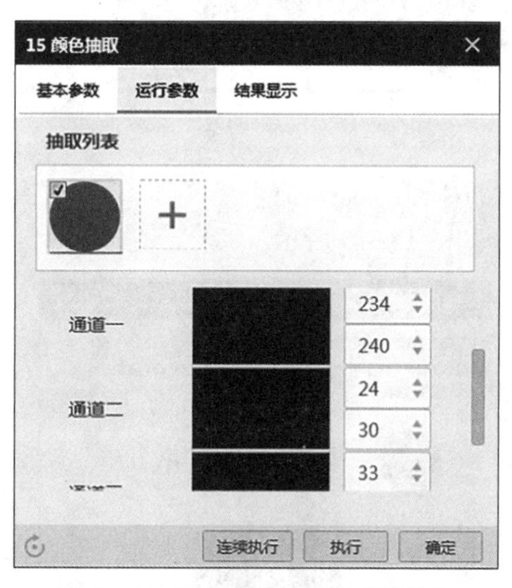

图13-13　运行参数设置（附彩插）

也可以通过建模自动生成抽取模板，具体步骤如下。

（1）进行颜色区域选择，单击“颜色区域选择”后面的矩形框，如图13-14所示。

（2）在图像需要分割的目标区域中绘制ROI，在被测产品上选择颜色样板，如图13-15所示。

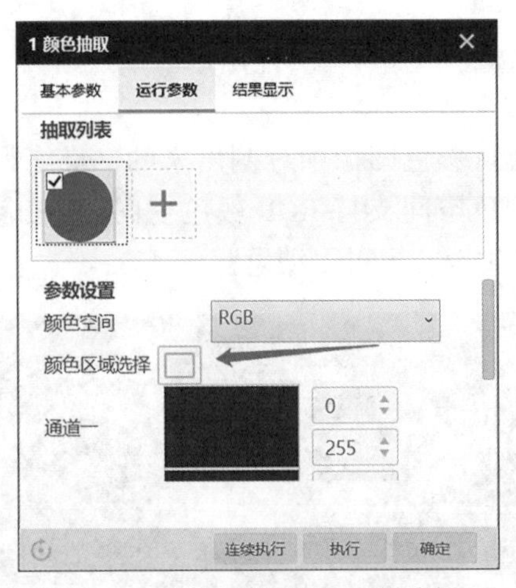

图 13-14　颜色区域选择（附彩插）

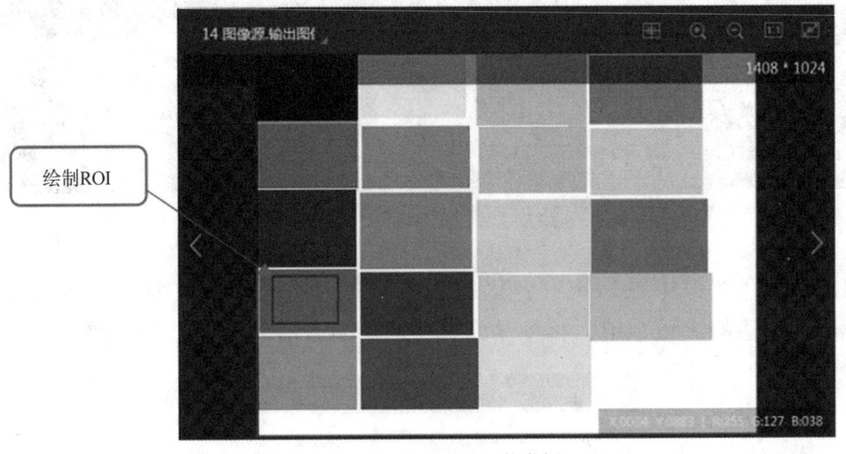

图 13-15　绘制 ROI（附彩插）

（3）自动生成三通道抽取阈值，此阈值为建议值，若分割结果不满足要求，可根据三通道直方图数据进行微调，如图 13-16 所示。

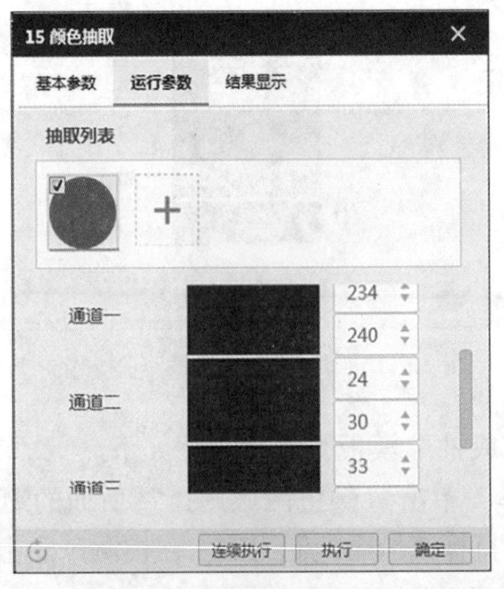

图 13-16　生成三通道抽取阈值（附彩插）

当颜色抽取列表生成后，会自动抽取通道范围内的目标区域并且进行二值化，如图 13-17 所示。

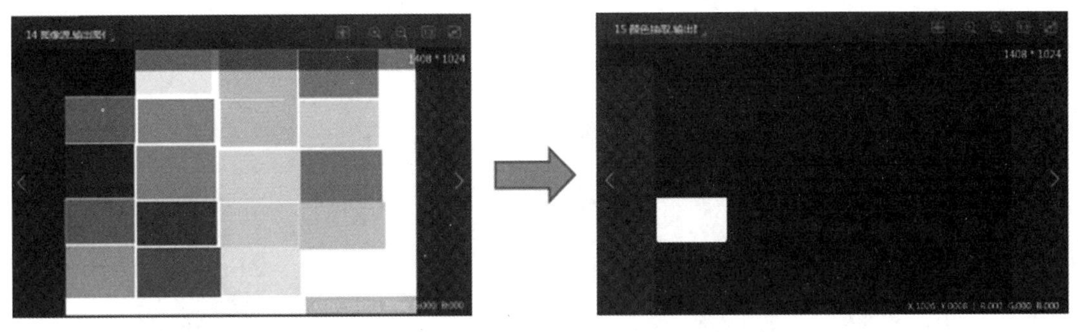

图 13-17　抽取目标区域并进行二值化（附彩插）

参照上述建模方式可创建多个颜色抽取列表，如图 13-18 所示。颜色抽取参数见表13-2。

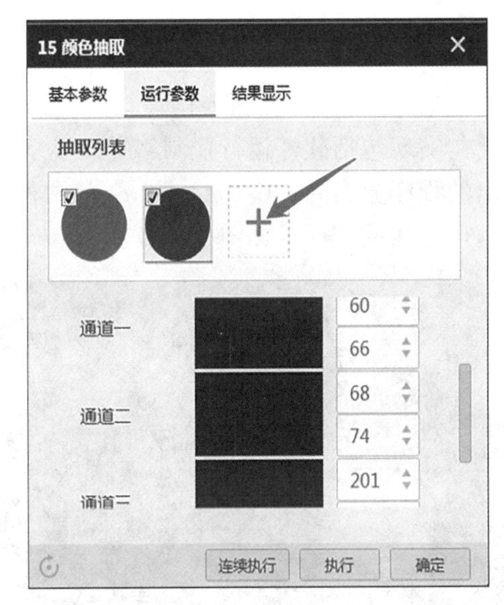

图 13-18　创建多个颜色抽取列表（附彩插）

表 13-2　颜色抽取参数

颜色空间	可设置为 RGB、HSV 或 HSI
通道上限	在指定颜色空间内，图像通道抽取像素值的下限
通道上限	在指定颜色空间内，图像通道抽取像素值的上限
颜色反转	开启后二值化后的图像颜色反转
说明：大于等于通道下限、小于等于通道上限的像素点将被赋值 255，其他像素点被赋值 0。	

在颜色抽取结果显示中，“颜色面积判断”开关打开后根据输出面积筛选输出结果，若将其关闭后则不被限制，如图 13-19 所示。

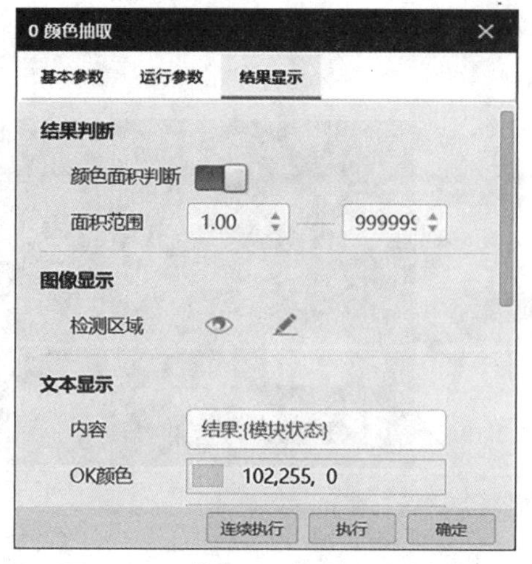

图 13-19　结果显示设置（附彩插）

颜色识别工具介绍

知识点 4：运行界面

运行界面是 VisionMaster 软件中面向操作者专门设计的用于操作使用的部分，用户可以根据需求自定义运行界面，实现包括软件运行控制、界面显示、参数调节在内的多项功能，还可以导出程序，导出的程序分为 exe 和 vmCodeProject 两种。运行界面可以减少设备资源的消耗，可以自定义运行界面的控件，如图 13-20 所示。

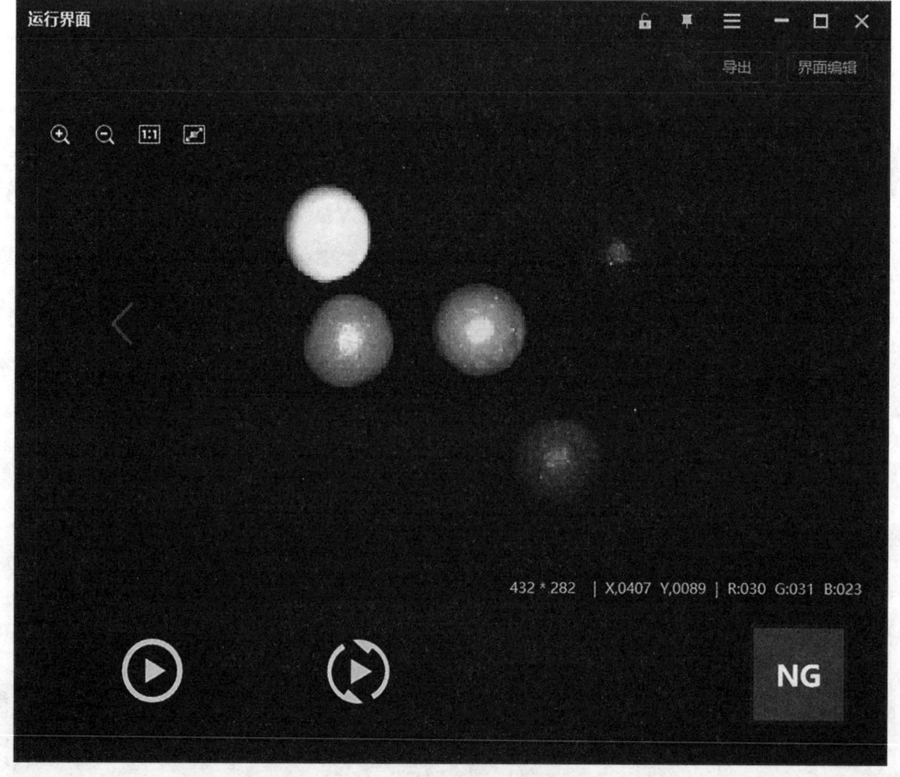

图 13-20　运行界面（附彩插）

知识点5：运行界面的设计

用户可以根据自身的需求设计运行界面，如图13-21所示。

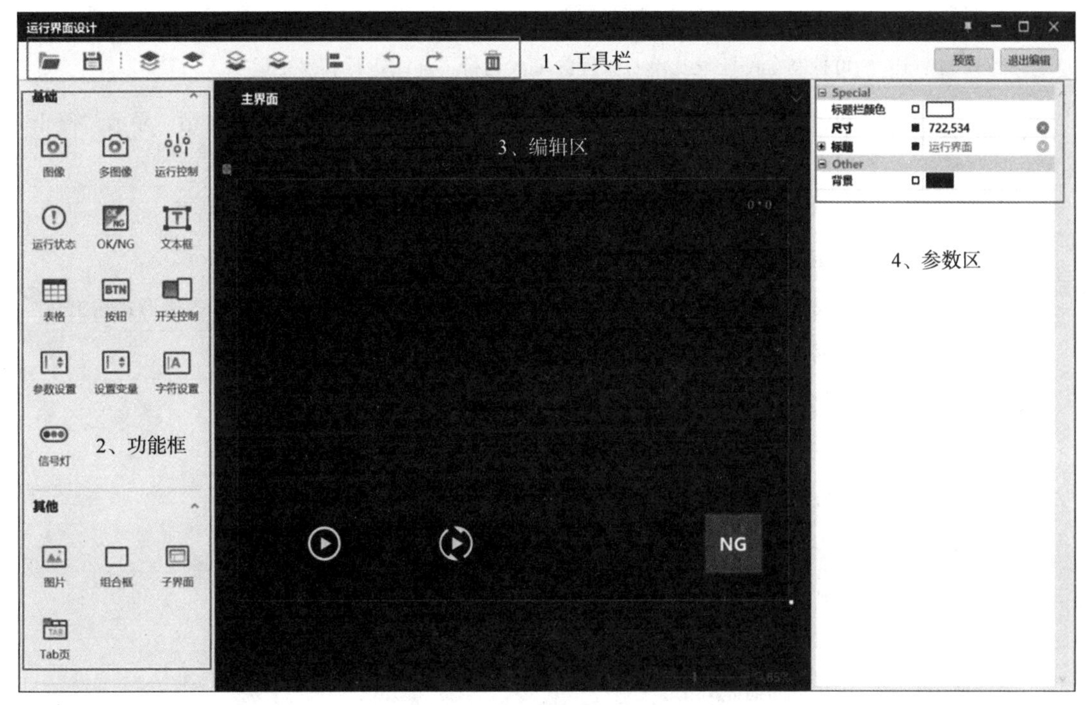

图13-21　运行界面设计（附彩插）

（1）工具栏的功能见表13-3。

表13-3　工具栏

图标	对应功能
	打开之前保存的界面设计
	保存用户自己设计生成的运行界面
	功能框模块在编辑区置于顶层、上一层、底层和下一层
	对齐方式；在编辑区按Ctrl键选中多个功能模块。再自定义对齐方式
	撤销和取消撤销
	删除编辑区的功能模块
预览	预览当前编辑区的效果
退出编辑	退出当前的编辑窗口。退出前，请根据实际需求选择是否保存当前对运行界面的设计

（2）控件功能以及对应可设置的参数见表 13-4。

表 13-4　控件功能以及对应可设置的参数

图像	可绑定主流程中功能模块的图像信息
多图像	可绑定方案中的多个图像信息
运行控制	可控制全部流程及单一流程的单次运行、连续运行和停止运行
运行状态	可显示流程的运行状态。当流程连续运行时显示“运行中”；否则，显示“停止运行”
OK/NG	显示状态或判断结果的 OK/NG，建议绑定模块状态或条件检测结果
文本框	自定义文本并绑定输出数据
表格	当特征匹配搜索到多个目标物或 BLOB 分析生成数组时可选择以表格形式输出
按钮	当需要在运行界面进行模块参数配置时，可使用该控件
开关控制	控制某些开关的开启和关闭
参数设置	可在运行界面调节订阅的参数
设置变量	可在运行界面调节变量计算中的数值
字符设置	可在运行界面调节主界面中的运行参数以及全局变量
信号灯	可在运行界面显示所配置的对应模块的状态
图片	可添加本地图片
组合框	可生成组合框
子界面	预览时，单击该控件可进入子界面，即另一个运行界面
Tab 页	可创建 Tab 页，按住 Alt 键即可将其他控件拖入 Tab 页，再次按住 Alt 键拖动 Tab 页内的控件即可将控件拖出

【任务实施】

运行界面

1. 图片导入

将案例图片导入 VisionMaster 软件的检测流程。

2. 产品定位

因为产品旋转角度不固定，所以需要建立特征模板进行定位。

3. 线序颜色检测

对线序颜色进行判断，同时识别是否有漏接的部分。

总结：通过线序颜色检测实操，掌握如何使用颜色识别工具和颜色抽取。

线序颜色判断防错实操

【任务考核】（纸张颜色识别。）

幼儿园小朋友玩的剪纸多为手工彩色折纸，这种折纸通常一份中有多种颜色，为了保证每份折纸的颜色及数量一致，在折纸打包时会采用人工检测的方式对每种颜色进行计数。人工检测通常效率低，视觉疲劳易导致单种颜色纸张少数或者多数，光线暗时对颜色分辨也会有影响。机器视觉检测效率高，速度快，检测效果稳定。如图 13-22 所示，对有色差的纸张进行颜色识别。

图 13-22　彩色纸张（附彩插）

1. 分析

（1）检测内容：对纸张的颜色进行识别。

（2）检测需求分析：通过颜色识别工具或颜色抽取工具，对纸张的颜色进行识别，区分不用颜色的纸张。

2. 实施

1）硬件需求

选择满足检测需求的工业相机、工业镜头、光源。

2）成像调试

完成设备架设，将产品成像调至清晰，以便接下来进行检测流程。

3）VisionMaster 软件检测流程

针对需求，调用对应的 VisionMaster 软件工具，对 VisionMaster 软件工具进行配置，进行相应检测，最终达到检测需求。

（1）颜色识别：使用颜色识别工具或颜色抽取工具对纸张的颜色进行识别。

（2）名称显示：使用格式化的形式将颜色名称显示在视图的左上角。

纸张色差检测案例实操

3. 总结

通过纸张颜色识别实操，掌握如何使用颜色识别工具和颜色抽取工具完成纸张颜色识别。同时，了解微弱色差应该如何识别。

【同步测试】（端子颜色分类。）

在接线电路中，每条导线的两端通常会装上管状接线端子，它的作用是在导线接线部位紧密相邻时，提高绝缘安全度并防止导线分叉，可使导线更容易插入端头。管状接线端子在生产时会被制作为多种颜色，为了保证单种的颜色统一，工人会对端子颜色进行检测，防止有混料，管状端子数量多，人工检测效率很难满足，同时人工成本高，工人易疲劳且工作时间有限。机器视觉检测能避免人工检测中出现的问题，并且效率高、速度快、检测稳定、平均成本低、可 24 小时工作。

对图 13-23 所示端子的颜色进行分类。

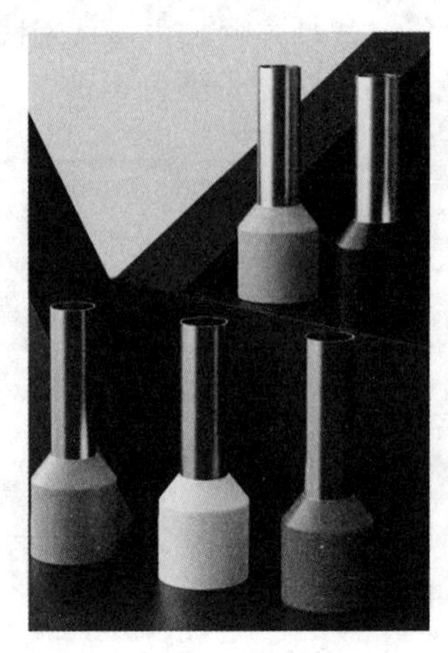

图 13-23　端子（附彩插）

答案：

（1）分析。

①检测内容：检测管状端子的颜色，并对其进行分类。

②检测需求分析：使用颜色识别工具或颜色抽取工具，对端子进行颜色分类。

（2）实施。

①硬件需求。

选择满足检测需求的工业相机、工业镜头、光源。

②成像调试。

完成设备架设，将产品成像调至清晰，以便接下来进行检测流程。

③VisionMaster 软件检测流程。

针对需求，调用对应的 VisionMaster 软件工具，对 VisionMaster 软件工具进行配置，进行相应检测，最终达到检测需求。

a. 颜色检测工具：使用颜色识别工具或颜色抽取工具对管状端子进行颜色分类。

b. 名称显示：使用格式化的形式将颜色名称显示在视图的左上角。

（3）总结。

通过端子颜色分类实操，掌握彩色图片和黑白图片的区别；了解有些功能模块需要转换成黑白模式才能使用，例如快速匹配、BLOB，而在进行颜色检测时，又需要将模式转换回来；能够灵活使用颜色识别工具和颜色抽取工具。

端子色彩分类案例实操

项目 14 综合训练

项目介绍

为了强调机器视觉的工程应用，本项目介绍5个案例，包括抗原检测盒缺陷检测、产品 *O* 形圈有无检测、塑料件产品分类检测、活塞环检测以及 CPU 针脚检测及读码。先根据具体的使用场景选择合适的检测步骤，再具体剖析这5个项目所涉及的硬件系统、检测算法、具体实现过程，以展示机器视觉技术在解决典型工程应用问题时的强大威力。

知识目标

(1) 掌握工业相机、工业镜头、光源的选型。

(2) 掌握模板匹配、BLOB 分析、图像处理、测量等工具的综合应用。

技能目标

完成检测项目，提升综合能力。

素质目标

(1) 培养学生分析、解决生产实际问题的能力，提升职业技能和专业素养。

(2) 培养学生制造强国、科技强国的使命担当意识。

(3) 培养学生专注、创新的“工匠精神”。

案例引入 <<<

机器视觉技术是基于计算机视觉研究的新兴技术。在不断发展进步的工业自动化领域，机器视觉技术已得到了越来越广泛的应用，并越来越受到用户的认可和青睐。因此，人们开始考虑使用工业相机捕获图像并将其发送到计算机或专用图像处理设备。通过数字处理，可以根据像素分布、亮度和颜色等信息确定目标对象的大小、形状和颜色。这种方法将计算机处理的快速性和可重复性与人类视觉的高度智能化和抽象的能力结合，从而产生了机器视觉检测的概念（如图 14-1 所示）。

机器视觉检测在工业自动化领域的五大应用如下。

1. 视觉引导和定位

视觉引导和定位要求机器视觉系统能够快速准确地找到被测零件并确定其位置，从而

图 14-1　机器视觉检测

引导机械手准确抓取被测零件。在半导体封装领域，设备需要根据机器视觉系统取得的芯片位置信息调整拾取头，准确拾取芯片并进行绑定，这就是视觉引导和定位在工业自动化领域最基本的应用。此外，在半导体制造领域，根据芯片位置信息调整拾取头非常不好处理，机器视觉系统则能够解决这个问题。

2. 外观缺陷检测

检测生产线上的产品有无质量问题，该环节是机器视觉系统取代人工最多的环节。例如在医药领域，机器视觉系统主要进行尺寸检测、瓶身外观缺陷检测、瓶肩部缺陷检测、瓶口检测等。伴随着现代工业自动化的发展，机器视觉检测被广泛应用于各种各样的检查、测量和零件识别，例如新能源动力电池表面缺陷检测、电子元器件识别、磁性材料外观缺陷检测、产品包装上的条形码和字符识别等，这类应用的共同特点是被检测产品连续大批量生产、对外观质量的要求非常高。随着经济水平的提高，机器视觉检测越来越受到重视。它可以提高合格产品的生产能力，在生产过程的早期即可报废劣质产品，从而减少了浪费，节约了成本。

3. 高精度检测

有些产品的精度较高，达到 0.01~0.02 m 甚至到微米级，人眼无法检测，必须使用机器完成。最典型的案例就是动力电池毛刺检测、PCB 检测等。

4. 图像识别

图像识别就是利用机器视觉技术对图像进行处理、分析和理解，以识别各种不同模式的目标和对象。图像识别可以对数据进行追溯和采集，它在新能源电池、电路板、电子元器件、五金配件、食品、药品等领域应用较多。最典型的案例就是二维码和条形码识别。二维码和条形码在人们的日常生活中极为常见。在商品的生产中，厂家把很多数据存储在小小的二维码中，通过这种方式对产品进行管理和追溯。随着图像识别应用越来越广泛，各种材质表面的条形码和二维码变得非常容易被识别、读取。

5. 物料分拣

物料分拣是指通过机器视觉系统对物料图像进行处理，结合机械手的使用实现物料的分类并将其放到指定地点。在过去的生产线上，是用人工的方法将物料安放到指定地点，再进行下一步工序。现在则是使用自动化设备分料，其中使用机器视觉系统进行产品图像抓取、产品图像分析，然后输出结果，再通过机械手，把对应的物料放到固定的位置上，从而实现工业生产的智能化、现代化、自动化。物料分拣常用于食物分拣、快递主动分拣、棉花纤维分拣等，它可节约人工成本，提升速率。

任务 14.1 抗原检测盒缺陷检测

【案例背景】

受新冠疫情的影响，许多人家中都备有抗原检测盒。虽然核酸检测是新冠病毒感染的确诊依据，但抗原检测作为补充手段可以用于特定人群的筛查，有利于提高“早发现”能力。抗原检测盒的需求变得越来越大，因此抗原检测盒的质量至关重要。如果其质量出现问题，会直接影响使用人群的检测。抗原检测盒一般由人工检测，但随着需求的增加，人工检测的效率逐渐无法满足需求。采用机器视觉检测代替人工检测，原本十几秒的检测只需 1 秒就可以完成，且多个不同的检测项可以一次完成，还可以实现动态检测。

【任务描述】

对图 14-2 所示抗原检测盒进行缺陷推测。

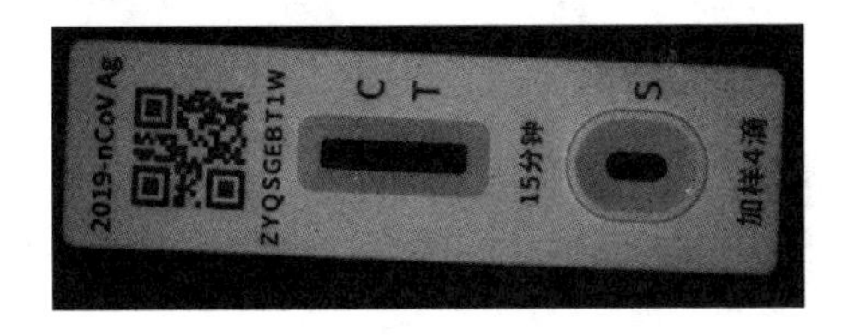

图 14-2 抗原检测盒

检测需求如下。

(1) 进行动态检测。

(2) 检测产品表面二维码及字符是否重合，二维码结果和字符是否一致。

(3) 测量二维码到左侧边缘距离，精度为 0.2 mm。

(4) 检测字符 C、T、S 是否漏印。

【任务分析】

针对检测需求做以下初步分析。

(1) 动态检测需用到全局快门相机。

(2) 二维码和字符是否重合可用 BLOB 面积判断，或者用读码模块状态判断。

(3) 测量距离需用到尺寸转换功能，可采用标定板或变量计算模块。

(4) C、T、S 是否漏印可采用功能模块查找。

总体分析：本任务需要用到多种功能模块，需要熟悉多种功能模块的使用方法。

【任务实施】

1. 硬件需求

选择满足检测需求的工业相机、工业镜头、光源。

2. 成像调试

完成设备架设，将产品成像调至清晰，以便接下来进行检测流程。

3. 机器视觉软件检测流程

针对需求，调用对应的机器视觉软件工具，对机器视觉软件工具进行配置，进行机器视觉检测，最终达到检测要求。

（1）对抗原检测盒上的二维码和二维码下方的字符进行识别。

（2）识别成功后对二维码识别结果和字符识别结果进行比较，判断二者是否一致。

（3）测量二维码到左侧边缘的距离，并将结果转换成实际尺寸。

（4）检测字符 C、T、S 是否漏印。

4. 结果输出

通过 TCP 发送字符串结果，格式为“尺寸，结果”，例如尺寸为 5 mm，结果为合格，则发送数据“5，1”。

综合练习 1

【任务考核】

（1）进行针管针头长度及针头斜面角度检测。

（2）进行药板颗粒有无检测。

任务 14.2 产品 O 形圈有无检测

【案例背景】

O 形圈（又称为 O 形环、O 环）是一种圆环形状的机械垫片，它是环状的弹性体，断面为圆形，一般固定在凹槽中，在组装过程中会被两个或两个以上的组件压缩，因此产生密封的接口。O 形圈是最常见的密封用机械零件。O 形圈偶尔会漏装或者脱落，出现这种情况的产品都属于不合格产品，都需要在检测环节被挑出来。O 形圈较小，不易观察，另外，有些产品的颜色和 O 形圈相近，不易检测，并且需要人工手动拿起近距离观察。机器视觉检测可通过合适的打光方法将 O 形圈和产品的颜色区分开，然后完成检测，效率高，准确率高。

【任务描述】

检测产品左、右两个 O 形圈的有无（如图 14-3 所示），要求如下。

（1）进行静态测量。

（2）工人手动放置产品，没有工装固定，位置及角度会有偏差。

图 14-3 带 O 形垫圈的产品

【任务分析】

针对检测需求可做出初步分析。

（1）对产品进行静态测量，可采用卷帘式快门相机。

（2）产品由工人手动放置，需考虑定位问题。

（3）O 形圈可以用快速匹配模块或 BLOB 工具查找。

总体分析：本任务所使用的功能模块较少，难点在于参数设置，需要熟练掌握 BLOB 工具的参数设置方法。

【任务实施】

1. 硬件需求

选择满足检测需求的工业相机、工业镜头、光源。用合适的光源使 O 形圈明显化。

2. 成像调试

完成设备架设，将产品成像调至清晰，以便接下来进行检测流程。

3. 机器视觉软件检测流程

针对需求，调用对应的机器视觉软件工具，对机器视觉软件工具进行配置，进行机器视觉检测，最终达到检测要求。

（1）产品位置不固定，需要用软件进行定位。

（2）使用合适的方法将两边的 O 形圈识别出来。

（3）进行多次测试，调整稳定性。

4. 结果输出

使用 Modbus 串口，若合格则发关“1”，若不合格则发送“0”（地址可以自定）。

【任务考核】

（1）进行自行车轴长度及螺纹有无检测。

（2）进行心轴螺距及垫圈有无检测。

综合练习 2

任务 14.3 塑料件产品分类检测

【案例背景】

塑料件产品是以塑料为主要原料加工而成的生活、工业等用品的统称。它的优点是抗腐蚀能力强、成本低、绝缘、容易被塑制成不同形状。本任务中的塑料件产品为汽车后雷达支架（如图 14-4 所示），它有多种规格，在发货打包过程中经常发生混料现象，因此需要在流水线中对其分类。使用机器视觉检测可实现自动化，配合吹气系统可完成多种规格塑料件产品的分类。

【任务描述】

检测要求如下。

（1）进行动态检测。

（2）根据产品特征区分产品类别。

（3）进行产品混料检测；

（4）保证视野内只有一个产品。

图 14-4　汽车后雷达支架

【任务分析】

针对检测需求可做出以下初步分析。

（1）进行动态检测，可采用全局快门相机。

（2）一次只拍摄一个产品，视野可缩小至 1~2 个产品大小。

（3）需要寻找特征以创建模板。

总体分析：本任务只用到了快速匹配，难点在于寻找用于分类的特征，需要观察产品外观，使用合适的轮廓，同时设置特征参数，将两个特征区分开来。

【任务实施】

1. 硬件需求

选择满足检测需求的工业相机、工业镜头、光源。

2. 成像调试

完成设备架设，将产品成像调至清晰，以便接下来进行检测流程。

3. 机器视觉软件检测流程

针对需求，调用对应的机器视觉软件工具，对机器视觉软件工具进行配置，进行机器视觉检测，最终达到检测要求。

（1）考虑是否需要对产品进行粗定位。

（2）采用合适的逻辑方法区分产品特征。

（3）将结果输出给调试助手。

4. 结果输出

使用调试助手接收数据（协议自定），可以采用字符串代表类别（字符串可自定）。

综合练习 3

【任务考核】

（1）进行齿轮尺寸分类及完整齿数检测。

（2）进行塑料机油桶标签分类。

任务 14.4　活塞环检测

【案例背景】

活塞环广泛地用在各种动力机械上，如蒸汽机、柴油机、汽油机、压缩机、液压机等，广泛用于汽车、火车、轮船、游艇等。活塞环是嵌入活塞槽沟内部的金属环。活塞环分为两种：压缩环和机油环。它和活塞、缸套、缸盖等元件组成腔室做功。它对各项尺寸都有要求，人工检测效率低，并且要采用多种测量工具，部分尺寸不容易检测。采用机器视觉检测可一次性完成检测，同时角度及圆心距等不容易检测的部分也可以准确地测量出结果。

【任务描述】

检测图 14-5 所示活塞环。检测要求如下。

（1）进行静态测量。

（2）对活塞环分类，图左为 A 类，图右为 B 类。

（3）测量顶部开口间距、开口的角度、内圆尺寸、外圆尺寸及圆心距。

（4）精度要求为 0.15 mm。

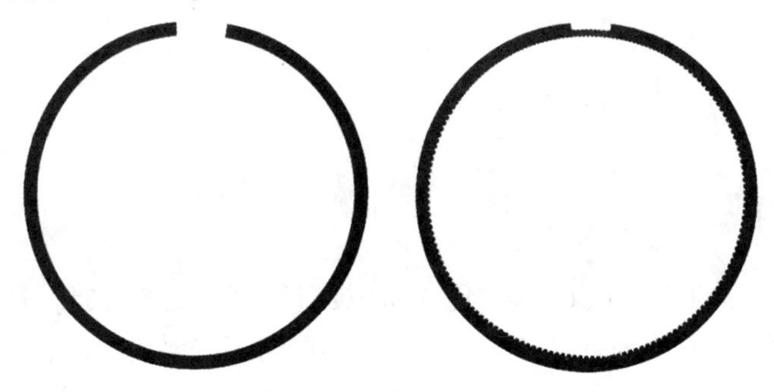
图 14-5　金属活塞环

【任务分析】

针对检测需求可做出以下初步分析。

(1) 进行静态测量，采用卷帘式快门相机。

(2) 活塞环检测过程包含大量尺寸检测，可以通过选择合适的光源来提高精度。

(3) 活塞环需要分类，可根据不同种类特有的特征进行区分。

(4) 需要用多种测量工具进行尺寸检测。

总体分析：需要掌握所有测量工具，此外还应了解何种光源对尺寸检测的精度是有利的。

【任务实施】

1. 硬件需求

选择满足检测需求的工业相机、工业镜头、光源。

2. 成像调试

完成设备架设，将产品成像调至清晰，以便接下来进行检测流程。

3. 机器视觉软件检测流程

针对需求，调用对应的机器视觉软件工具，对机器视觉软件工具进行配置，进行机器视觉检测，最终达到检测要求。

(1) 判断产品有无定位，如果没有，需要用机器视觉软件进行定位。

(2) 通过不同种类特有的特征区分 A 类和 B 类。

(3) 测量各项尺寸。

(4) 将数据通过工具进行整合，转换成字符串，格式为“类别 (A 或者 B)，开口间距，开口角度，内圆尺寸，外圆尺寸，圆心距”，例如“A，5，20，50，60，0.2”。

4. 结果输出

使用调试助手完成数据传输，协议自定。

综合练习 4

【任务考核】

(1) 进行垫片类别及尺寸检测。

(2) 进行轴承类别及尺寸检测。

任务 14.5 CPU 针脚检测及读码

【案例背景】

针脚在生活中很常见，如 CPU 针脚、VGA 接口针脚、电源针脚。针脚很容易产生弯曲，严重时会出现断针。在对产品针脚进行检测的同时还需要读取没有出现断针的合格产品右下角的二维码。进行人工检测时需要判断是否出现断针，还要使用扫码枪进行读码，数据交互不方便。采用机器视觉检测，可快速对针脚进行检测和判断，然后读取合格产品的二维码并发送给PLC。机器视觉检测效率高，可一次性实现多种功能。

【任务描述】

检测图14-6所示CPU针脚。检测要求如下。

（1）进行静态检测。

（2）检测CPU针脚有无缺失。

（3）如果CPU针脚缺失，则直接判定为不合格，如果CPU针脚齐全，则读取CPU右下角的二维码。

（4）制作一个简易的运行界面。

（5）产品位置不固定。

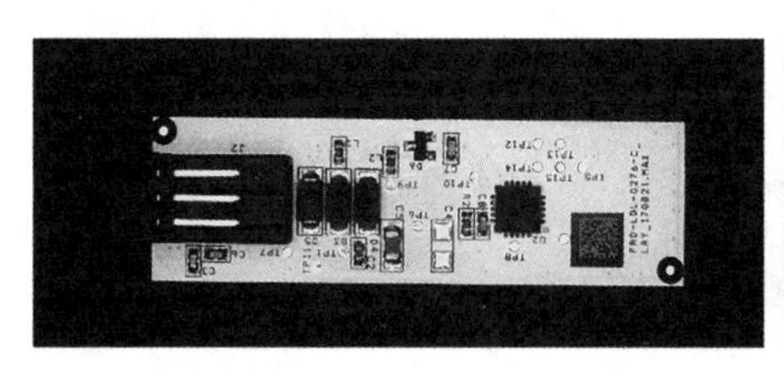
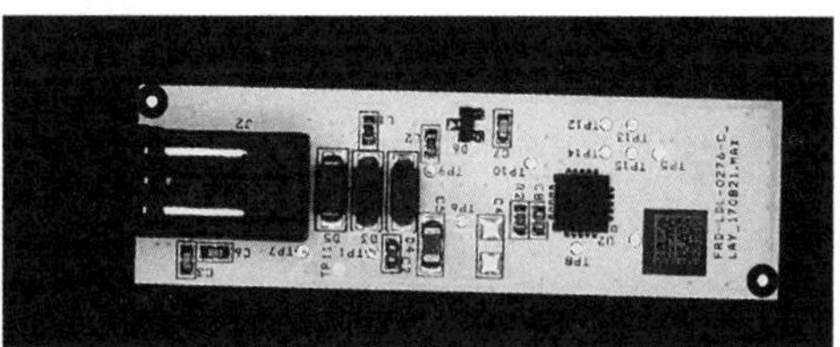

图14-6　CPU针脚

【任务分析】

针对检测需求可做出以下初步分析。

（1）进行静态检测，可选择卷帘式快门相机。

（2）检测CPU针脚有无缺失，可采用BLOB计数或模板匹配功能。

（3）需要用逻辑工具判断是否需要读码。

（4）产品位置不固定，故需要找到明显的特征进行定位。

总体分析：本任务要以打光和运行界面为主，需要完全掌握运行界面的设置方法及输入源导入方法，制作简易的运行界面以便于观察产品状态。

【任务实施】

1. 硬件需求

选择满足检测需求的工业相机、工业镜头、光源。

2. 成像调试

完成设备架设，将产品成像调至清晰，以便接下来进行检测流程。

3. 机器视觉软件检测流程

针对需求，调用对应的机器视觉软件工具，对机器视觉软件工具进行配置，进行机器视觉检测，最终达到检测要求。

（1）产品位置不固定，故需要用机器视觉软件进行定位。

（2）对 CPU 针脚的完整性进行判断，可采用 BLOB 计数或模板匹配功能。

（3）使用逻辑工具对合格产品进行读码，对不合格产品发送“1”。

（4）读码完成后将数据转换成字符串。

4. 结果输出

使用串口进行通信，若产品不合格则发送“1”，若产品合格则发送二维码识别结果。

【任务考核】

综合练习 5

（1）进行塑料白板破损、条形码和字符识别检测。

（2）进行芯片针脚有无检测。

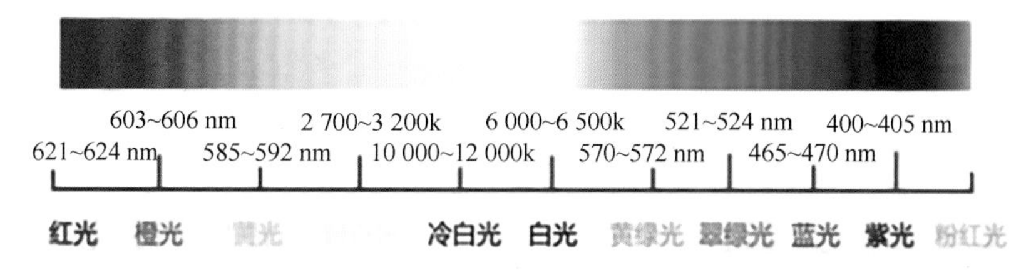

图 4-11　色温图

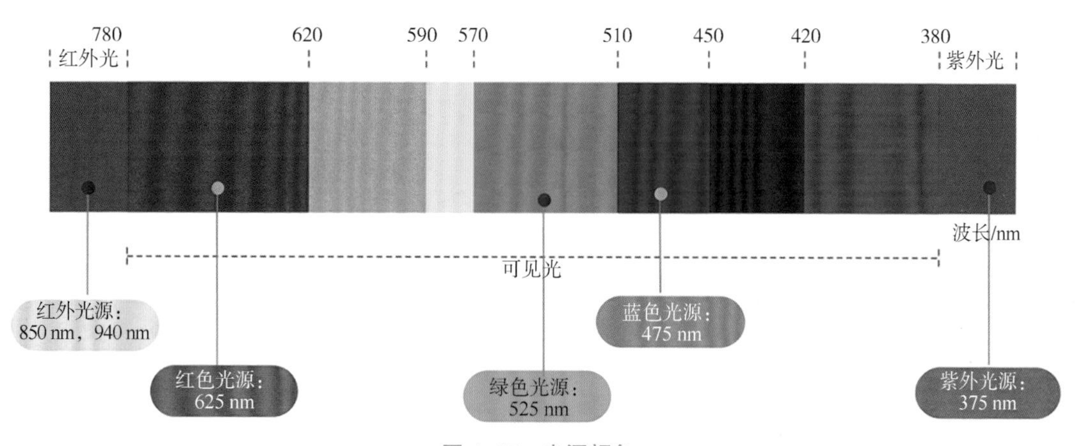

图 4-15　光源颜色

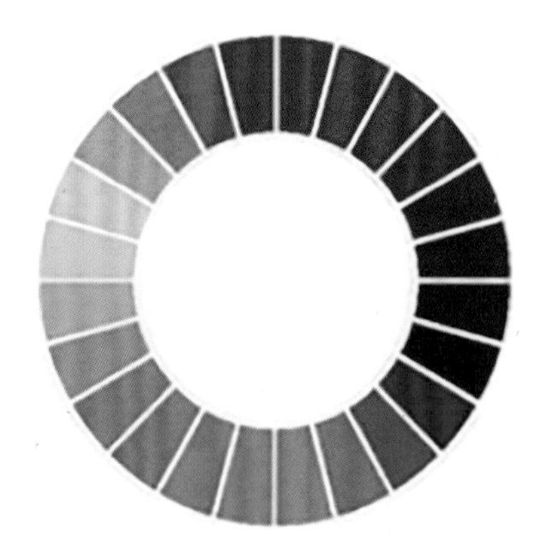

图 4-24　色环

检测药盒表面生产日期，选择绿色背景的互补色红色，将背景打暗，突出白色字符，读取生产日期。

互补色 被测物与光源在色环中的位置相对对称，颜色叠加在黑白相机中呈现深色效果

（a）

相邻色 被测物与光源在色环中颜色相同或相近，颜色叠加在黑白相机中呈现浅色效果

检测怡宝矿泉水瓶盖表面日期，绿色字体有干扰，使用绿色光源过滤掉绿色字体，可以避免背景干扰，读取日期。

（b）

图 4-26　互补色与相邻色应用示例

（a）互补色应用示例（突出对比度）；（b）相邻色应用示例（过滤背景）

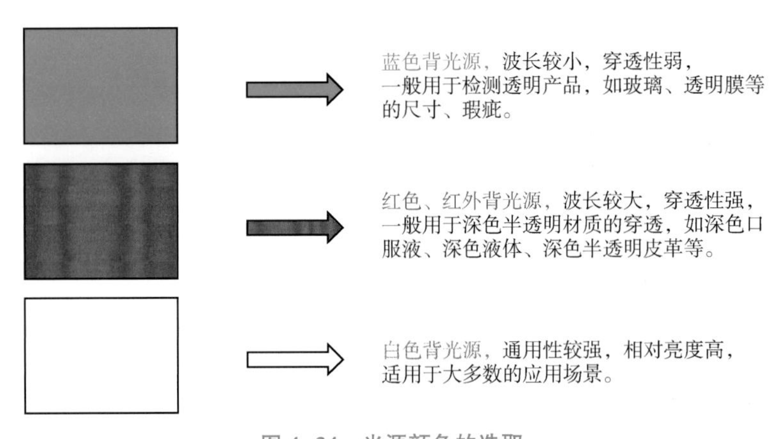

图 4-34　光源颜色的选取

图 13-1　接线盒

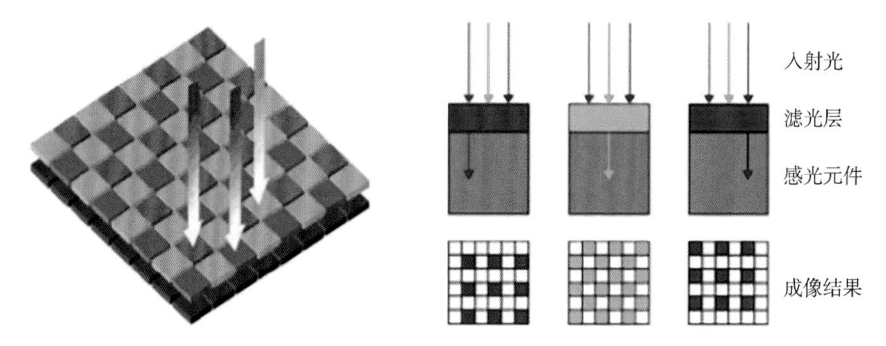

图 13-2　RGB 滤波阵列

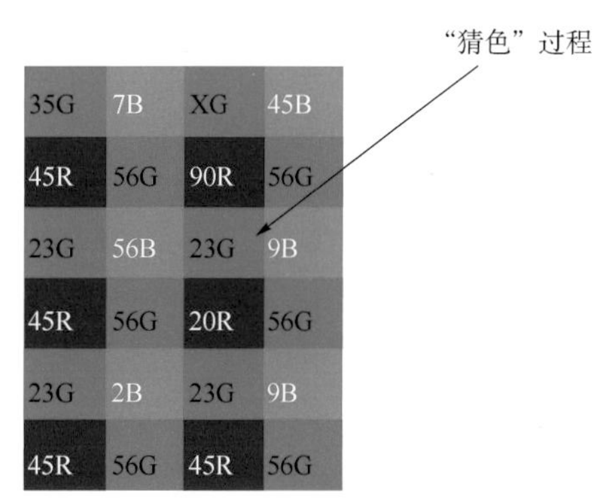

图 13-3　“猜色”过程

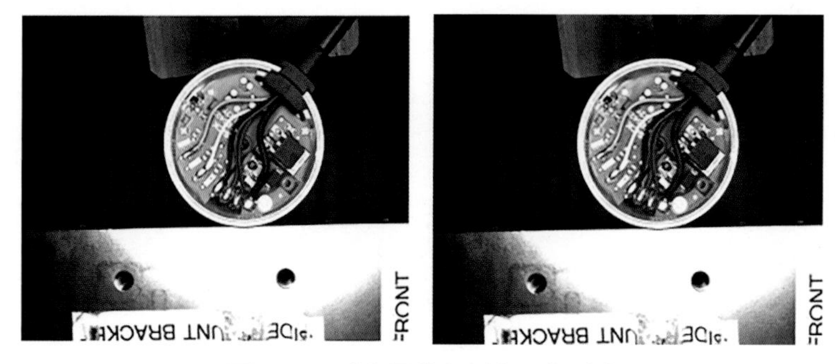
图 13-4　彩色图像与黑白图像对比

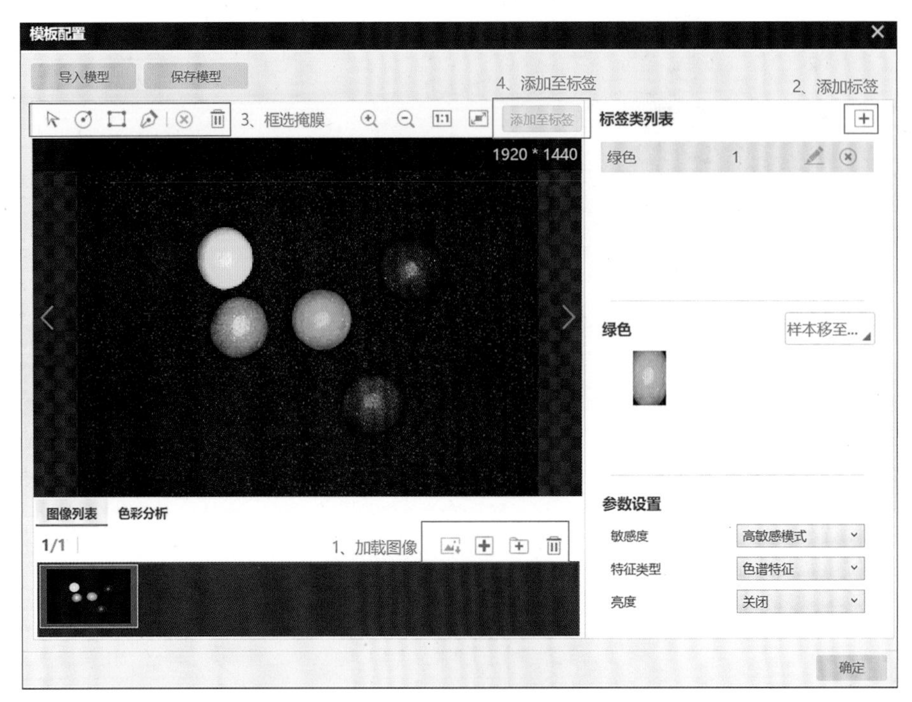

图 13-5　颜色模板设置

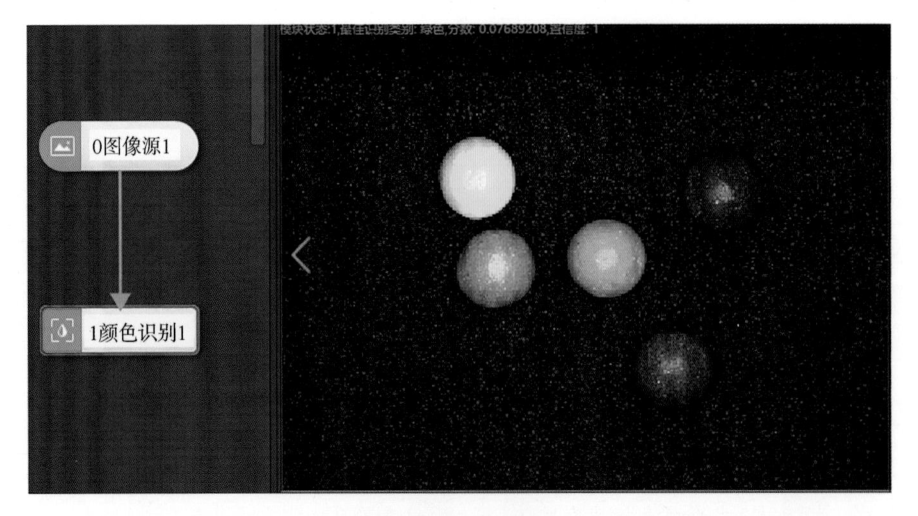

图 13-6　颜色识别

图 13-7　创建模型

图 13-8　添加当前图片

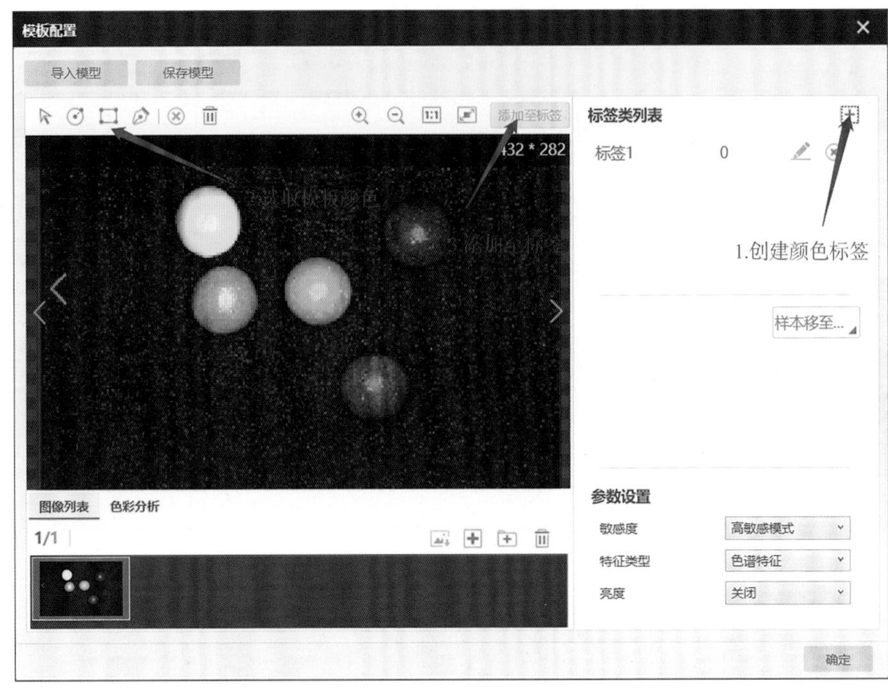

图 13-9　创建颜色标签，选取模板颜色，并添加至颜色标签

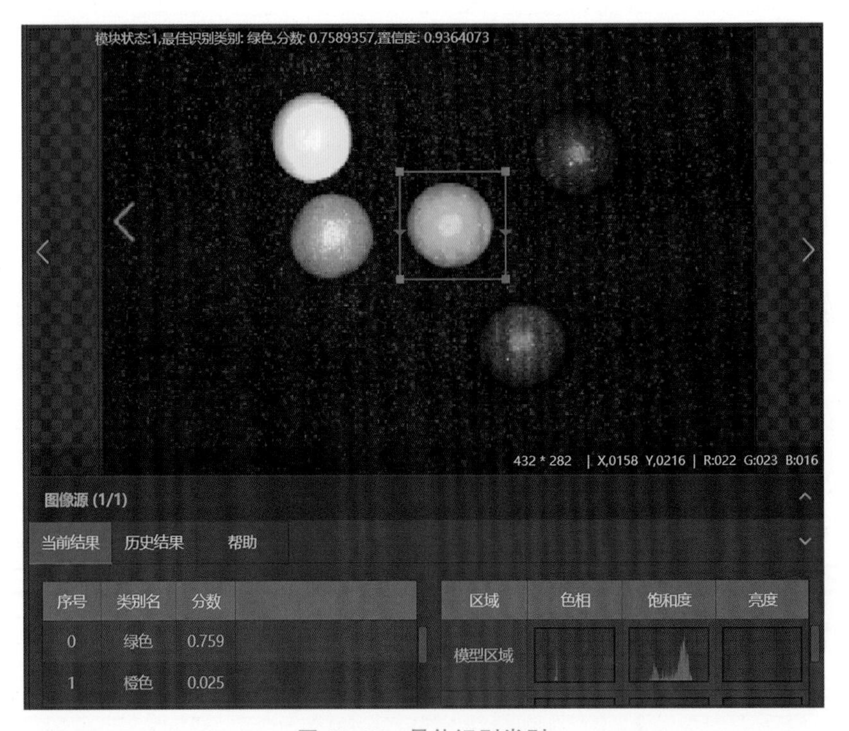

图 13-10　最佳识别类别

图 13-11　设置结果显示条件

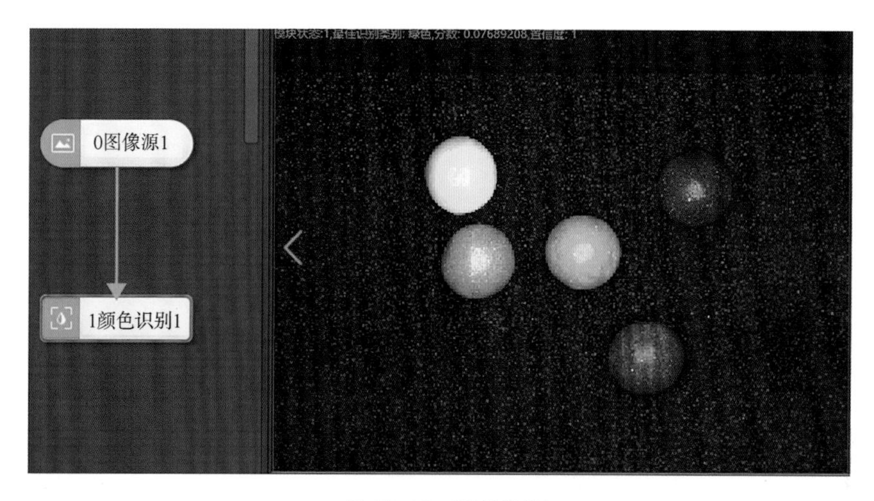

图 13-12　颜色抽取

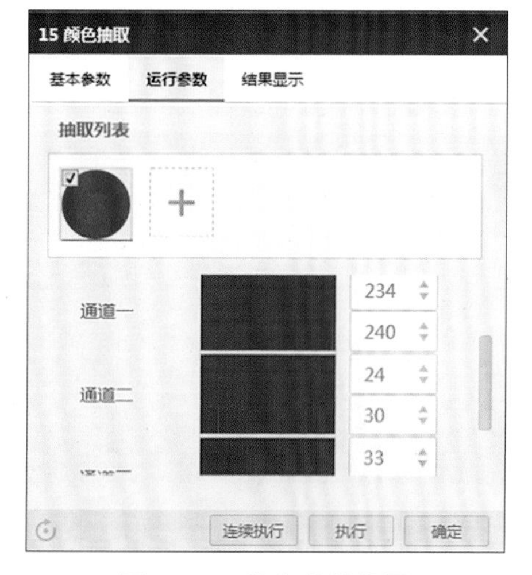

图 13-13　运行参数设置

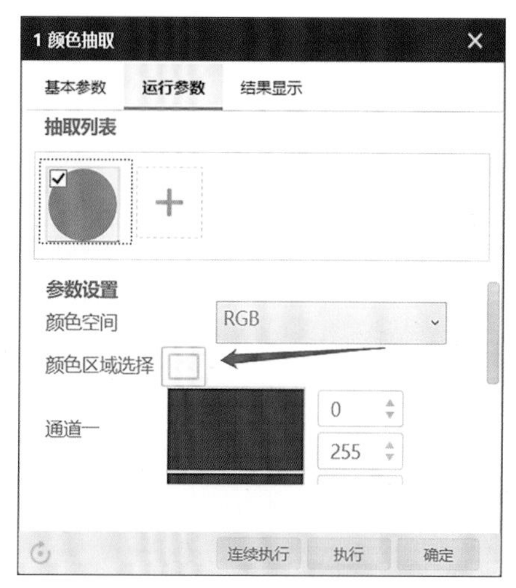

图 13-14　颜色区域选择

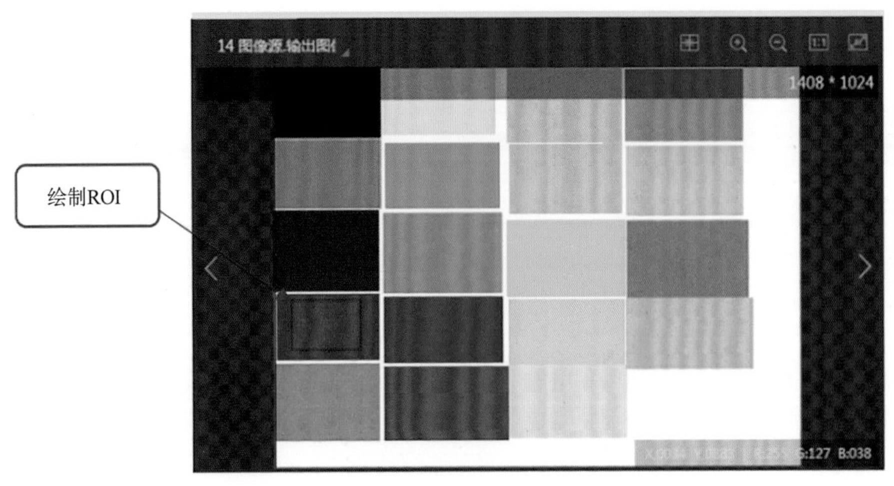

图 13-15　绘制 ROI

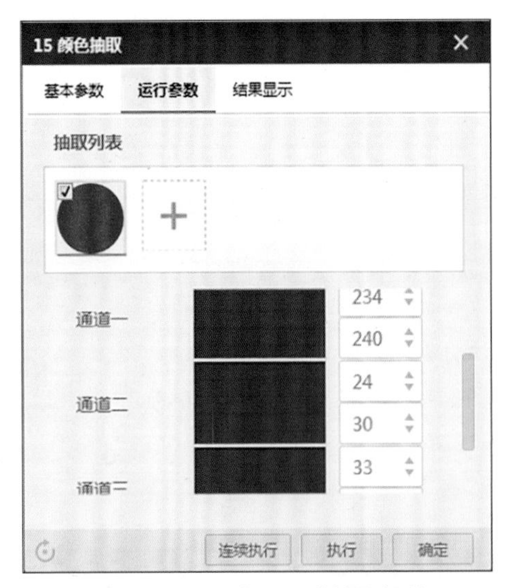

图 13-16　生成三通道抽取阈值

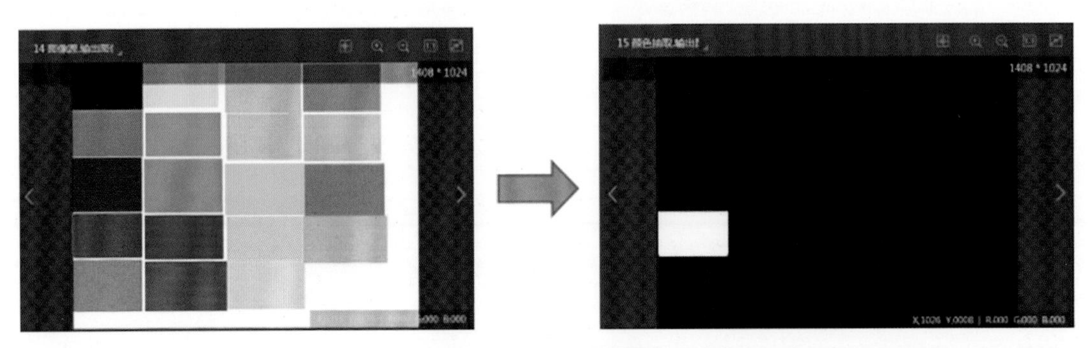

图 13-17　抽取目标区域并进行二值化

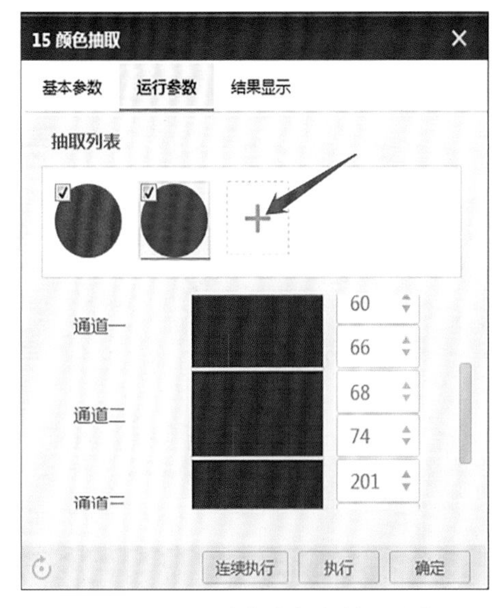

图 13-18　创建多个颜色抽取列表

图 13-19　结果显示设置

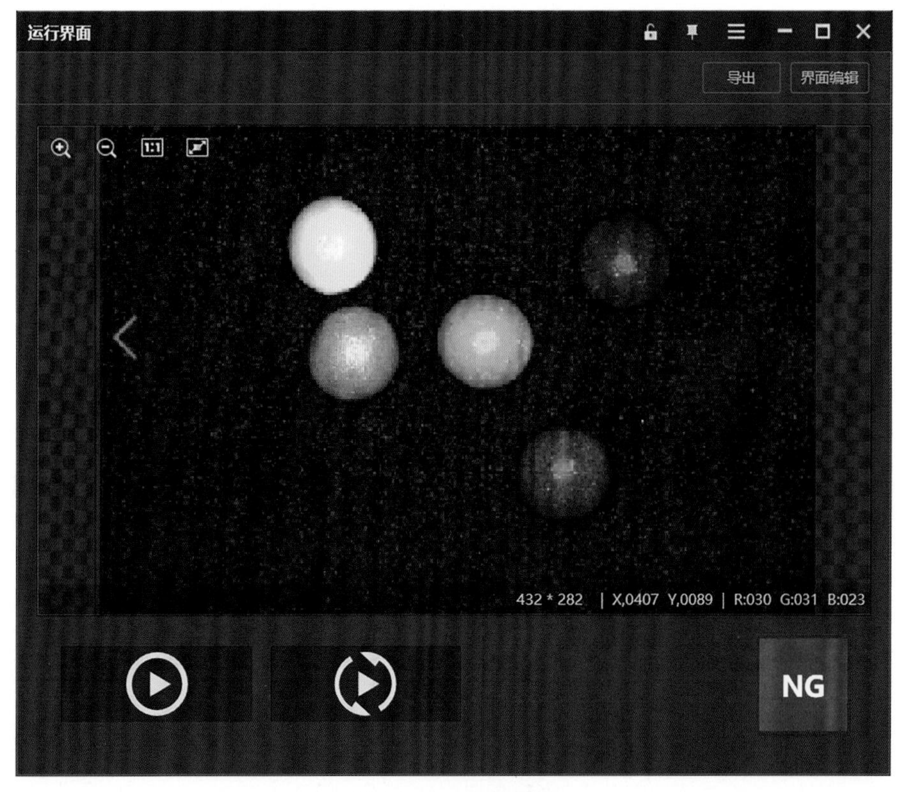

图 13-20　运行界面

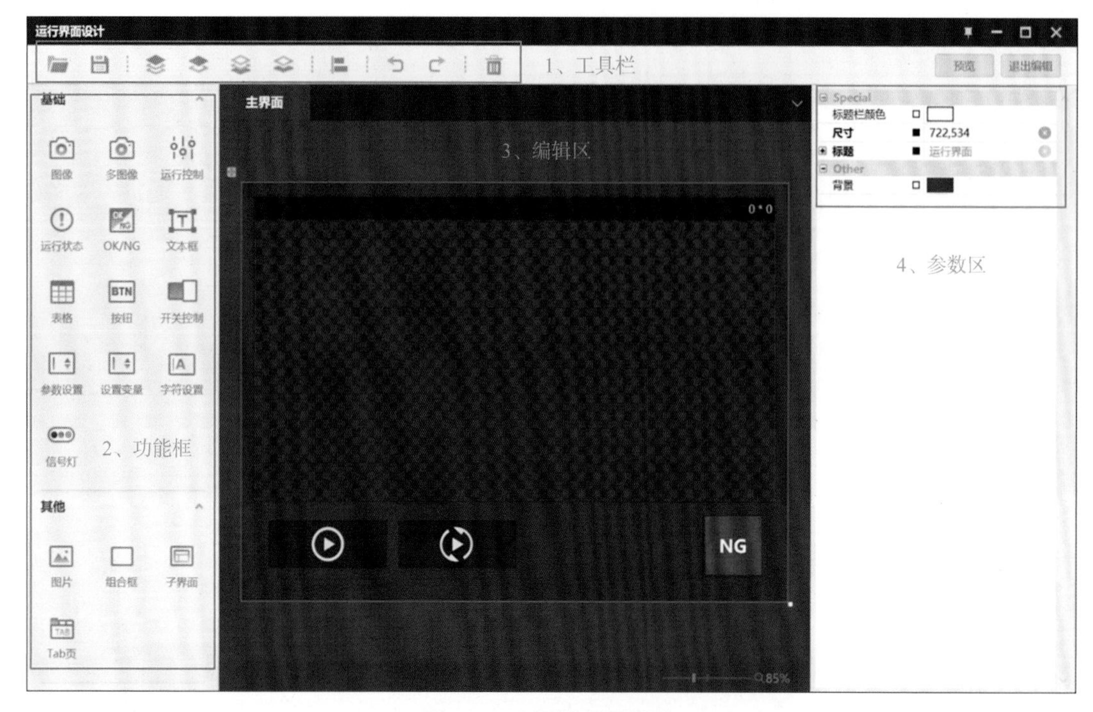

图 13-21 运行界面设计

图 13-22 彩色纸张

图 13-23 端子